"十四五"应用型本科院校系列教材/化工类

主编 姜涛 王帅 赵丽娜

无机化学

（第2版）

Inorganic Chemistry

哈爾濱工業大學出版社

内 容 简 介

本书遵循“需用为准、够用为度、实用为先”的原则选取和编排教学内容，内容编排上分为两大部分，共计12章。第一部分为无机化学的基本内容、基本理论，重点阐述四大平衡原理及原子、分子、配合物结构理论；第二部分为元素化学内容，重点阐述各族元素的通性，重要化合物的结构、性质和重要化学反应。通过本课程的学习使学生掌握化学热力学、动力学、原子结构、分子结构和元素的性质等化学基础知识和基础理论；掌握四大平衡的影响因素及其有关计算；了解化学新知识、新内容在应用化学、环境科学及现代食品和生命科学有关学科领域中的应用；培养学生正确的科学思维方法和分析问题、解决问题的能力，为后续课程以及科学研究打下坚实的基础。

本书可作为应用型本科院校食品、环境、生物、化学、化工制药、能源动力、矿业、材料等相关专业的本科“无机化学”课程的教材，也可供高等院校教师教学参考。

图书在版编目(CIP)数据

无机化学/姜涛，王帅，赵丽娜主编．—2版．—哈尔滨：哈尔滨工业大学出版社，2021.8(2024.8重印)

ISBN 978－7－5603－8915－8

Ⅰ．①无…　Ⅱ．①姜…②王…③赵…　Ⅲ．①无机化学－高等学校－教材　Ⅳ．①O61

中国版本图书馆CIP数据核字(2020)第124342号

策划编辑　杜　燕
责任编辑　杜　燕
封面设计　卞秉利
出版发行　哈尔滨工业大学出版社
社　　址　哈尔滨市南岗区复华四道街10号　邮编150006
传　　真　0451－86414749
网　　址　http://hitpress.hit.edu.cn
印　　刷　哈尔滨市颉升高印刷有限公司
开　　本　787 mm×1092 mm　1/16　印张15　字数340千字
版　　次　2012年7月第1版　2021年8月第2版
　　　　　2024年8月第3次印刷
书　　号　ISBN 978－7－5603－8915－8
定　　价　36.00元

序

哈尔滨工业大学出版社策划的《“十四五”应用型本科院校系列教材》即将付梓,诚可贺也。

该系列教材卷帙浩繁,凡百余种,涉及众多学科门类,定位准确,内容新颖,体系完整,实用性强,突出实践能力培养。不仅便于教师教学和学生学习,而且满足就业市场对应用型人才的迫切需求。

应用型本科院校的人才培养目标是面对现代社会生产、建设、管理、服务等一线岗位,培养能直接从事实际工作、解决具体问题、维持工作有效运行的高等应用型人才。应用型本科与研究型本科和高职高专院校在人才培养上有着明显的区别,其培养的人才特征是:①就业导向与社会需求高度吻合;②扎实的理论基础和过硬的实践能力紧密结合;③具备良好的人文素质和科学技术素质;④富于面对职业应用的创新精神。因此,应用型本科院校只有着力培养“进入角色快、业务水平高、动手能力强、综合素质好”的人才,才能在激烈的就业市场竞争中站稳脚跟。

目前国内应用型本科院校所采用的教材往往只是对理论性较强的本科院校教材的简单删减,针对性、应用性不够突出,因材施教的目的难以达到。因此亟须既有一定的理论深度又注重实践能力培养的系列教材,以满足应用型本科院校教学目标、培养方向和办学特色的需要。

哈尔滨工业大学出版社出版的《“十四五”应用型本科院校系列教材》,在选题设计思路上认真贯彻教育部关于培养适应地方、区域经济和社会发展需要的“本科应用型高级专门人才”精神,根据前黑龙江省委书记吉炳轩同志提出的关于加强应用型本科院校建设的意见,在应用型本科试点院校成功经验总结的基础上,特邀请黑龙江省9所知名的应用型本科院校的专家、学者联合编写。

本系列教材突出与办学定位、教学目标的一致性和适应性,既严格遵照学科体系的知识构成和教材编写的一般规律,又针对应用型本科人才培养目标及与之相适应的教学特点，精心设计写作体例，科学安排知识内容，围绕应用讲授理论，做到“基础知识够用、实践技能实用、专业理论管用”。同时注意适当融入新理论、新技术、新工艺、新成果，并且制作了与本书配套的PPT多媒体教学课件，形成立体化教材，供教师参考使用。

《“十四五”应用型本科院校系列教材》的编辑出版，是适应“科教兴国”战略对复合型、应用型人才的需求，是推动相对滞后的应用型本科院校教材建设的一种有益尝试，在应用型创新人才培养方面是一件具有开创意义的工作，为应用型人才的培养提供了及时、可靠、坚实的保证。

希望本系列教材在使用过程中，通过编者、作者和读者的共同努力，厚积薄发、推陈出新、细上加细、精益求精，不断丰富、不断完善、不断创新，力争成为同类教材中的精品。

第2版前言

“无机化学”是理工科院校食品、环境、生物、化学、化工制药、能源动力、矿业、材料等相关专业的一门重要的专业基础课。随着现代无机化学的不断发展，无机化学课程的知识内容越来越丰富。为培养新世纪的合格科技工作者，编者多年来对“无机化学”课程改革作了大量尝试性的研究，本书正是在此基础上编写而成的。本书在保证一般无机化学基本体系、基础知识的前提下突出了以下几点：

1. 起点要适当，不宜过高，充分考虑与现行的高中化学的衔接；内容选材的水平，大体和当前一般的无机化学内容相当，叙述力求深入浅出、循序渐进。

2. 精简化学理论内容，力图做到够用即可；尽量避免公式的冗长推导和解释，更注重理论联系实际，并且结合实际应用的例子来说明某些理论的发展过程。

3. 对元素部分的知识，以元素周期表为灵魂，重点关注与生物、食品、环境相关的内容，以增强学生的学习兴趣。

4. 注重各个章节相关部分的衔接和必要的过渡。

5. 在书写的方式上，注意便于自学和能力的培养。除教会学生必要的无机知识外，又能提高分析、解决问题的能力。

6. 注意习题的多样性和难易程度，提高所选习题的针对性，使学生对无机知识有很好的巩固。

本书编写分工如下：姜涛编写第1～5章，赵丽娜编写第6～9章，王帅编写第10～12章及附录。本书由姜涛、王帅、赵丽娜担任主编，姜涛统稿。

本书的编写得到黑龙江东方学院教务处、食品与环境工程学部领导的帮助和支持，在此一并表示感谢。

限于编者水平有限，书中难免有疏漏和不足之处，希望读者批评指正。

编　者

2021年4月

目　录

第 1 章　绪论 …… 1

1.1　化学研究的对象及研究的主要内容 …… 1
1.2　无机化学发展简史 …… 2
1.3　化学与现代社会的进步和发展 …… 4

第 2 章　气体、液体和溶液 …… 8

2.1　气体 …… 9
2.2　液体 …… 10
2.3　溶液 …… 12
2.4　稀溶液依数性的应用 …… 17
本章小结 …… 19
习题 …… 19

第 3 章　化学热力学基础 …… 21

3.1　基本概念 …… 21
3.2　化学反应的热效应 …… 23
3.3　化学反应的自发性 …… 27
3.4　化学平衡 …… 32
3.5　化学热力学的应用 …… 36
本章小结 …… 39
习题 …… 40

第 4 章　化学反应速率 …… 43

4.1　化学反应速率基本概念 …… 43
4.2　影响反应速率的因素 …… 44
4.3　反应速率理论简介 …… 49
4.4　化学动力学的应用 …… 51
本章小结 …… 53
习题 …… 54

第 5 章　酸碱平衡 …… 56
5.1　酸碱质子理论 …… 56
5.2　水溶液中的重要酸碱反应 …… 58
5.3　酸碱平衡的移动 …… 63
5.4　缓冲溶液 …… 64
5.5　酸碱平衡的应用 …… 68
本章小结 …… 71
习题 …… 71
第 6 章　沉淀溶解平衡 …… 74
6.1　溶解度和溶度积 …… 74
6.2　影响沉淀-溶解平衡的因素 …… 78
6.3　两种沉淀之间的平衡 …… 81
6.4　沉淀溶解平衡的应用 …… 82
本章小结 …… 86
习题 …… 86
第 7 章　氧化还原反应 …… 88
7.1　氧化还原反应的基本概念 …… 88
7.2　原电池与电极 …… 92
7.3　原电池的电动势和电极电势 …… 94
7.4　电极电势的应用 …… 100
7.5　氧化还原反应的应用 …… 104
本章小结 …… 106
习题 …… 106
第 8 章　原子结构与元素周期系 …… 110
8.1　微观粒子的特征 …… 110
8.2　核外电子运动状态的描述——量子力学原子模型 …… 112
8.3　原子核外电子排布和元素周期系 …… 116
8.4　元素某些性质的周期性 …… 121
本章小结 …… 125
习题 …… 126
第 9 章　化学键和分子结构 …… 128
9.1　离子键和离子晶体 …… 128
9.2　共价键和共价化合物 …… 132

9.3 分子间力 …… 144
9.4 晶体结构 …… 148
本章小结 …… 151
习题 …… 152

第 10 章 配位化合物 …… 154

10.1 配位化合物的基本概念 …… 154
10.2 配位化合物的价键理论 …… 158
10.3 配位平衡 …… 162
10.4 配位化合物的应用 …… 166
本章小结 …… 170
习题 …… 170

第 11 章 s 区和 p 区元素 …… 173

11.1 s 区元素 …… 173
11.2 p 区元素 …… 179
本章小结 …… 198
习题 …… 198

第 12 章 d 区和 ds 区元素 …… 201

12.1 d 区元素 …… 201
12.2 ds 区元素 …… 208
本章小结 …… 212
习题 …… 212
附录 …… 214

参考文献 …… 225

元素周期表 …… 227

第 1 章 绪 论

1.1 化学研究的对象及研究的主要内容

1.1.1 化学研究的对象

一切自然科学（包括化学）都是以客观存在的物质作为它考察和研究的对象。目前，人们把客观存在的物质划分为实物和场两种基本形态，化学研究的对象是实物，场不属于化学研究的范畴。

就物质的构造来说，大至宏观的物体，小至微观的基本粒子，其间可分为若干层次。如果包括地球在内的天体作为第一个层次；那么组成天体的物质就为第二个层次；组成单质和化合物的原子、分子和离子就为第三个层次；组成分子、原子、离子的电子、质子、中子以及其他许多种基本粒子就构成第四个层次。在这些层次中，仅有某些基本粒子（如光子等）属于场这种物质形态，而包括其余基本粒子在内的所有层次的物质皆属实物。就化学来说，其研究对象只限于分子、原子和离子这一层次上的实物（也常称之为物质，但应与哲学上的物质概念区别开）。简单讲，化学是研究物质变化的科学。具体讲，化学是一门在原子、分子或离子层次上研究物质的组成、结构、性能、相互变化及变化过程中能量关系的科学。或者说化学是研究分子层次以及以超分子为代表的分子以上层次的化学物质的组成、结构、性质和变化的科学（超分子化学就是两个以上的分子以分子间的力高层次组装的化学）。徐光宪院士说，化学是研究泛分子的科学。

更具体地讲，化学就在我们身边，无处不有，不论是高尖端科学技术，还是日常生活中的吃穿住行，都与化学有关，而且化学家观察问题有其独特的专业特征。例如，走进校门，引人注目的是化学楼，建筑学家注意的是它的结构（框架、砖混）以及建筑风格；教育学家注意的是它能容纳多少学生；化学家则注意的是其由什么材料构成。化学家注意的全是与物质有关的问题，所以说化学是研究物质的科学。物质可以从各个方面去研究，如粉笔，物理学注意的是它的硬度、白度、附着力、拉力等；而化学家注意的是它由哪些元素组成（$CaSO_4 \cdot 2H_2O$），这些元素的原子怎样联系在一起，改变其成分对其性质有何影响（例无尘粉笔）。也就是说化学家注意的是物质的组成，及其性质间的关系。除此之外，化学家还注意两个问题:一是各种变化是在何种情况下发生的,二是发生过程中的能量变化。总之,物质的变化有物理变化与化学变化之分,化学讨论的是物质的化学变化。

1.1.2 化学研究的主要内容

1. 基础理论部分

基础理论部分主要包括化学热力学、化学动力学和物质结构等。

2. 应用部分

应用部分主要包括元素、化合物等。

3. 实验部分

实验部分主要包括验证、合成分析检测以及设计的实施等。

实际上,这三部分内容不是孤立的。在讲化学基本原理时要结合具体事例,在讲应用化学时也要用理论来进行分析,在进行化学实验时更离不开理论指导和应用化学的知识。

“无机化学”作为理工科院校的专业基础课对各专业学生有着共同的基本内容和要求,上面提到的三部分内容都要学习。但由于专业不同,对化学的要求和学时数也都不尽相同,因此学习的内容也有所差别。这主要体现在基础理论的深度不同、实验的数目以及应用领域的不同。

1.2 无机化学发展简史

恩格斯说过:“科学的发生和发展过程,归根到底是由生产所决定的。”化学正像其他科学一样,是人类实践活动的产物。化学可以给人以知识,化学史可以给人以智慧,在学习化学时,学习一些化学史颇为有益。

1.2.1 古代化学

在以石器进行狩猎的原始社会中,人类第一个化学上的发明就是火,火约发明在公元前50万年。在公元前6 000年,中国原始人即知烧黏土制陶器,并逐渐发展为彩陶、白陶、釉陶和瓷器。公元前5 000年左右,人类发现天然铜坚韧,用做器具不易破损。后又观察到铜矿石如孔雀石(碱式碳酸铜)与燃炽的木炭接触而被分解为氧化铜,进而被还原为金属铜,经过反复观察和试验,终于掌握以木炭还原铜矿石的炼铜技术。以后又陆续掌握了炼锡、炼锌、炼镍等技术。中国在春秋战国时代即掌握了从铁矿冶铁和由铁炼钢的技术,公元前2世纪人类发现铁能与铜化合物溶液反应产生铜,这个反应成为后来生产铜的方法之一。明朝宋应星在1637年刊行的《天工开物》中详细记述了中国古代手工业技术,其中有陶瓷器、铜、钢铁、食盐、焰硝、石灰、红矾、黄矾等几十种无机物的生产过程。由此可见,在化学科学建立前,人类已掌握了大量无机化学的知识和技术。

古代的炼丹术是化学科学的先驱,炼丹术就是欲将丹砂(硫化汞)之类药剂变成黄金,并炼制出长生不老丹的方术。这段时期相应于封建社会发展时期,这个时期最早出现于中国。公元142年魏伯阳所著的《周易参同契》是世界上最古老的论述炼丹术的书,约在360年有葛洪著的《抱朴子》，这两本书记载了60多种无机物和它们的许多变化。约公元8世纪，欧洲炼丹术兴起，后来欧洲的炼丹术逐渐演进为近代的化学科学，而中国的炼丹术则未能进一步演进。

炼丹家关于无机物变化的知识主要从实验中得来。他们设计制造了加热炉、反应室、蒸馏器、研磨器等实验用具。炼丹家所追求的目的虽属荒诞，但所使用的操作方法和积累的感性知识，却成为化学科学的前驱。

1.2.2　近代化学

由于最初化学所研究的多为无机物，所以近代无机化学的建立就标志着近代化学的创始。建立近代化学贡献最大的化学家有三人，即英国的玻意耳、法国的拉瓦锡和英国的道尔顿。

玻意耳在化学方面进行过很多实验，如磷、氢的制备，金属在酸中的溶解以及硫、氢等物的燃烧。他从实验结果阐述了元素和化合物的区别，提出元素是一种不能分出其他物质的物质。这些新概念和新观点，把化学这门科学的研究引上了正确的路线，对建立近代化学作出了卓越的贡献。

拉瓦锡采用天平作为研究物质变化的重要工具，进行了硫、磷的燃烧，锡、汞等金属在空气中加热的定量实验，确立了物质的燃烧是氧化作用的正确概念，推翻了盛行百年之久的燃素说。1774年拉瓦锡提出质量守恒定律，即在化学变化中，物质的质量不变。1789年，在他所著的《化学概要》中，提出第一个化学元素分类表和新的化学命名法，并运用正确的定量观点，叙述当时的化学知识，从而奠定了近代化学的基础。由于拉瓦锡的提倡，天平开始普遍应用于化合物组成和变化的研究。

1799年，法国化学家普鲁斯特归纳化合物组成测定的结果，提出定比定律，即每种化合物各组分元素的质量皆有一定比例。结合质量守恒定律，1803年道尔顿提出原子学说，宣布一切元素都是由不能再分割、不能毁灭的称为原子的微粒所组成。并从这个学说引申出倍比定律，即如果两种元素化合成几种不同的化合物，则在这些化合物中，与一定质量的甲元素化合的乙元素的质量必互成简单的整数比。这个推论得到定量实验结果的充分印证。原子学说建立后，化学这门科学开始宣告成立。

19世纪30年代，已知的元素已达60多种，俄国化学家门捷列夫研究了这些元素的性质，在1869年提出元素周期律：元素的性质随着元素原子量的增加呈周期性的变化。这个定律揭示了化学元素的自然系统分类。元素周期表就是根据周期律将化学元素按周期和族类排列的，周期律对于无机化学的研究、应用起了极为重要的作用。根据周期律，门捷列夫曾预言当时尚未发现的元素的存在和性质。周期律还指导了对元素及其化合物性质的系统研究，成为现代物质结构理论发展的基础。

1.2.3　化学的现状

19世纪末的一系列发现，开创了现代化学；1895年伦琴发现X射线；1896年贝克勒尔发现铀的放射性；1897年汤姆逊发现电子；1898年，居里夫妇发现钋和镭的放射性。20世纪初卢瑟福和玻尔提出原子是由原子核和电子所组成的结构模型，改变了道尔顿原子学说的原子不可再分的观点;1916 年,科塞尔提出电价键理论,路易斯提出共价键理论,圆满地解释了元素的原子价和化合物的结构等问题;1924 年,德布罗意提出电子等物质微粒具有波粒二象性的理论;1926 年,薛定谔建立微粒运动的波动方程;1927 年,海特勒和伦敦应用量子力学处理氢分子,证明在氢分子中的两个氢核间,电子概率密度有显著的集中,从而提出了化学键的现代观点。此后,经过几方面的工作,发展成为化学键的价键理论、分子轨道理论和配位场理论,这三个基本理论是现代化学的理论基础。

20 世纪以来,随着实验技术的更新,化学知识越来越丰富,反应的能量问题、方向问题、机理问题都得到了广泛而深入的研究,从而进一步促进了化学理论的发展。化学发展到这个阶段,研究领域相当广泛,已不是每个化学家所能全面涉猎的,有必要进一步专业化。化学最早被划分为两个分支学科(无机化学和有机化学),后按研究的对象或研究的目的不同,又将化学分为无机化学、有机化学、高分子化学、分析化学、物理化学这五大分支学科(即化学的二级学科)。

鉴于无机化学本身的发展,它又被划分为许多分支,例如,基础无机化学、配位化学、无机合成、稀有元素化学、稀土元素化学、同位素化学、金属间化合物化学、金属酶化学、生物无机化学、固体无机化学(无机材料化学)、有机金属化学、物理无机化学等。

随着化学各分支学科与边缘学科的建立,化学研究的领域越来越专门化,分工越来越细,但是在探索具体课题时这些分支学科又相互联系、相互渗透,例如无机化学与有机化学交叉形成元素有机化学、金属有机化学;与物理化学大面积交叉而形成物理无机化学等;在化学科学范围之外,与材料科学结合,形成固体无机化学和固体材料化学。环境科学中的很多化学问题基本上是无机化学问题。因此,与数十年前相比,无机化学学科所研究问题的综合性已使其面目大为改观。

1.3 化学与现代社会的进步和发展

化学作为一门重要的基础学科,与人类的现代文明有着十分密切的关系。化学在改变人类的物质文明和精神文明的面貌中曾起过重要的、不可替代的作用,在今后迎接新的机遇和挑战中也将会起到更加重要的作用。化学既是关于自然的科学,又是关于人的科学,它在各个研究领域无不直接或间接地关系到人类的发展问题。

1.3.1 化学与生活

在食品方面,化学显得格外重要。健康的饮食需要化学知识,例如菠菜、洋葱、竹笋等不要和豆腐同时混合食用,会生成草酸钙沉淀,是产生结石的诱因。如果将菠菜、洋葱、竹笋等在沸水中沥过,再放入豆腐,即可消除潜在的威胁。再比如,有人说吃生鸡蛋可以补身体。而事实又是怎样呢? 生鸡蛋中主要含蛋清蛋白,其分子是螺旋状紧密结构,因此吃生鸡蛋不易消化。另外,生鸡蛋中还有一些细菌,吃了可能使人生病。

科学的烹调同样需要化学知识。很多人在炒菜时图省事,炒完第一个菜时不刷锅就做下一个菜,这种做法是不可取的。研究表明,脂肪、蛋白质和含碳化合物在加热到较高温度时,会生成一种强致癌物质——苯并芘。其生成的最低温度是350 ~ 400 ℃,且温度越高生成的量越大。据测定,一般在炒菜时锅底温度均在400 ℃以上,因此锅底残留物很容易转化为苯并芘。

又比如人在劳累后应吃些什么？许多人在紧张劳动或剧烈运动以后,会感到浑身的肌肉和关节酸痛,精神疲惫。为了尽快的解除疲劳,人们常常吃些鱼、肉和蛋类,以为这样可以补充营养恢复体力。其实此时吃这些东西并不能帮助解除疲劳,因为正常人的血液是呈弱碱性的,人在劳动或剧烈运动后感到肌肉和关节酸痛,其原因之一是体内的脂肪、蛋白质和糖大量分解,在分解过程中产生乳酸、磷酸等酸性物质,积聚在人体的肌肉内。这些酸性物质刺激人体器官,使人感到肌肉关节酸痛和疲劳。此时如果单纯食用可产生酸性物质的肉、蛋类会使血液更加酸性化,反而不利于疲劳的解除。所以人在这时应多食用碱性物质,如新鲜蔬菜水果和豆制品等,以保持体内酸碱的基本平衡,维持人体健康。

穿也和化学息息相关。我们洗衣服用的洗衣粉功能越来越多,有加酶漂白的、有帮助柔顺的、还有芳香四溢的,可以说五花八门。可是洗衣粉功效越强越多,表明添加的化学试剂越多,即使是宣称柔顺防护的配方,也同样含有刺激的化学试剂。因此,购买洗衣粉时要尽量选功能简单、添加成分少、气味淡的。

这里需要说明的是,如果在穿着方面不够注意并缺乏必要的化学知识,那么也会带来一些危害。例如带有衬底的高级服装,衬底的质地不同于面料时,用水洗就会由于缩水性不同而出现褶皱,不易熨烫平整,因此多采用干洗。但干洗的的衣服不宜马上就穿,这是为什么呢？原因是干洗店在干洗时都要用到一种化学品作为活性溶剂,经研究表明该化学品对人类的神经系统有伤害,如果长期接触该化学品还可能会患肾癌。在干洗时,该化学品被衣服吸附,衣服干燥时又从衣物内释放到空气中,从而影响人的健康。因此刚取回来的干洗衣服不要马上穿,应摆在阴凉通风处,让衣服中的有害化学品充分释放。也不要将刚取回的衣服放入衣柜内,那将会使衣柜内充满高浓度的有害化学品。另外,放置的干洗衣物应离儿童远一些。

化学与医学也密切相关,供氧器就是利用过氧化钠与二氧化碳反应来制氧,挽救了许多人的生命。现代人类发明了许多新药品,攻克了不治之症,如青霉素、顺铂、青蒿素,等等。但是,有些癌症和艾滋病仍令医生们束手无策,这两个重大难题,相信在未来我们的科学家一定能够解决。

同样,化学在交通方面也有着不可取代的地位。化学反应是交通工具得以行驶的动力。没有燃料的燃烧放出热量,车辆根本无法开动。化学是能使它们得以行动的最原始的能量来源,虽然现在有了电做动力,但化学依然是交通工具的生命,仍对人们出行起重大作用。

1.3.2　化学与生命

近年来,随着科学技术的飞速发展,化学与生命科学之间的联系日趋紧密,产生了许多分支学科,化学在生命科学中也越来越重要。生物学在20世纪取得了巨大的进展,以基因重组技术为代表的一批新成果标志着生命科学研究进入了一个崭新的时代,人们不但可以从分子水平了解生命现象的本质,而且可以从更新的高度去揭示生命的奥秘。生命科学的研究从宏观向微观发展,从最简单的体系去了解基本规律,从最复杂的体系去探索相互关系。在这一切的背后,化学扮演着重要的角色。可以说,化学为生命科学提供了一种可以精确描述生命过程的化学语言,从而使生物学从描述性科学成为精确的定量科学,使生物学能利用生物体内的化学反应阐述生命过程的种种现象。

1.3.3 化学与能源

技术和经济的发展以及人口的日趋增长,使得人们对能源的需求越来越大。目前以石油、煤为代表的化石燃料仍然是能源的主要来源。由于化石燃料的不可再生性和有限的储量,日益增长的能源需求带来了严重的能源危机,所以对可再生的新能源的需求越来越迫切。太阳能、风能、生物质能、地热能、潮汐能,具有丰富、清洁、可再生的优点,受到了国际社会的广泛关注。尤其是太阳能、风能以及生物质能,更被视为未来能源的主力军。然而,这些可再生资源具有间歇性、地域特性,并且不易储存和运输的特点。氢,以其清洁无污染、高效、可储存和运输等优点,被视为最理想的能源载体。各国都投入了大量的研究经费用于发展氢能源系统。而在这一系列新能源的开发和利用中,化学的作用都是显而易见的。

1.3.4 化学与材料

经典化学分析根据各种元素及其化合物的独特化学性质,利用与之有关的化学反应,对物质进行定性或定量分析。同时利用化学工程,也能提取和制造众多材料。

酚醛树酯的合成,开辟了高分子科学领域。20 世纪 30 年代聚酰胺纤维的合成,使高分子的概念得到广泛的确认。后来,高分子的合成、结构和性能研究、应用三方面保持互相配合和促进,使高分子化学得以迅速发展。各种高分子材料合成和应用,为现代工农业、交通运输、医疗卫生、军事技术,以及人们衣食住行各方面,提供了多种性能优异而成本较低的重要材料,成为现代物质文明的重要标志。

2018 年世界杯的足球是用甘蔗制成的,这是全世界首款利用从甘蔗中提取的生物基乙烯制成的商用 EPDM,足球与甘蔗的“结缘”,无疑向人们传递了一个理念,那就是“环保理念”。

1.3.5 化学与环境

由于人们对工业高度发达的负面影响预料不够、预防不利,导致了全球性的三大危机:资源短缺、环境污染、生态破坏。人类不断的向环境排放污染物质,如果排放的物质超过了环境的自净能力,环境质量就会发生不良变化,危害人类健康和生存,这就发生了环境污染。

例如大气污染中,火山爆发喷出大量硫化物及悬浮固体物,自然水域表面释放硫化氢,动植物分解产生有机酸,土壤微生物及海藻释放硫化氢、二甲基硫及氮化物等,都会使雨水的 pH 值降至 5.0 左右。工业燃料大量使用,燃烧过程中产生一氧化碳、氯化氢 、二氧化硫 、氮氧化物及有机酸及悬浮固体物,排放至大气环境中,经光化学反应生成硫酸、硝酸等酸性物质使得雨水的 pH 值降低,形成酸雨。温室效应是由于大气里温室气体(二氧化碳、甲烷等) 含量增大而形成的。在对流层相当稳定的氟利昂,在上升进入平流层后，在一定的气象条件下，会在强烈紫外线的作用下被分解，分解释放出的氯原子同臭氧会发生连锁反应，不断破坏臭氧分子，从而形成臭氧层空洞。含有氮氧化物和碳氧化物等一次污染物的大气，在阳光的照射下，发生光化学反应而产生二次污染物，这种由一次污染物和二次污染物的混合物所形成的烟雾污染现象，称为光化学烟雾。这些环境问题都与化学息息相关，要想改善环境，就要合理利用化学。

从上面的一些例子可以看出，化学确实与社会进步和各个学科领域的发展有着密不可分的关系，与人类生活的关系更是不言而喻。现代化学正成为“一门满足社会需要的中心科学”，它创造着现代物质文明和精神文明，并对人类的发展有着重大的影响。

第2章 气体、液体和溶液

自然界和工农业生产中，经常会遇到一种或几种物质分散在另一种物质中的分散系统，这些系统被称为分散系。分散系由分散质和分散剂两部分构成，其中，被分散的物质称为分散质，而分散剂则是分散分散质的物质。例如泥土分散在水中形成泥浆，泥土为分散质，水是分散剂；水滴分散在空气中形成云雾，水滴为分散质，空气则为分散剂。分散系根据分散质和分散剂聚集状态的不同可分为气 - 气、气 - 液等9类，见表2.1。

表2.1　按聚集状态分类的各种分散系

分散质	分散剂	分散系实例
气	气	空气、家用煤气
液	气	云、雾
固	气	烟、灰尘
气	液	泡沫、汽水
液	液	牛奶、豆浆、农药乳浊液
固	液	泥浆、油漆
气	固	泡沫塑料、木炭
液	固	肉冻、硅胶
固	固	红宝石、合金、有色玻璃

生物体内的各种生理、生化反应都是在液体介质中完成的，人们的日常生活、科学研究和工农业生产也都与液态分散系密切相关。因此，液态分散系是最常见、最重要的分散体系。按分散粒子的大小，常把液态分散系分为3类，见表2.2。

表2.2　按分散质粒子大小分类的各种分散系

分子或离子分散系 (粒子直径小于1 nm)	胶体分散系 (粒子直径为1 ~ 100 nm)		粗分散系 (粒子直径大于100 nm)
	高分子溶液	溶胶	
最稳定	很稳定	稳定	不稳定
电子显微镜也不可见分散质	超显微镜可觉察分散质存在		一般显微镜可见分散质
分散质能透过半透膜	能透过滤纸，不能透过半透膜		不能透过紧密滤纸
单相系统		多相系统	

本章主要介绍气体、液体的基本性质及稀溶液的依数性。

2.1　气　体

许多化学变化和生理生化过程，如物质的燃烧、生物的呼吸、植物的光合作用等，都是在空气中发生的。在科学研究和生产实践中，也常利用气体参与化学反应。了解气体的基本性质具有重要的理论和实践意义。

2.1.1　理想气体状态方程

分子本身没有体积、分子间没有相互作用力的气体称为理想气体。理想气体只是一种理想模型，实际并不存在。它的制定仅是为了处理问题的方便，使一些理论有所依据。

在低压、高温条件下，实际气体自身的体积与气体体积相比可忽略；气体分子间的距离相当远，分子间的作用对于分子运动状态的影响小到可以忽略的程度。因此可把低压、高温下的实际气体近似看做理想气体。

用来描述气体状态的物理量有压力 p(Pa 或 kPa)、体积 V(L 或 m^3)、温度 T(K)、物质的量 n(mol)。这些物理量之间不是孤立的，而是互相联系和互相制约的，它们之间的关系可用如下方程式表示：

$$pV = nRT \tag{2.1}$$

式(2.1)为理想气体状态方程。其中，$R = 8.314\ kPa \cdot L \cdot mol^{-1} \cdot K^{-1}$(或 $Pa \cdot m^3 \cdot mol^{-1} \cdot K^{-1}$) $= 8.314\ J \cdot mol^{-1} \cdot K^{-1}$，称为摩尔气体常数。

【例 2.1】　在温度为 27 ℃，压力为 99.4 kPa 时，某气体体积为 27.3 mL，质量为 0.168 g，求该气体的相对分子质量。

解　设该气体的相对分子质量为 M。

根据理想气体状态方程

$$pV = nRT$$

得

$$pV = \frac{m}{M}RT$$

故

$$M/(g \cdot mol^{-1}) = \frac{mRT}{pV} = \frac{0.168 \times 8.314 \times 300}{99.4 \times 27.3 \times 10^{-3}} = 154.4$$

则该气体的相对分子质量为 $154.4\ g \cdot mol^{-1}$。

2.1.2　气体分压定律

在实际工作中，经常遇到几种气体的混合物。一般情况下，各种气体能以任意比例混合。如果把几种互不发生化学反应的气体放在同一容器内，每种气体都像其单独存在一样，均匀地充满整个容器中，占与混合气体相同的体积。

混合气体中的某组分气体单独存在，并具有与混合气体相同温度和体积时所产生的压力，称为该组分气体的分压力，简称分压 p_i：

$$p_i = \frac{n_i RT}{V} \tag{2.2}$$

理想气体混合物的总压力 p 等于混合气体中各组分气体分压力之和：

$$p = p_1 + p_2 + \cdots + p_n = \sum_{i=1}^{n} p_i \tag{2.3}$$

此规律最早于1801年由英国化学家道尔顿（J·Dalton）通过实验提出，后经气体分子运动论证明，故称之为道尔顿理想气体分压定律。

根据式(2.2)和式(2.3)可得

$$p = \sum_{i=1}^{n} p_i = \sum_{i=1}^{n} \frac{n_i RT}{V} = n\frac{RT}{V} \tag{2.4}$$

结合式(2.2)和式(2.4)可得

$$\frac{p_i}{p} = \frac{n_i}{n} \tag{2.5}$$

式(2.5)是道尔顿分压定律的另一种表达形式。

利用道尔顿分压定律，可求混合气体中任一组分的分压。

在处理有气体参加的化学反应时，常涉及气体混合物中各组分气体分压的计算。例如：用排水集气法收集气体时，所得气体是含有水蒸气的混合物，在计算有关气体的压力或物质的量时，要考虑到水蒸气的影响。

【例2.2】 用盐酸与锌反应制取氢气，用排水集气法在水面上将氢气收集起来，测得温度为25 ℃，大气压力为99.7 kPa，收集的气体体积为240 mL。试求收集的氢气的物质的量。已知25 ℃时水的饱和蒸气压为3.17 kPa。

解 实验过程中所收集的氢气实际上是氢气和水蒸气的混合物，根据分压定律可得氢气的分压力为

$$p(\mathrm{H_2})/\mathrm{kPa} = p(\text{总}) - p(\mathrm{H_2O}) = 99.7 - 3.17 \approx 96.5$$

$$n(\mathrm{H_2})/\mathrm{mol} = \frac{p(H_2)V}{RT} = \frac{96.5 \times 0.240}{8.314 \times (273 + 25)} \approx 9.35 \times 10^{-3}$$

与理想气体状态方程一样，只有理想气体才严格遵守气体分压定律。所以对于实际混合气体，只有在低压、高温条件下才能近似应用气体分压定律。

2.2 液 体

液体状态是由分子无序运动的气体状态到分子完全有序定位的固体状态之间的一种过渡态，其性质介于气体和固体之间。在这一节中，我们将以水为例介绍液体的一些性质。

2.2.1 水

水在地球表面上约占3/4面积，是人类宝贵的自然资源，水与生物体和人类社会有着十分密切的关系。没有水就没有生命，地球上的生物都需要水作为维护生命的基本物质。工农业生产更离不开水，“水是农业的命脉”，世界上用于农业的淡水占人类消耗淡水总量的60% ~ 80%。在工业中，水既是直接或间接的重要原料，又是冷却、洗涤、溶解

和化学反应等的重要介质。

纯水在通常条件下是无色、无味、无臭的液体，从化学上说，水是极性很强的分子。分子间除具有分子间作用力外，还存在特殊的作用力 —— 氢键，其作用力比分子间作用大。由于氢键的存在，水表现出一系列十分特殊的性质，如和氧族元素的其他氢化物相比，水的许多物理常数显著地高，具有很大的比热容，很高的熔化热和汽化热。因此，在正常温度下，水处于稳定的液态，能很好地起到调节环境和有机体体温的作用。

水的密度随温度的变化是“反常”的。水结冰后，体积增大，密度减小。冰融化成水，体积缩小，但在 4 ℃ 时密度最大。这是由于温度升高冰融化成水时，冰的空旷的氢键瓦解，变成堆积密度较大的水。另一方面，水分子的热膨胀增强，水分子间距离增大而使水的密度下降，这两种不同因素的影响，导致水在 4 ℃ 时密度最大。冰的密度小于水，冬季自然水结冰时，冰浮于水面，从而保持了数以万计的水下生物物种的生存，具有重大的生物学意义。

水的化学性质一般来说是比较稳定的，但在一定的条件下，水也能和多种物质发生化学反应。

2.2.2　蒸气压

众所周知，液体经过蒸发就转变为它的蒸气。在敞口容器中，蒸发过程可以一直进行到液体全部气化为止。如果将液体置于密闭容器内，则一方面是液体变成蒸气的蒸发过程，另一方面是蒸气凝聚成液体的过程。在一定温度下，蒸发和凝聚过程同时发生，最终达到液体蒸发速率与气体凝结速率相等的状态，此时液面上方单位体积空间中气体分子数目不再变化，蒸气的压力不再改变，液相物质与气相物质达到平衡。一定温度下，液体与其蒸气平衡时蒸气的压力称为该温度下液体的饱和蒸气压，简称蒸气压。

液体的蒸气压是液体的重要性质，它仅与液体的本质和温度有关，与液体的量及液面上方空气的体积无关。如在 20 ℃ 时，水的蒸气压为 2.33 kPa，乙醇的蒸气压为 5.83 kPa，乙醚的蒸气压为 58.9 kPa。图 2.1 为几种液体的蒸气压曲线。

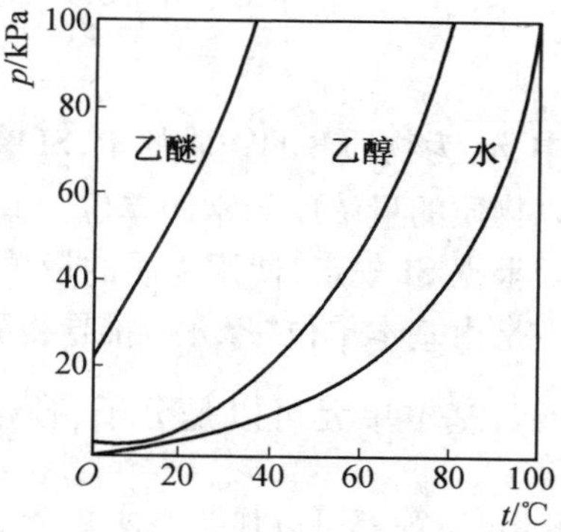

图 2.1　几种液体的蒸气压曲线

当某液体的蒸气压等于外界压力时，就会发生沸腾，此时的温度就是该液体的沸点。通常，液体的沸点是指其蒸气压等于 101.3 kPa 时的温度，称为正常沸点，或简称为沸点。水在 100 ℃ 时的蒸气压为 101.3 kPa，所以水在 101.3 kPa 压力下的沸点为 100 ℃。显然，当外界压力大于 101.3 kPa 时，水的沸点便高于 100 ℃；当外界压力低于该压力时，水的沸点便低于 100 ℃。所以在高原地区或高山上，由于大气压力低于 101.3 kPa，因而水在低于 100℃ 时就会沸腾。如珠穆朗玛峰高 8 844m，大气压力只有 32.5 kPa，水在 71 ℃ 时就会沸腾。水在不同温度下的蒸气压见表 2.3。

表 2.3　水在不同温度下的饱和蒸气压

温度/℃	饱和蒸气压/kPa	温度/℃	饱和蒸气压/kPa
0	0.610	25	3.17
10	1.23	50	12.3
15	1.70	70	31.2
20	2.33	100	101.3

一定温度下,固体与其蒸气平衡时蒸气的压力称为固体的饱和蒸气压。暴露于压力等于101.3 kPa 的空气中,固态物质与液态物质达到平衡状态时(固态物质与液态物质的蒸气压相等)的温度称为液体的凝固点,亦称为液体的冰点或固体的熔点。水的凝固点为0 ℃。

2.3　溶　　液

溶液是由溶质和溶剂组成的,根据溶质聚集状态的不同,可以分为气态溶液、液态溶液和固态溶液,但最重要的还是液态溶液。最常见的是以水为溶剂的溶液。

2.3.1　溶液的组成标度

一定量的溶液或溶剂中所含溶质的量称为溶液的浓度。根据不同的需要,溶液的浓度可以用不同的方法表示。现将表示溶液浓度常用的方法分别介绍如下。

1. 溶质 B 的物质的量浓度

单位体积的溶液中所含溶质 B 的物质的量称为溶质 B 的物质的量浓度,用符号 c_B 表示:

$$c_B = \frac{n_B}{V} \tag{2.6}$$

式中,n_B 为物质B的物质的量,SI单位为mol;V为溶液的体积,SI单位为m^3,常用单位 L。所以物质的量浓度的常用单位为 $mol \cdot L^{-1}$。

根据 SI 规定,使用物质的量单位“摩尔”时,要指明溶质的基本单元。因为物质的量单位是由基本单位“摩尔”推导得到的,所以在使用物质的量浓度时必须注明物质的基本单元。基本单元可以是分子、原子、离子、电子及其他粒子。如 H^+、H_2SO_4、$\frac{1}{2}H_2SO_4$、$\frac{1}{5}KMnO_4$ 等都可以作为基本单元。

2. 溶质 B 的质量摩尔浓度

溶液中溶质B的物质的量除以溶剂的质量,称为溶质B的质量摩尔浓度,用符号 b_B 表示:

$$b_B = \frac{n_B}{m_A} \tag{2.7}$$

式中,n_B 为物质 B 的物质的量,SI 单位为 mol;m_A 为溶剂的质量,SI 单位为 kg。所以质量

摩尔浓度的单位是 $mol \cdot kg^{-1}$。

3. 溶质 B 的摩尔分数

溶液中溶质 B 的物质的量与溶液中总物质的量之比，称为组分 B 的摩尔分数，用符号 x_B 表示：

$$x_B = \frac{n_B}{n} \tag{2.8}$$

式中，n_B 为物质 B 的物质的量；n 为各组分的物质的量之和。SI 单位均为 mol，所以溶质 B 的摩尔分数的单位为 1。

若溶液由溶剂 A 和溶质 B 两种组分组成，溶质 B 的摩尔分数与溶剂 A 的摩尔分数分别为

$$x_B = \frac{n_B}{n_A + n_B}, \qquad x_A = \frac{n_A}{n_A + n_B}$$

则有

$$x_A + x_B = 1$$

若溶液由多种组分组成，则溶液各组分的质量分数之和等于 1，即 $\sum x_i = 1$。

4. 溶质 B 的质量分数

溶液中溶质 B 的质量占溶液总质量的分数，称为溶质 B 的质量分数，用符号 w_B 表示：

$$w_B = \frac{m_B}{m} \tag{2.9}$$

式中，m_B 为 B 物质的质量；m 为溶液的总质量，SI 单位均为 kg。所以溶质 B 的质量分数的单位为 1。

5. 溶质 B 的质量浓度

溶液中溶质 B 的质量与溶液的体积之比称为溶质 B 的质量浓度，用符号 ρ_B（注意其与溶液密度 ρ 的区别）表示：

$$\rho_B = \frac{m_B}{V} \tag{2.10}$$

式中，m_B 为物质 B 的质量，SI 单位为 kg；V 为溶液的体积，SI 单位为 m^3。所以溶质 B 的质量浓度的单位为 $kg \cdot m^{-3}$，常用单位为 $g \cdot mL^{-1}$。

【例 2.3】　通常用做消毒剂的过氧化氢溶液中过氧化氢的质量分数为 3.0%，水溶液的密度为 $1.0\ g \cdot mL^{-1}$，试计算这种水溶液中的 $c(H_2O_2)$、$b(H_2O_2)$、$x(H_2O_2)$。

解　$$c(H_2O_2)/(mol \cdot L^{-1}) = \frac{w(H_2O_2)\rho}{M(H_2O_2)} = \frac{3.0\% \times 1\,000}{34.0} \approx 0.88$$

$$b(H_2O_2)/(mol \cdot kg^{-1}) = \frac{n(H_2O_2)}{m(H_2O)} = \frac{3.0/34.0}{(100 - 3.0) \times 10^{-3}} \approx 0.91$$

$$x(H_2O_2) = \frac{n(H_2O_2)}{n(H_2O_2) + n(H_2O)} = \frac{3.0/34.0}{3.0/34.0 + 97/18.0} \approx 0.016$$

2.3.2　稀溶液的依数性

溶质溶解在溶剂中形成溶液，溶液的性质已不同于原来的溶质或溶剂。溶液性质的

变化通常可以分为两类:一类是溶液的性质与溶质本性有关,如溶液的酸碱性、颜色、导电性等;而另一类性质则与溶质的本性无关,取决于溶液中溶质的自由粒子数目,即浓度,如蒸气压、沸点、凝固点、渗透压等。溶液的后一类性质常称为溶液的依数性。当溶质是难挥发的非电解质时,所形成的稀溶液,这些性质表现得更有规律,因此本节主要讨论稀溶液的依数性。

1. 稀溶液的蒸气压下降

在一定温度下,任何纯溶剂都有一定的蒸气压 p^*。实验证明,如果在溶剂中加入的是难挥发的非电解质,这种溶液的蒸气压总是低于同温度下纯溶剂的蒸气压。这种现象称为溶液的蒸气压下降。

法国物理学家拉乌尔(F. M. Raoult)在 1887 年根据实验数据总结出一条关于溶液蒸气压的规律:在一定温度下,难挥发非电解质稀溶液的蒸气压等于纯溶剂的饱和蒸气压与溶液中溶剂摩尔分数的乘积,这就是著名的拉乌尔定律。其数学表达式为

$$p = p^* x_A \tag{2.11}$$

式中,p 为溶液的蒸气压,SI 单位为 Pa;p^* 为纯溶剂的饱和蒸气压,SI 单位也为 Pa;x_A 为溶剂的摩尔分数。

对于一个两组分系统来说,由于 $x_A + x_B = 1$,即 $x_A = 1 - x_B$,所以

$$p = p^*(1 - x_B) = p^* - p^* x_B$$

$$\Delta p = p^* - p = p^* x_B \tag{2.12}$$

式中,Δp 为溶液蒸气压的下降值,单位为 Pa;x_B 为溶质的摩尔分数。

对于稀溶液,溶剂的物质的量远大于溶质的物质的量,即 $n_A + n_B \approx n_A$,则

$$\frac{n_B}{n_A + n_B} \approx \frac{n_B}{n_A}$$

$$\Delta p \approx \frac{n_B}{n_A} \cdot p^* = \frac{n_B M_A}{m_A} \cdot p^* = p^* M_A b_B$$

对于任何一种溶剂,当温度一定时,式中的 $p^* \cdot M_A$ 为一常数,令其为 K_P,称为蒸气压下降常数,它的大小与溶剂的本性有关,则

$$\Delta p = K_P b_B \tag{2.13}$$

因此,拉乌尔定律又可表述为:在一定温度下,难挥发非电解质稀溶液的蒸气压下降值近似地与溶液中溶质 B 的质量摩尔浓度成正比,而与溶质的性质无关。

2. 稀溶液的沸点升高和凝固点下降

沸点与外压相关,只有当溶液的蒸气压达到外压时,溶液才能沸腾,此时的温度称为溶液的沸点。由于难挥发非电解质溶液的蒸气压比纯溶剂的蒸气压低,也就是说在一定温度下,纯溶剂已经开始沸腾了,而溶液却未能沸腾。为了使溶液沸腾,就必须升高温度,以增加溶液的蒸气压。当溶液的蒸气压达到外压时,溶液开始沸腾,此温度为溶液的沸点。图 2.2(a) 表示稀溶液的沸点升高,图中 T_b^* 代表纯溶剂的沸点,T_b 代表溶液的沸点,二者的差值 ΔT_b 称为溶液的沸点升高值。

在常压下,溶液的凝固点是溶液中溶剂的蒸气压与固态纯溶剂的蒸气压相等时的温度。由于溶液中溶剂的蒸气压较纯溶剂的低,故必须降低温度,才能使溶液中溶剂的蒸气

压与固相纯溶剂的蒸气压相等，这时溶液开始凝固，此时的温度就是溶液的凝固点。图2.2(b)表示稀溶液的凝固点下降，图中 T_f^* 代表纯溶剂的凝固点，T_f 代表溶液的凝固点，二者的差值 ΔT_f 称为溶液的凝固点下降值。

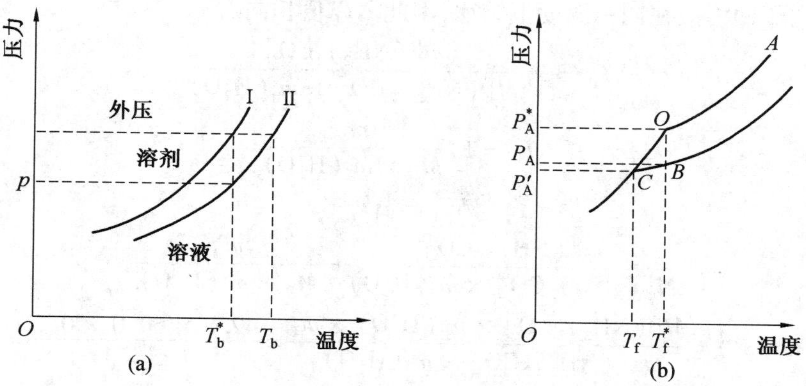

图2.2　溶液的沸点升高、凝固点下降示意图

通过以上分析可以得出，溶液的沸点升高和凝固点下降的根本原因是溶液的蒸气压下降，而蒸气压下降只与溶液的质量摩尔浓度有关。因此，拉乌尔定律指出：沸点升高和凝固点下降的程度也只与溶液的质量摩尔浓度有关，与溶质本身性质无关，其数学表达式为

$$\Delta T_b = K_b b_B \tag{2.14}$$

$$\Delta T_f = K_f b_B \tag{2.15}$$

式中，ΔT_b 和 ΔT_f 分别为溶液沸点和凝固点的变化值，单位为K或℃；K_b 和 K_f 分别为溶剂的沸点升高常数和凝固点下降常数，单位为℃·kg·mol^{-1}，其数值只与溶剂的性质有关，而与溶质的本身性质无关。表2.4列举了几种常见溶剂的 K_b 和 K_f 值。

表2.4　常见溶剂的 K_b 和 K_f

溶剂	沸点/℃	K_b/(℃·kg·mol^{-1})	凝固点/℃	K_f/(℃·kg·mol^{-1})
水	100	0.52	0	1.86
醋酸	118	2.93	17	3.90
苯	80.15	2.53	5.5	5.10
环己烷	81	2.79	6.5	20.2
三氯甲烷	60.19	3.82	-63.5	—
樟脑	208	5.95	178	40.0
苯酚	181.2	3.6	41	7.3
氯仿	61.26	3.63	-63.5	4.68
硝基苯	210.9	5.24	5.67	8.1

溶液的沸点升高和凝固点下降都与溶质的质量摩尔浓度成正比，而质量摩尔浓度又与溶质的摩尔质量有关。因此，可以通过对溶液沸点升高和凝固点下降的测定来估算溶质的摩尔质量。但由于凝固点下降常数比沸点升高常数大，实验误差相对较小，而且在达到凝固点时，溶液中有晶体析出，现象明显，更易观察。因此，常用凝固点下降法测定非电解质溶质的摩尔质量。

【例 2.4】 今有两种溶液，其一为 1.5 g 尿素$(NH_2)_2CO$溶于 200 g 水中；另一为 42.8 g 未知物溶于 1 000 g 水中，这两种溶液在同一温度下结冰。计算未知物的摩尔质量。已知：尿素的摩尔质量为 60.0 $g \cdot mol^{-1}$。

解 由于两溶液在同一温度下结冰，因此 ΔT_f 值相同

$$\Delta T_{f1} = K_f \frac{m[(NH_2)_2CO]}{M[(NH_2)_2CO] \times m_1(H_2O)}$$

$$\Delta T_{f2} = K_f \frac{m_B}{M_B \times m_2(H_2O)}$$

因为

$$\Delta T_{f1} = \Delta T_{f2}$$

所以

$$\frac{m[(NH_2)_2CO]}{M[(NH_2)_2CO] \times m_1(H_2O)} = \frac{m_B}{M_B \times m_2(H_2O)}$$

有 $M_B/(g \cdot mol^{-1}) = \dfrac{M[(NH_2)_2CO] \times m_1(H_2O) \times m_B}{m[(NH_2)_2CO] \times m_2(H_2O)} = \dfrac{42.8 \times 60.0 \times 0.2}{1.5 \times 1} = 342.4$

3. 稀溶液的渗透压

当用一种仅让溶剂分子通过而不让溶质分子通过的半透膜把一种溶液和它的纯溶剂隔开时，纯溶剂将通过半透膜扩散到溶液中而将其稀释，这种现象称为渗透。渗透必须通过一种膜来进行，这种膜上的孔只允许溶剂分子通过，而不允许溶质分子通过，因此称为半透膜。实际上，溶剂是同时沿着两个方向通过半透膜的。由于纯溶剂的蒸气压比溶液的蒸气压大，所以纯溶剂向溶液的渗透速率要比相反方向的渗透速率大。即若被半透膜隔开的两边溶液的浓度不等（即单位体积内溶剂的分子数不等），则可发生渗透现象。

例如，在一个连通器的两边各装有蔗糖溶液与纯水，中间用半透膜将它们隔开，如图 2.3 所示。这时水分子在单位时间内进入到蔗糖溶液内的数目，要比蔗糖溶液内的水分子在同一时间内进入纯水的数目多，结果使得蔗糖溶液的液面升高。

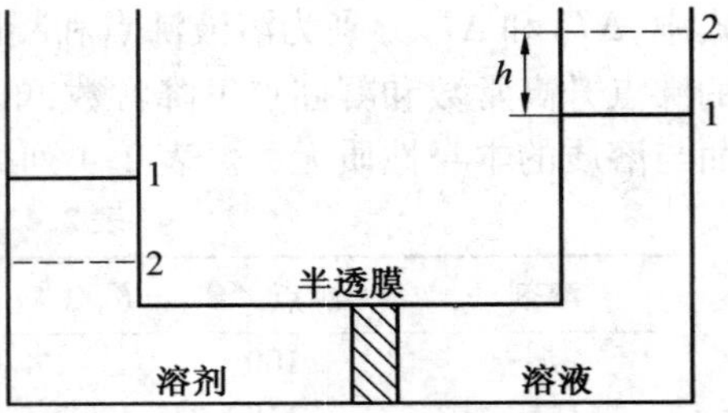

图 2.3 渗透压示意图

若要使膜内溶液与膜外纯溶剂的液面相平。即要使溶液的液面不上升，必须在溶液液面上增加一定的压力。单位时间内，溶剂分子从两个相反的方向通过半透膜的数目彼此相等，即达到渗透平衡。这种为维持溶液与纯溶剂之间的渗透平衡而需外加的压力就称为该溶液的渗透压。

在拉乌尔发现溶液蒸气压与纯溶剂蒸气压之间关系的同一年，范特霍夫宣布了稀溶液的渗透压定律，与理想气体定律相似，可表示为

$$\pi = c_B RT = n\frac{RT}{V} \tag{2.16}$$

式中，π 为渗透压，单位为 kPa；c_B 为溶液的物质的量浓度，单位为 $mol \cdot L^{-1}$；R 为摩尔气体常数，$R = 8.314\ kPa \cdot L \cdot mol^{-1} \cdot K^{-1}$；$T$ 为热力学温度，单位为 K。

利用渗透压的公式可以测定溶质的摩尔质量。但由于渗透压的测定较困难，所以一

般只用来测定高聚物的相对分子质量，因为高聚物溶液溶质分子和溶剂分子大小相差悬殊，易于选得合适的半透膜。

【例2.5】　将血红素1.00 g溶于适量水中，配成100 mL的溶液，20 ℃测得溶液的渗透压为0.366 kPa。求：(1) 溶液的物质的量浓度；(2) 血红素的相对分子质量；(3) 该溶液的沸点升高和凝固点下降值。

解　(1) $c_B = \frac{\pi}{RT} = \frac{0.366}{8.314 \times 293} = 1.50 \times 10^{-4}\ \text{mol} \cdot \text{L}^{-1}$

(2) 设血红素的摩尔质量为M，有

$$\frac{1.00}{M \times 100 \times 10^{-3}} = 1.50 \times 10^{-4}$$

解得

$$M = 6.7 \times 10^4\ \text{g} \cdot \text{mol}^{-1}$$

(3) 查表得到K_b和K_f值，有

$$\Delta T_b/℃ = K_b b_B \approx K_b c_B = 0.52 \times 1.50 \times 10^{-4} = 7.8 \times 10^{-5}$$

$$\Delta T_f/℃ = K_f b_B \approx K_f c_B = 1.86 \times 1.50 \times 10^{-4} = 2.79 \times 10^{-4}$$

特别指出，浓溶液和电解质溶液同样具有蒸气压下降、沸点升高、凝固点下降和渗透压等现象。但拉乌尔定律的定量关系只适合于难挥发的非电解质稀溶液。因为在浓溶液中有更多的溶质粒子，溶质粒子之间、溶质粒子与溶剂粒子之间的相互影响大大增加，造成依数性与浓度的定量关系发生偏离。若溶质为电解质，电解质在水溶液中发生离解、缔合等变化，上述定量关系也不能适用。但一般可根据溶液中溶质的粒子总数来比较不同溶液的蒸气压、沸点、凝固点及渗透压的大小。

2.4　稀溶液依数性的应用

2.4.1　沸点升高的应用

(1) 在钢铁冶炼工业中，通过观测钢水的沸点来确定其他组分的含量。在钢铁工业生产中，技术人员为了配比一定比率的固溶体需要不断的取样测定，不仅重复劳动、工作量大，而且高温作业采样会有很大的潜在危险。通过观测安装在熔炉中温度测量仪测定每一个状态时的沸点，就可以确定合金中的其他金属的含量，对合金生产起到关键的调控作用。依据依数性的沸点上升原理，在纯铁水中加入另一种金属后，沸点会升高，不同的组分含量对应相应的沸点，通过沸点的变化值就可计算出在某一沸点时另一种金属的含量，对钢铁合金的调节既方便又简捷。

(2) 讨论：高压锅的作用原理。

2.4.2　凝固点下降的应用

(1) 在环境化学中的应用。在冬春季节，冰雪天的道路上通过撒融雪剂可以加速除冰融雪，这就是根据依数性的凝固点降低原理，冰雪可以认为是固态纯水，融雪剂溶解在水中后形成稀溶液，由于溶液的凝固点要低一些，依据固相与液相平衡条件，随白天温度稍

稍回升，就可以使平衡向溶液方向移动，冰雪就会加速溶解变成液体，从而达到除冰融雪的目的。同样基于凝固点降低的原理，在寒冷的冬天，为防止汽车水箱冻裂，常在水箱的水中加入甘油或乙二醇以降低水的凝固点，这样可防止水箱中的水因结冰而体积增大，使水箱胀裂；建筑工地上经常给水泥浆料中添加工业盐等，都是通过降低凝固点来预防冻伤。

（2）在生物学中的应用。现代科学研究表明，植物的抗旱性和抗寒性与溶液蒸气压下降和凝固点下降有关。当植物所处的环境温度发生较大改变时，植物细胞中的有机体就会产生大量的可溶性碳水化合物来提高细胞液的浓度。细胞液的浓度越大，其凝固点下降越大，使细胞液能在较低的温度环境中也不会结冰，表现出一定的抗寒能力。同样，由于细胞液浓度增加，细胞液的蒸气压下降较大，使得细胞的水分蒸发减少，因此表现出植物的抗旱能力。

（3）在食品工业中的应用。1 份盐和 3 份碎冰的混合物用作制冷剂，冰的表面总是附有少量的水，当撒上盐后，盐溶解在水中形成溶液，盐混合物的温度就降低了，温度可降至 -20 ℃；再如，将 10 份 $CaCl_2 \cdot H_2O$ 和 7 份碎冰均匀混合，体系温度可降至 -40 ℃。因此，盐和冰混合而成的冷冻剂广泛应用于水产品和食品的保存与运输。

2.4.3 渗透压的应用

（1）在环境化学中的应用。随着人类社会的快速发展，淡水资源不断匮乏，而海水因含有大量的盐分通常不能直接使用，所以海水的淡化技术昭示着非常巨大的经济价值和非常重要的研究意义。海水淡化也称海水化淡或海水脱盐，是指将海水中的多余盐分和矿物质去除得到淡水的技术。目前主要采用的海水淡化方法有蒸馏法、反渗透法、海水冻结法和电渗法。反渗透法就是基于渗透压的原理，通过在半透膜的含海水的一侧用特种高压泵增压，使海水通过反渗透膜而进入纯水一侧，从而达到将海水淡化的目的。反渗透法具有设备简单、易于维护和设备模块化的优点，且脱盐率高，逐步取代蒸馏法成为应用最广泛的方法。经反渗透膜处理后的海水，其水质甚至优于自来水，这样就可供工业、商业、居民及船舶和舰艇使用，其主要问题在于寻找一种高强度的耐高压半透膜。同时，利用反渗透原理也可进行污水处理。

（2）在生物学中的应用。关于渗透现象的原因至今还不十分清楚。但人们都知道生命的存在与渗透平衡有着极为密切的关系，因此渗透现象很早就引起了生物学家的注意。动植物是由无数细胞组成的，细胞膜均具有半透膜功能。细胞膜是一种很容易透水而几乎不能透过溶解于细胞液中物质的薄膜。例如，若将红血球放入纯水中，在显微镜下会看到水穿过细胞壁使细胞慢慢肿胀，直到最后胀裂；若将红血球放入浓糖水中，水就向相反方向运动，细胞因此渐渐地萎缩；又如，人们在游泳池或河水中游泳时，睁开眼睛，很快就会感到涩痛，这是因为眼睛组织的细胞由于渗透作用而扩张引起的，而在海水中游泳，则不会有不适，这是因为海水的浓度很接近眼睛组织的细胞液浓度。

（3）在食品工业中的应用。食品加工行业渗透脱水，通过渗透脱水技术进行蔬菜、肉类、鱼类的腌制和水果的蜜制、糖制的加工历史相当悠久。随着人们对渗透理论认识的成熟，渗透脱水技术已经从传统的方法过渡到能与干燥、冷冻、杀菌、罐藏等方法的组合应用，从而更好地保持了果蔬加工后的品质，降低了加工能耗，使得渗透脱水技术在食品加工行业中占举足轻重的位置。

本章小结

在高温、低压条件下，实际气体可看做理想气体，掌握理想气体状态方程及其应用。

掌握气体分压定律。

了解物质的量浓度、质量摩尔浓度、摩尔分数、质量分数和质量浓度，及上述几种溶液浓度之间的关系。

掌握蒸气压下降、沸点升高、凝固点下降和渗透压，这些性质统称为稀溶液的依数性，只与溶质的摩尔分数有关，而与溶质的本性无关。掌握稀溶液的依数性相关计算。

习　题

1. 选择题

(1) 一理想气体混合物，含 A、B、C、D 四种气体各 1 mol。在保持温度、压力不变条件下，向其中充入 0.1 mol A，则下列说法中错误的为(　　)。

A. 气体 A 分压降低　　B. 气体 B 分压降低

C. 气体 C 分压降低　　D. 气体 D 分压降低

(2) 取下列物质各 1 g，分别溶于 1 000 g 苯中，溶液凝固点最高的为(　　)。

A. CH_3Cl　　B. CH_2Cl_2　　C. $CHCl_3$　　D. CCl_4

(3) 将 0 ℃ 的冰放入 0 ℃ 的盐水中，则(　　)。

A. 冰 - 水平衡　　B. 水会结冰

C. 冰会融化　　D. 与加入冰的量有关

(4) 蔗糖、葡萄糖各 10 g，分别溶于 100 g 水中，成为 A、B 两溶液。用半透膜将两溶液隔开，则(　　)。

A. A 中水渗入 B　　B. B 中水渗入 A

C. 无渗透现象　　D. 以上情况都可能

2. 填空题

(1) 在容积为 50 L 的容器中，充有 140 g CO 和 20 g H_2，温度为 300 K，则 CO 的分压为________ kPa，H_2 的分压为________ kPa，混合气体总压为________ kPa。

(2) 引起稀溶液沸点升高的根本原因是________的结果。

(3) 按溶液的凝固点由高到低的顺序排列下列溶液________。

① 0.100 $mol \cdot kg^{-1}$ 的葡萄糖溶液　　② 0.100 $mol \cdot kg^{-1}$ 的 NaCl 溶液

③ 0.100 $mol \cdot kg^{-1}$ 的尿素溶液　　④ 0.100 $mol \cdot kg^{-1}$ 的萘的苯溶液

(4) 本章讨论的依数性适用于________、________的________溶液。

3. 简答题

(1) 回答下列问题：

① 为什么在冰冻的田上撒些草木灰，冰较易融化？

② 施肥过多为什么会引起植物凋萎？

③ 为什么海水较河水难结冰？

(2) 溶质是难挥发物质的溶液，在不断沸腾时，它的沸点是否恒定？其蒸气在冷却过程中凝结点是否恒定？为什么？

(3) 在临床输液时为什么一般要输等渗溶液？

4. 计算题

(1) 蔗糖($C_{12}H_{22}O_{11}$)6.84 g溶于50.0 g水中，计算该溶液的质量摩尔浓度及糖和水的物质的量分数。

(2) 溶解0.113 0 g磷于19.04 g苯中，苯的凝固点降低0.245 ℃，求此溶液中的磷分子是由几个磷原子组成的。

(3)10.0 g某高分子化合物溶于1 L水中所配制成的溶液在27 ℃时的渗透压力为0.432 kPa，计算此高分子化合物的相对分子质量。

(4) 某化合物2.00 g溶于100 g水，溶液沸点为100.125 ℃。求①该化合物的摩尔质量；② 在298 K时，溶液的渗透压。

(5) 难挥发的电解质水溶液的凝固点是 −0.186 ℃，该溶液的沸点是多少？

第 3 章

化学热力学基础

人们在长期的生产劳动实践中接触到热现象，并利用它从实践的经验里归纳出热能和机械能以及其他形式的能量之间的关系，在探索它们之间内在本质的过程中形成了热力学。

化学热力学就是应用热力学的基本原理来研究化学变化和与化学相关的过程中伴随发生的能量变化问题。化学热力学主要解决化学反应中的两大问题：第一是化学反应中能量是如何转化的；第二是化学反应朝着什么方向进行、限度如何。通过本章的学习，将找到化学反应的反应热计算方法、判断化学反应自发方向的统一判据以及化学平衡问题。

3.1 基本概念

3.1.1 系统与环境

研究问题时，为了明确研究目标，总是人为地将一部分物质与其余物质分开作为研究的对象，被划定的研究对象称为系统；系统之外，与系统密切相关，影响所能及的部分称为环境。例如要研究烧杯中 HCl 和 NaOH 溶液的反应，可将酸碱混合液作为系统，而混合液以外的部分，如烧杯就是环境；若把烧杯与酸碱混合液作为系统，则周围的空气就是环境。热力学所指的系统和环境是共存的、缺一不可的。因此，根据系统与环境交换物质和能量的情况不同，把系统分为孤立系统、封闭系统、敞开系统三种类型。

1. 孤立系统

系统与环境之间既无物质交换又无能量交换。如将上例中装有 HCl 和 NaOH 溶液的烧杯装入一绝热的密闭容器内，则烧杯、酸碱混合液和绝热容器所组成的系统就是孤立系统。

2. 封闭系统

系统与环境之间没有物质交换，只有能量交换。如将上例中装有 HCl 和 NaOH 溶液的烧杯装入一不绝热的密闭容器内，则是封闭系统。

3. 敞开系统

系统与环境之间既有物质交换又有能量交换。如将上例中酸碱混合液当成系统，则该系统就是敞开系统。但要注意的是,若将化学反应(包括反应物和生成物)作为研究对象,那就属于封闭系统了。在研究化学反应时,如不加特殊说明,都是按封闭系统处理。

三种系统中最为常见的是封闭系统。这里需要指出,孤立系统是一个理想化的系统,绝对的孤立系统是不存在的,它只是为了研究问题的方便,人为做出的一种抽象而已。

3.1.2 状态与状态函数

系统的状态是系统宏观性质(例如温度、体积、压力、质量、密度、组成等)的综合表现。当这些性质有确定值时,系统就处于一定的状态;当系统的某一个性质发生变化时,系统的状态也随之改变。用来描述、确定体系所处状态的宏观物理量称为状态函数。例如,描述气体状态的物理量:物质的量 n、温度 T、压力 p 和体积 V 等都是状态函数。状态函数的变化值只取决于系统的始态和终态,与变化的途径无关。如一杯水的始态是 293 K,其终态是 353 K,不管采取什么途径,其温度的变化量都是 60 K,故温度 T 是状态函数。

3.1.3 热 和 功

系统能量的改变可以由多种方式实现,从大的方面看有功、热和辐射三种形式。热力学中,仅考虑功和热两种能量交换形式。

1. 热

在系统和环境之间由于温度的不同而传递的能量称为热。例如,两个不同温度的物体相互接触,高温物体把能量传给低温物体,用这种方式传递的能量就是热,用符号 Q 表示。系统从环境吸热,Q 为正值;系统向环境放热,Q 为负值。

热总是与过程相联系,不能说系统含有多少热,而只能说系统在某一过程中吸收或放出多少热。一旦过程停止,热也就不存在了。热不是系统本身具有的性质,因而不是状态函数。

2. 功

除热以外,系统与环境之间传递的能量称为功。功用符号 W 表示,系统向环境做功,W 为负值;环境向系统做功,W 为正值。功的大小与过程和途径有关,功不是系统本身的性质,所以也不是状态函数。

为研究方便,热力学中将功分为体积功和非体积功 2 类,$W = W_{体} + W_{非体}$。$W_{非体}$ 是除体积功外其他各种功的统称,如电功、表面功等。体积功是系统体积变化时所做的功。因为许多化学反应是在敞口容器中进行的,如果外压 p 不变,这时的体积功为 $W_{体} = -p\Delta V$。

3.1.4 热力学第一定律

在任何过程中,能量都不能自生自灭,只能从一种形式转化为另一种形式,在转化过程中能量的总值不变,这就是能量守恒定律。将能量守恒定律应用于热力学系统,就称为热力学第一定律。

假设一封闭系统环境对其做功 W,系统吸热 Q,则系统的能量必有增加。根据能量守恒原理,系统能量的变化等于 W 与 Q 之和:

$$\Delta U = Q + W \tag{3.1}$$

式(3.1)就是热力学第一定律的数学表达式,并定义 U 为系统的热力学能。热力学能是热力学系统内各种形式的能量的总和(系统自身的性质),是状态函数。它包括组成系统的各种粒子的动能(如分子的平动能、振动能、转动能等)以及粒子间相互作用的势能(如分子的吸引能、排斥能、化学键能等)。

到目前为止,一个系统的热力学能的绝对值无法知道,但热力学感兴趣的仅是一个体系在变化过程中吸收或释放了多少能量,即热力学能的变化值 ΔU。ΔU 可通过热力学第一定律来计算。

【例3.1】 某系统从始态到终态,从环境吸热100 J,对环境做功50 J,求系统和环境的热力学能变。

$$\Delta U_{系统}/\mathrm{J} = Q_{系统} + W_{系统} = 100 - 50 = 50$$

上述变化是系统吸热,环境就要放热。因此对于环境而言 $Q_{环境} = -100$ J;环境接受系统做的功,所以 $W_{环境} = 50$ J,那么环境的热力学能变为

$$\Delta U_{环境}/\mathrm{J} = Q_{环境} + W_{环境} = -100 + 50 = -50$$

通过计算可知,系统与环境的能量变化之和等于零,这就是能量守恒的结果。

3.2　化学反应的热效应

化学反应中一般都伴有反应热(吸热或放热),化学反应热的测量和计算对于研究化学反应热的应用和化学反应的方向都具有重要意义。

3.2.1　化学反应热

对于一个化学反应,当反应物和产物的温度相等时,系统吸收或者放出的热量称为化学反应热效应,简称反应热。根据化学反应进行的具体过程不同,化学反应热可以分为定容反应热和定压反应热。

1. 定容反应热

在定容、不做非体积功的条件下,热力学第一定律中 $W_{体} + W_{非体} = 0$。根据热力学第一定律得

$$\Delta U = Q_V \tag{3.2}$$

式中,Q_V 是定容反应热;下脚标字母 V 表示定容过程。式(3.2)表明,定容反应热全部用于改变系统的热力学能。虽然定容热在数值上等于体系的热力学能变,即其数值只与过程有关,而与途径无关,但定容热不是状态函数。

2. 定压反应热

在定压、不做非体积功的条件下,系统只做体积功,$W_{体} = -p\Delta V = -p(V_2 - V_1)$,故

$$\Delta U = U_2 - U_1 = Q_p - p(V_2 - V_1)$$

则

$$Q_p = (U_2 + pV_2) - (U_1 + pV_1)$$

令

$$H \equiv U + pV \tag{3.3}$$

有

$$Q_p = H_2 - H_1 = \Delta H \tag{3.4}$$

式中,Q_p 是定压反应热;H 是热力学中的焓。式(3.3)即是焓的定义式。H 是 U、p、V 的组

合,所以和 U 一样,H 也是状态函数。式(3.4)表明,化学反应定压热在数值上等于系统的焓变。尽管定压热不是状态函数,但由于焓是状态函数,因此定压热在数值上只与过程有关,而与途径无关。

焓是一个重要的状态函数,其单位与热力学能一样为J,但焓没有确切的物理意义,它仅是式(3.3)定义出来的一个状态函数。与热力学能一样,焓的绝对值也是不可测的。

3.2.2 热力学标准态

所谓热力学标准态是指在某一指定温度 T 和标准压力 $p^{\ominus}$(100 kPa)下该物质的状态,简称标准态。p 的上标"$\ominus$"读做标准。

纯理想气体的标准态是指该气体处于标准压力 $p^{\ominus}$(100 kPa)下的状态。而混合理想气体中任一组分的标准态是指该气体组分的分压力为 $p^{\ominus}$ 时的状态。

纯液体(或纯固体)物质的标准态是指压力为 $p^{\ominus}$ 下的纯液体(或纯固体)的状态。

关于溶液中溶质的标准态的选择问题较为复杂,这里选其浓度 $c_B = 1\ mol \cdot L^{-1}$ 为标准态。

应注意的是,标准态只规定标准压力 $p^{\ominus}$(100 kPa),而没有限定温度。因此,处于 $p^{\ominus}$ 下的各种物质,在不同温度下就有不同的热力学数据。但 IUPAC(国际纯粹与应用化学联合会)推荐选择298.15 K作为参考温度。所以通常从手册或专著查到的有关热力学数据一般都是298.15 K时的数据(本书后的数据也是如此)。

标准态的热力学函数称为标准热力学函数。$\Delta U^{\ominus}$(298.15 K)表示298.15 K的标准热力学能变,$\Delta U^{\ominus}$(500 K)表示500 K的标准热力学能变。通常在298.15 K时,可以不标明温度。

ΔU 在广义上表示任一系统的热力学能变。在化学热力学中,为了区别于其他过程,则在"Δ"右下角注上"r"字样,写成 $\Delta_r U$,表示化学反应热力学能变;同时在"U"右下角注上"m"字样,写成 $\Delta_r U_m$,表示当化学反应在反应进度(按反应式中各物质的计量数完成一次反应)为1 mol时的标准热力学能变。

标准状态下进行的反应,当反应进度为1 mol时,系统的热力学能变要写成 $\Delta_r U_m^{\ominus}$,表示反应的标准摩尔反应热力学能变。

3.2.3 热化学方程式

表示化学反应与反应热关系的方程式称为热化学方程式。例如,火箭燃料联氨在氧气中定容完全燃烧,反应的热力学能可用下列热化学方程式表示:

$$N_2H_4(l, 298.15\ K, 100\ kPa) + O_2(g, 298.15\ K, 100\ kPa) =$$
$$N_2(g, 298.15\ K, 100\ kPa) + 2H_2O\ (l, 298.15\ K, 100\ kPa)$$
$$\Delta_r U_m = -662\ kJ \cdot mol^{-1}$$

上式表示298.15 K、100 kPa时按上述方程式进行反应,系统的热力学能减少了662 kJ,或者说反应放热662 kJ。

书写热化学方程式应注意:

(1)写出该反应的方程式。方程式写法不同,其热效应也不同。

(2) 标明各物质的温度、压力及聚集状态。若温度为298.15 K、压力为$p^{\ominus}$(100 kPa)，可不必注明。为方便起见通常将298 K作为参考温度。

(3) 定容或定压摩尔反应热分别用$\Delta_r U_m$或$\Delta_r H_m$表示，标准状态下反应的摩尔热力学能变和摩尔焓变分别记为$\Delta_r U_m^{\ominus}$或$\Delta_r H_m^{\ominus}$。“+”表示系统吸热，“-”表示系统放热。

大量的化学反应是在敞口容器中以及基本恒定的大气压力下进行的，因此反应的摩尔焓变比摩尔热力学能变更常见、更重要，一般所说的反应热大都指反应的摩尔焓变。

3.2.4　化学反应热的计算

化学家用特殊的量热计测定了大量化学反应热。但很多重要的化学反应热无法用实验方法测得，如氨基酸在动物体内氧化，最终主要生成尿素、二氧化碳和水，但在体外实验条件下，氨基酸氧化生成的是氨、二氧化碳和水；又如，有些反应受自身的特点(如速率慢、副反应多等)限制，反应热很难准确测得。因此这些反应的反应热只能通过计算得到。

1. 利用赫斯(Hess G. H.)定律计算反应热

1840年，俄国化学家赫斯根据大量实验事实总结出如下定律：一个化学反应，在定容或定压条件下，不管是一步完成还是几步完成，其反应热都是相同的。也就是说，一个反应若在定容或定压条件下分几步完成，则总反应热必然是各步反应热的代数和。这是赫斯定律的推论。根据这一推论可以计算一些实验难以测定的化学反应的反应热。

【例3.2】　求反应

$$\text{C(石墨)} + \frac{1}{2}O_2(g) = CO(g) \qquad (1)$$

的标准摩尔焓变$\Delta_r H_m^{\ominus}$。

已知298.15 K、100 kPa下：

$$\text{C(石墨)} + O_2(g) = CO_2(g) \quad \Delta_r H_m^{\ominus} = -393.5\ \text{kJ}\cdot\text{mol}^{-1} \qquad (2)$$

$$CO(g) + \frac{1}{2}O_2(g) = CO_2(g) \quad \Delta_r H_m^{\ominus} = -283.0\ \text{kJ}\cdot\text{mol}^{-1} \qquad (3)$$

解　以上3个反应的关系可以用热化学循环图表示如下：

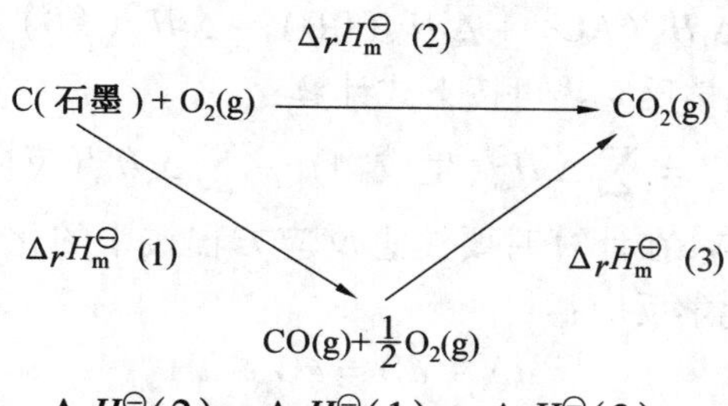

可以看出　$\Delta_r H_m^{\ominus}(2) = \Delta_r H_m^{\ominus}(1) + \Delta_r H_m^{\ominus}(3)$

则　$\Delta_r H_m^{\ominus}(1)/(\text{kJ}\cdot\text{mol}^{-1}) = \Delta_r H_m^{\ominus}(2) - \Delta_r H_m^{\ominus}(3) = -393.5 - (-283.0) = -110.5$

实际上，反应(1)的反应热$\Delta_r H_m^{\ominus}$是很难用实验来测定的，因为碳和氧之间进行反应只生成CO而不生成CO_2，这几乎是不可能的。

【例3.3】　已知下列反应在873 K、100 kPa时的$\Delta_r H_m^{\ominus}$为

(1) $3Fe_2O_3(s) + CO(g) = 2Fe_3O_4(s) + CO_2(g)$　$\Delta_r H_m^\ominus = -6.27\ kJ \cdot mol^{-1}$

(2) $Fe_3O_4(s) + CO(g) = 3FeO(s) + CO_2(g)$　$\Delta_r H_m^\ominus = 22.57\ kJ \cdot mol^{-1}$

(3) $FeO(s) + CO(g) = Fe(s) + CO_2(g)$　$\Delta_r H_m^\ominus = -13.37\ kJ \cdot mol^{-1}$

试求在相同温度下,反应(4) $Fe_2O_3(s) + 3CO(g) = 2Fe(s) + 3CO_2(g)$ 的 $\Delta_r H_m^\ominus$ =?

解　分析四个反应可知,其化学反应热为

$$1 \times (1) + 2 \times (2) + 6 \times (3) = 3 \times (4)$$

代入相关数据,可得反应(4) 的 $\Delta_r H_m^\ominus = -13.76\ kJ \cdot mol^{-1}$。

2. 利用标准摩尔生成焓计算化学反应热

(1) 标准摩尔生成焓的定义。

热力学规定,在指定温度及标准状态下,由元素最稳定的单质生成 1 mol 某物质时反应的焓变称为该物质的标准摩尔生成焓。用 $\Delta_f H_m^\ominus(T)$ 表示,下标 f 表示生成,温度为 298.15 K 时,T 可以省略。$\Delta_f H_m^\ominus$ 常用单位是 $kJ \cdot mol^{-1}$。根据定义,元素最稳定单质的标准摩尔生成焓为零,例如 $\Delta_f H_m^\ominus(H_2, g, 298.15\ K) = 0$,$\Delta_f H_m^\ominus(O_2, g, 298.15\ K) = 0$,但对不同晶态的固体物质来说,只有最稳定单质的标准摩尔生成焓等于零,如 C(石墨) 的 $\Delta_f H_m^\ominus = 0$,但 C(金刚石) 的 $\Delta_f H_m^\ominus = 1.895\ kJ \cdot mol^{-1}$。一些常见化合物的 $\Delta_f H_m^\ominus$ 见附表 3。

(2) 利用标准摩尔生成焓计算反应热。

假设有一反应 $AB + CD = AC + BD(1)$,其标准焓变为 $\Delta_r H_m^\ominus(1)$,这一反应也可分两步进行:

$$AB + CD \xlongequal{(2)} A + B + C + D \xlongequal{(3)} AC + BD$$

其中 A、B、C、D 应是最稳定单质。反应(2) 标准焓变为 $\Delta_r H_m^\ominus(2)$,反应(3) 标准焓变为 $\Delta_r H_m^\ominus(3)$,则根据焓变与途径无关的性质,必有

$$\Delta_r H_m^\ominus(1) = \Delta_r H_m^\ominus(2) + \Delta_r H_m^\ominus(3)$$

而

$$\Delta_r H_m^\ominus(2) = -\Delta_f H_m^\ominus(AB) - \Delta_f H_m^\ominus(CD)$$
$$\Delta_r H_m^\ominus(3) = \Delta_f H_m^\ominus(AC) + \Delta_f H_m^\ominus(BD)$$

所以有　$\Delta_r H_m^\ominus(1) = \Delta_f H_m^\ominus(AC) + \Delta_f H_m^\ominus(BD) - \Delta_f H_m^\ominus(AB) - \Delta_f H_m^\ominus(CD)$

即对上述化学反应,其化学反应热可按下式计算:

$$\Delta_r H_m^\ominus = \sum \Delta_f H_m^\ominus(生成物) - \sum \Delta_f H_m^\ominus(反应物) \tag{3.5}$$

对于一般的化学反应,在计算时要注意反应方程式中的化学计量数(即每个分子前面的系数)。如对任一化学反应:

$$aA + dD = gG + hH$$

则有

$$\Delta_r H_m^\ominus = g\Delta_f H_m^\ominus(G) + h\Delta_f H_m^\ominus(H) - a\Delta_f H_m^\ominus(A) - d\Delta_f H_m^\ominus(D) = \sum_B \nu_B \Delta_f H_m^\ominus(B) \tag{3.6}$$

式中,ν_B 为相应的化学计量数,对反应物取负值,对生成物取正值。利用上述关系式即可

计算化学反应热。

【例3.4】　试计算反应 $Fe_2O_3(s)+2Al(s)=2Fe(s)+Al_2O_3(s)$ 在298 K(为了表达方便,以后在一般情况下都将298.15 K近似用298 K代替)时的标准焓变。

解　对于题中给出的反应,查表可得

$$Fe_2O_3(s)+2Al(s)=2Fe(s)+Al_2O_3(s)$$

$\Delta_f H_m^\ominus/(kJ\cdot mol^{-1})$ -824.2　　0　　0　　$-1\ 675.7$

则　$\Delta_r H_m^\ominus/(kJ\cdot mol^{-1})=(-1\ 675.7)-(-824.2)=-851.5$

上述反应就是著名的铝热剂反应,由于反应可放出大量热,反应温度可达2 000 ℃以上,能使铁熔化而应用于钢轨的焊接。用该反应还可以做成铝热剂燃烧弹。

联氨(N_2H_4)又称肼,与氧或氧化物反应时放出大量热,且燃烧速率极快,产物(N_2,H_2O)稳定无害,是理想的高能燃料。下面通过计算加以说明。

【例3.5】　计算反应 $2N_2H_4(l)+N_2O_4(g)=3N_2(g)+4H_2O(g)$ 在298 K时的标准焓变。

解　对于题中给出的反应,查表可得

$$2N_2H_4(l)+N_2O_4(g)=3N_2(g)+4H_2O(g)$$

$\Delta_f H_m^\ominus/(kJ\cdot mol^{-1})$ 50.63　　9.66　　0　　-241.84

则　$\Delta_r H_m^\ominus/(kJ\cdot mol^{-1})=4\times(-241.84)-(50.63\times 2+9.66)=-1\ 078.28$

【例3.6】　计算反应 $2NO(g)=N_2(g)+O_2(g)$ 在298 K时的标准焓变。

解　对于题中给出的反应,查表可得

$$2NO(g)=N_2(g)+O_2(g)$$

$\Delta_f H_m^\ominus/(kJ\cdot mol^{-1})$　90.25　　0　　0

则　$\Delta_r H_m^\ominus/(kJ\cdot mol^{-1})=0-2\times 90.25=-180.5$

NO是汽车尾气的主要污染物之一,该反应是治理NO的最理想的反应,使有毒的NO生成无害的 N_2 有 O_2。

在计算化学反应热时要注意,化学反应的 ΔH 一般随温度变化而变化,但变化不大。因此,在温度变化不是很大、计算精度要求不高的情况下,可以不考虑温度对 ΔH 的影响。后面如不加特殊说明,都按此处理。

3.3　化学反应的自发性

热力学第一定律解决了化学反应过程中的能量变化问题,而化学反应的方向及限度问题需要用热力学第二定律来说明。

3.3.1　自发过程

自然界中发生的一切变化,在一定条件下,都是朝着一定方向进行的。如铁在潮湿的空气中生锈、物体从高处落到低处、热从高温物体向低温物体传递等。而要使这些过程的逆过程得以进行,就必须对系统做非体积功。如利用制冷机将热从低温物体传向高温物

体、利用起重机将重物升起等。人们将在一定条件下不需要环境对系统做功就能自动进行的过程称为自发过程,反之称为非自发过程。需要指出的是,自发过程并不一定进行得很快,如常温常压下 O_2 和 H_2 作用生成 H_2O 时反应极慢。另一方面,非自发反应也不是一定不能发生,当条件改变时,也可能成为自发反应。如 $CaCO_3$ 分解在常温常压下不能自动进行,但若减小 CO_2 的分压或升高温度到一定程度,$CaCO_3$ 可自动分解。究竟是什么因素决定过程的自发方向?能否找到一个判断一定条件下过程自发方向的共同准则?

经验告诉我们,系统的能量越低越稳定。自然界很多简单的物理过程都是朝着能量降低的方向自发进行的。早在 19 世纪,化学家就将反应是否放热,即 $\Delta_r H_m^\ominus$ 是否小于 0 作为判断反应是否自发的准则,即 $\Delta_r H_m^\ominus < 0$ 的反应为自发反应。大量的实验事实也证明,许多放热反应是自发的,如 CH_4 燃烧、NO 分解等自发过程都是放热反应。但有些吸热反应也能自发进行,如常温、常压下冰的自动融化、KNO_3 溶于水等都是吸热反应。由此可见,影响过程自发的内在因素不仅仅是过程放热,还有其他的因素影响反应的自发性,那就是熵。

3.3.2 熵

1. 混乱度和熵

混乱度也称为无序度,在一定条件下,系统内部微观粒子的无序程度就可以看成混乱度。系统的状态一定,混乱度就有确定值,混乱度的大小与系统的状态密切相关。所以,可以用一个状态函数来表示系统混乱度的大小,这一状态函数称为熵,用符号 S 表示。系统的混乱度大,系统的熵值就大。

在 0 K 温度下,任何纯物质的完美晶体熵等于 0。这是热力学第三定律的一种说法。化学中采用这种说法最为方便,因为据此就可以求出其他温度时的熵值,称为规定熵或绝对熵。这个定律的这种说法证实了下述事实:任何物质都有一定的正熵,而 0 K 时熵可能变为零。对纯物质的完美晶体,在 0 K 时它的熵等于零。我们把在一定温度下,1 mol 纯物质在标准条件下的规定熵称为该物质的标准摩尔熵,简称标准熵,用符号 $S_m^\ominus$ 表示,SI 单位为 $J \cdot mol^{-1} \cdot K^{-1}$。附表 3 列出了一些物质在 298.15 K 时的标准摩尔熵。

熵值的大小与温度、物质的聚集状态等许多因素有关。物质的标准摩尔熵大小的一般规律为:

(1) 同一物质,气态的 $S_m^\ominus$ 总是大于液态的 $S_m^\ominus$、液态的 $S_m^\ominus$ 总是大于固态的 $S_m^\ominus$。

(2) 同一聚集态的物质,组成分子的原子越多,系统的熵值越大。如 $S_m^\ominus(KCl) < S_m^\ominus(KNO_3)$。

(3) 摩尔质量相同的物质,分子结构越复杂,$S_m^\ominus$ 越大。

(4) 结构相似的同类物质(如卤素、直链烷烃等),摩尔质量越大,$S_m^\ominus$ 越大。如 $S_m^\ominus(F_2) < S_m^\ominus(Cl_2) < S_m^\ominus(Br_2) < S_m^\ominus(I_2)$。

(5) 同一物质在相同聚集状态下,温度越高,$S_m^\ominus$ 越大。

2. 熵变

当系统由状态 1 变到状态 2 时,其熵值的改变量为 $\Delta S = S_2 - S_1$,ΔS 就是熵变。与反

应的标准焓变类似,对任一化学反应:

$$aA + dD \longrightarrow gG + hH$$

则有　$$\Delta_r S_m^\ominus = gS_m^\ominus(G) + hS_m^\ominus(H) - aS_m^\ominus(A) - dS_m^\ominus(D) = \sum_B \nu_B S_m^\ominus(B) \tag{3.7}$$

应当注意的是,虽然物质的标准熵和温度有关,但 $\Delta_r S_m$ 与焓变相似。受温度影响不大,本课程中,可以认为 $\Delta_r S_m^\ominus(T) = \Delta_r S_m^\ominus(298\ K)$。

【例3.7】　计算反应 $2NO(g) \longrightarrow N_2(g) + O_2(g)$ 在298 K时的标准熵变。

解　对于题中给出的反应,查表可得

	$2NO(g)$	$\longrightarrow$	$N_2(g)$	$+ O_2(g)$
$S_m^\ominus/(J \cdot mol^{-1} \cdot K^{-1})$	210.7		191.5	205.0

则　$$\Delta_r S_m^\ominus/(J \cdot mol^{-1} \cdot K^{-1}) = 205.0 + 191.5 - 2 \times 210.7 = -24.9 < 0$$

这一反应的标准熵虽然小于零,但在298 K标准状态下仍可以自发进行。这是因为前面已经计算该反应的焓变也小于零,即是放热反应,从能量角度来看该反应过程应该可以自发进行。由这一例子可以看出,在等温等压条件下,应该从能量和混乱度两方面综合考虑一个化学反应过程的方向。

【例3.8】　计算反应 $2NH_3(g) \longrightarrow N_2(g) + 3H_2(g)$ 在298 K时的标准熵变。

解　对于题中给出的反应,查表可得

	$2NH_3(g)$	$\longrightarrow$	$N_2(g)$	$+ 3H_2(g)$
$S_m^\ominus/(J \cdot mol^{-1} \cdot K^{-1})$	192.3		191.5	130.6

则　$$\Delta_r S_m^\ominus/(J \cdot mol^{-1} \cdot K^{-1}) = 191.5 + 3 \times 130.6 - 2 \times 192.3 = 198.7 > 0$$

对于这一反应,从能量角度看是吸热反应($\Delta_r H_m^\ominus$ 为92.2 $kJ \cdot mol^{-1}$),在298 K标准状态下应该不能自发进行;但从混乱度来看,熵是增加的,应能自发进行。实际该反应在标准状态下低温不能自发进行,高温是可以自发进行的。

从上面两个例题可以看出,系统发生自发变化有两种驱动力:一是通过放热使系统趋向于最低能量状态;一是系统趋向于最大混乱度。因此在等温等压条件下,单独用 $\Delta_r H_m$ 或 $\Delta_r S_m$ 来判断变化过程的方向都是不充分的,必须将二者综合起来。

3.3.3　吉布斯自由能与吉布斯自由能判据

1. 吉布斯自由能

由前面的讨论可以知道,在等温等压条件下,判断一个变化过程的方向,必须同时考虑焓变和熵变。1876年,美国物理学家吉布斯(J. W. Gibbs)给出了下面的重要关系式:

$$G = H - TS \tag{3.8}$$

这一公式称为吉布斯方程,是化学上最重要、最有用的公式之一。由于 H、T、S 都是状态函数,所以它们的组合也是状态函数。G 就是吉布斯自由能。ΔG 称为吉布斯自由能变,其定义式为

$$\Delta G = \Delta H - T\Delta S \tag{3.9}$$

对于标准状态下发生的化学反应有

$$\Delta_r G_m^\ominus = \Delta_r H_m^\ominus - T\Delta_r S_m^\ominus \tag{3.10}$$

式(3.9)、(3.10) 称为吉布斯－亥姆霍兹(Gibbs－Helmholtz) 方程，$\Delta_r G_m^\ominus$ 称为标准摩尔吉布斯自由能变，常用单位是 $kJ \cdot mol^{-1}$。

2. 吉布斯自由能变与变化过程方向

由吉布斯－亥姆霍兹方程可以看出，温度对 ΔG 有明显影响(这与 ΔH、ΔS 不同)。对于等温等压条件下的变化过程，自发进行的判据如下：

$\Delta G < 0$　　过程能正向自发

$\Delta G = 0$　　过程处于平衡状态

$\Delta G > 0$　　过程不能正向自发(其逆过程自发)

这就是说，在等温等压条件下，自发过程是朝着 G 值减小的方向进行的，直到 G 值减至最小，达到平衡态为止，这一判据称为吉布斯自由能减小原理，也是热力学第二定律的自由能表述。

3. 化学反应吉布斯自由能变的计算

(1) 标准摩尔生成吉布斯自由能的定义。

热力学规定，在指定温度及标准状态下，由元素最稳定的单质生成 1 mol 某物质时反应的吉布斯自由能变称为该物质的标准摩尔生成吉布斯自由能。用 $\Delta_f G_m^\ominus(T)$ 表示，温度为 298 K 时，T 可以省略。$\Delta_f G_m^\ominus$ 常用单位是 $kJ \cdot mol^{-1}$。显然，元素最稳定单质的标准摩尔生成吉布斯自由能为零，一些常见化合物的 $\Delta_f G_m^\ominus$ 见附表 3。

(2) 利用标准摩尔生成吉布斯自由能计算化学反应吉布斯自由能变。

对任一化学反应：

$$aA + dD \xlongequal{\quad} gG + hH$$

则有

$$\Delta_r G_m^\ominus = g\Delta_f G_m^\ominus(G) + h\Delta_f G_m^\ominus(H) - a\Delta_f G_m^\ominus(A) - d\Delta_f G_m^\ominus(D) = \sum_B \nu_B \Delta_f G_m^\ominus(B) \tag{3.11}$$

【例 3.9】 计算反应 $2NaOH(aq) \xlongequal{\quad} Na_2O(s) + H_2O(l)$ 在 298 K 时的标准吉布斯自由能变，并说明 NaOH(aq) 的稳定性。

解　对于题中给出的反应，查表可得

$$2NaOH(aq) \xlongequal{\quad} Na_2O(s) + H_2O(l)$$

$\Delta_f G_m^\ominus/(kJ \cdot mol^{-1})$　　-419.17　　　-375.46　-237.13

则　$\Delta_r G_m^\ominus/(kJ \cdot mol^{-1}) = [-237.13 + (-375.46)] - 2 \times (-419.17) = 225.75$

$\Delta_r G_m^\ominus > 0$，所以在 298 K 标准状态下 NaOH(aq) 比较稳定不会自发分解。

在利用标准摩尔生成吉布斯自由能计算化学反应吉布斯自由能变时应注意：用这种方法计算的 $\Delta_r G_m^\ominus$ 是 298.15 K 时的数据。若求其他温度下反应的 $\Delta_r G_m^\ominus$，要利用吉布斯－亥姆霍兹方程来进行近似计算。

(3) 利用吉布斯－亥姆霍兹方程计算化学反应吉布斯自由能变。

利用物质在 298 K 的标准摩尔生成吉布斯自由能，计算出反应的标准摩尔吉布斯自由能变，即可判断 298 K、标准状态、等温、等压时化学反应的可能性。但反应的摩尔吉布斯自由能变不像反应的摩尔焓变和摩尔熵变受温度的影响可以忽略，它受温度的影响显

著,因此,可以将298 K时的焓变和熵变代入吉布斯－亥姆霍兹方程,计算其他温度T(K)时的$\Delta_r G_m^{\ominus}(T)$,由$\Delta_r G_m^{\ominus}(T)$来判断在温度$T$(K)时反应的自发性,这时公式可以写成:

$$\Delta_r G_m^{\ominus}(T) = \Delta_r H_m^{\ominus}(298) - T\Delta_r S_m^{\ominus}(298) \tag{3.12}$$

【例3.10】 计算说明反应$2HgO(s) \longrightarrow 2Hg(l) + O_2(g)$在标准状态下,298 K及900 K时的反应方向。

解 对于题中给出的反应,查表可得

	$2HgO(s)$	$2Hg(l)$	$O_2(g)$
$\Delta_r H_m^{\ominus}/(kJ \cdot mol^{-1})$	-90.83	0	0
$S_m^{\ominus}/(J \cdot mol^{-1} \cdot K^{-1})$	70.29	76.02	205.03

则
$$\Delta_r H_m^{\ominus}/(kJ \cdot mol^{-1}) = -2 \times (-90.83) = 181.66$$

$$\Delta_r S_m^{\ominus}/(J \cdot mol^{-1} \cdot K^{-1}) = 205.03 + 2 \times 76.02 - 2 \times 70.29 = 216.49$$

$$\Delta_r G_m^{\ominus}(298)/(kJ \cdot mol^{-1}) = \Delta_r H_m^{\ominus} - T\Delta_r S_m^{\ominus} = 181.66 - 216.49 \times 10^{-3} \times 298 \approx 117.15 > 0$$

说明标准状态下,298 K时反应不能自发进行。

$$\Delta_r G_m^{\ominus}(900)/(kJ \cdot mol^{-1}) = \Delta_r H_m^{\ominus} - T\Delta_r S_m^{\ominus} = 181.66 - 216.49 \times 10^{-3} \times 900 \approx -13.18 < 0$$

说明标准状态下,900 K时反应能自发进行。

计算结果表明温度对吉布斯自由能变的影响是很大的。

4. 吉布斯－亥姆霍兹方程的应用

当熵变和焓变对反应自发性的贡献相矛盾时,反应的自发方向往往由反应的温度决定。根据吉布斯－亥姆霍兹方程可对反应的温度条件进行估计。

(1) 估算反应的温度条件。

等温、等压条件下反应自发方向与温度的关系见表3.1。

表3.1　等温、等压条件下反应自发方向与温度的关系

反应	ΔH	ΔS	自发进行的温度条件
1	>0	<0	任何温度下反应不能自发进行
2	<0	>0	任何温度下反应均能自发进行
3	>0	>0	高温时,反应能自发进行
4	<0	<0	低温时,反应能自发进行

表3.1表明,当反应焓变和熵变的符号相反时,如1、2两种情况,反应方向不受温度的影响;而当反应焓变和熵变的符号相同时,如3、4两种情况,温度对反应方向起决定性作用,例3.10说明了这一点。

(2) 转变温度的计算。

反应焓变和熵变的符号相同时,改变反应温度,吉布斯自由能变ΔG的符号也可能随之改变。例如,对于$\Delta H > 0$、$\Delta S > 0$的反应,当温度从低到高发生变化时,吉布斯自由能变从$\Delta G > 0$至$\Delta G = 0$最后到$\Delta G < 0$。$\Delta G = 0$时为反应达到平衡,此时的温度称为转变温度。

由$\Delta_r G_m^{\ominus}(T) = \Delta_r H_m^{\ominus}(298) - T\Delta_r S_m^{\ominus}(298) = 0$,求得

$$T_{转} = \frac{\Delta_r H_m^{\ominus}(298\ K)}{\Delta_r S_m^{\ominus}(298\ K)}$$

【例 3.11】 近似计算例 3.10 中反应 $2HgO(s) === 2Hg(l) + O_2(g)$ 的转变温度。

解 根据前面的计算结果可得

$$T_{转}/K = \frac{181.66}{216.49 \times 10^{-3}} = 839$$

【例 3.12】 近似计算碳酸钙在标准状态下的热分解温度。

解 查表可得

	$CaCO_3(s)$ ===	$CaO(s)$ +	$CO_2(g)$
$\Delta_r H_m^{\ominus}/(kJ \cdot mol^{-1})$	-1206.92	-635.09	-393.5
$S_m^{\ominus}/(J \cdot mol^{-1} \cdot K^{-1})$	92.9	39.75	213.74

则

$$\Delta_r H_m^{\ominus}/(kJ \cdot mol^{-1}) = -393.5 - 635.09 - (-1206.92) = 178.3$$

$$\Delta_r S_m^{\ominus}/(J \cdot mol^{-1} \cdot K^{-1}) = 213.74 + 39.75 - 92.9 \approx 160.6$$

$$T_{转}/K = \frac{178.3}{160.6 \times 10^{-3}} = 1\ 110$$

石灰窑中,炉温一般控制在 1 070 K 左右,与上述估算大体一致。

3.4 化学平衡

要研究和利用一个化学反应,不仅要知道它进行的方向,还应该知道反应达到平衡时产物有多少。因此,我们要研究化学反应的限度 —— 化学平衡,以及影响平衡移动的因素等。

3.4.1 标准平衡常数

1. 可逆反应与化学平衡状态

一个化学反应在同一条件下,可以从左向右进行,也可以从右向左进行,这种反应称为可逆反应。绝大多数化学反应都具有可逆性,只是可逆的程度有所不同,可逆反应进行的最大限度就是达到平衡状态。例如,高温下反应:

$$CO(g) + H_2O(g) === CO_2(g) + H_2(g)$$

当正反应速率与逆反应速率相等时,反应系统中各物质的浓度(或分压),在宏观上不再随时间的变化而变化。这时反应所处的状态称为化学平衡状态。化学平衡状态有如下三个特征:

(1) 化学平衡状态是 $\Delta_r G_m^{\ominus} = 0$ 的状态。从热力学原理分析,当反应的 $\Delta_r G_m^{\ominus} < 0$ 时,反应有正向进行的趋势,随着反应的进行,$\Delta_r G_m^{\ominus}$ 负值减小,最后达到 $\Delta_r G_m^{\ominus} = 0$;同理,当反应的 $\Delta_r G_m^{\ominus} > 0$,反应有逆向进行的趋势,随着反应的进行,$\Delta_r G_m^{\ominus}$ 正值减小,最后达到 $\Delta_r G_m^{\ominus} = 0$。因此,化学平衡状态是反应在一定条件下所能达到的最大限度状态。

(2) 化学平衡是动态平衡。从宏观上看化学反应似乎处于停止状态,但从微观角度讲，反应仍在进行，只不过是正逆反应速率相等。系统内反应物和生成物的浓度（或分压）均不再随时间而变化。

（3）化学平衡是有条件的平衡。当外界条件发生变化时，化学平衡发生移动，直到建立新的平衡。

2. 标准平衡常数

大量实验结果表明，在一定温度下，当反应达到平衡时，其反应物和产物的平衡浓度（或平衡分压）按一种特殊的形式组合是一个常数——平衡常数。平衡常数不仅可以通过实验测得，也可用热力学计算得到（这是更常用的方法）。由热力学计算得到的平衡常数称为标准平衡常数。

前面已经指出，在等温等压条件下，可用反应的吉布斯自由能变 ΔG 来判断反应自发进行的方向。当 $\Delta G=0$ 时系统处于平衡状态，而在一定条件下，化学反应达到平衡状态时，其平衡常数为一恒定值。故用 ΔG 和平衡常数都可描述平衡状态，显然 ΔG 和平衡常数之间必有一定联系。

前面我们计算的都是在温度 T 时，标准状态下的吉布斯自由能变 $\Delta_r G_m^\ominus$，即反应物和产物都处于标准状态。但实际系统中各物质不可能都处于标准状态，所以用 $\Delta_r G_m^\ominus$ 作为反应自发性的判据是有局限性的。在标准状态下不能自发进行，不一定在非标准状态下也不能自发进行。大多数反应是在非标准状态下进行的。因此，具有普遍实用意义的判据是非标准状态下的吉布斯自由能变 $\Delta_r G_m$。某一反应在温度 T 时，非标准状态下的 $\Delta_r G_m$ 和标准状态下的 $\Delta_r G_m^\ominus$ 之间的关系可用范特霍夫（van't Hoff）等温方程式来表述。对任一化学反应：

$$a\mathrm{A}+d\mathrm{D}=\!=\!=g\mathrm{G}+h\mathrm{H}$$

则范特霍夫等温方程式为

$$\Delta_r G_m=\Delta_r G_m^\ominus+RT\ln\frac{[c(G)/c^\ominus]^g\,[c(H)/c^\ominus]^h}{[c(A)/c^\ominus]^a\,[c(D)/c^\ominus]^d}=\Delta_r G_m^\ominus+RT\ln Q \qquad (3.13)$$

如果是气相反应，则

$$\Delta_r G_m=\Delta_r G_m^\ominus+RT\ln\frac{[p(G)/p^\ominus]^g\,[p(H)/p^\ominus]^h}{[p(A)/p^\ominus]^a\,[p(D)/p^\ominus]^d}=\Delta_r G_m^\ominus+RT\ln Q \qquad (3.14)$$

式（3.13）、式（3.14）中对数项中的相对浓度（或相对分压）可以是任意态的。Q 称为反应商，等于对数项中的相对值以化学计量数为指数的幂的乘积之比。利用范特霍夫等温方程式可以计算定温任意状态下化学反应的摩尔吉布斯自由能变 $\Delta_r G_m$。

当上述反应在等温等压条件下达到化学平衡时，则应有 $\Delta_r G_m=0$，此时系统内各物质的相对浓度（或相对分压）就是相对平衡浓度（或相对平衡分压力），所以有

$$\Delta_r G_m^\ominus=-RT\ln\frac{[G]^g[H]^h}{[A]^a[D]^d} \qquad (3.15)$$

如令

$$K^\ominus=\frac{[G]^g[H]^h}{[A]^a[D]^d} \qquad (3.16)$$

于是式（3.15）又可写成

$$\Delta_r G_m^{\ominus} = -RT\ln K^{\ominus} \tag{3.17}$$

$K^{\ominus}$ 称为该反应的标准平衡常数，$K^{\ominus}$ 只与温度有关，其量纲为 1。式(3.17) 说明了 $K^{\ominus}$ 与 $\Delta_r G_m^{\ominus}$ 的关系，$\Delta_r G_m^{\ominus}$ 值越小，$K^{\ominus}$ 值越大，正反应进行的程度越大；反之，$\Delta_r G_m^{\ominus}$ 值越大，$K^{\ominus}$ 值越小，逆反应进行的程度越大。

书写标准平衡常数表达式应注意以下几点：

(1) 代入标准平衡常数表达式的各组分的相对浓度和相对分压力应为平衡时的浓度和分压，用[ ] 代表平衡，为书写方便，本书后续所有公式中 $c^{\ominus}$ 均省略。

(2) 若有纯固体、纯液体参加反应，或是在稀的水溶液中发生的反应，纯固体、纯液体以及溶剂水都不写入平衡常数表达式中。

(3) 由于反应的标准摩尔吉布斯自由能的大小与方程式的写法有关，因此，标准平衡常数的大小及其表达式也必然与反应式的写法有关。

有了式(3.17)，则式(3.13)、(3.14) 可写成：

$$\Delta_r G_m = -RT\ln K^{\ominus} + RT\ln Q \quad 或 \quad \Delta_r G_m = RT\ln \frac{Q}{K^{\ominus}} \tag{3.18}$$

由等温方程式可以看出，用 Q 和 $K^{\ominus}$ 的对比也可以判断反应的方向和限度，即

$Q < K^{\ominus}$	反应正向自发进行
$Q = K^{\ominus}$	反应处于平衡状态
$Q > K^{\ominus}$	反应逆向自发进行

3.4.2 标准平衡常数的计算

利用式(3.17) 即可由该温度下的标准吉布斯自由能变计算出该温度下的标准平衡常数 $K^{\ominus}$。

【例 3.13】 试计算反应 $2NO(g) \xlongequal{} N_2(g) + O_2(g)$ 在 298 K 和 1 000 K 时的标准平衡常数。

解 (1)298 K 时的标准平衡常数。

查表可以得到 $\Delta_r G_m^{\ominus} = -173.2\ \text{kJ}\cdot\text{mol}^{-1} < 0$

则 $\ln K^{\ominus} = 173.2\ \text{kJ}\cdot\text{mol}^{-1}/(8.314\ \text{J}\cdot\text{mol}^{-1}\cdot\text{K}^{-1}\times10^{-3}\times298\ \text{K}) \approx 69.9$

$$K^{\ominus} = 2.2\times10^{30}$$

可见该反应的推动力很大，进行得应该很完全。也就是说，采用让 NO 分解成 N_2 和 O_2 的方法治理汽车尾气是有可能的。

(2)1 000 K 时的标准平衡常数。

要求 1 000 K 时的标准平衡常数，必须知道 1 000 K 时的 $\Delta_r G_m^{\ominus}$，这可利用吉布斯 - 亥姆霍兹方程来求得($\Delta_r H_m^{\ominus}$、$\Delta_r S_m^{\ominus}$ 的值前面已经算出)

$$\Delta_r G_m^{\ominus}/(\text{kJ}\cdot\text{mol}^{-1}) = \Delta_r H_m^{\ominus} - T\Delta_r S_m^{\ominus} =$$

$$-180.5\ \text{kJ}\cdot\text{mol}^{-1} - 1\,000\ \text{K}\times(-24.9\times10^{-3}\ \text{kJ}\cdot\text{mol}^{-1}\cdot\text{K}^{-1}) = -155.6$$

则 $\ln K^{\ominus} = 155.6\ \text{kJ}\cdot\text{mol}^{-1}/(8.314\ \text{J}\cdot\text{mol}^{-1}\cdot\text{K}^{-1}\times10^{-3}\times1\,000\ \text{K}) \approx 18.72$

$$K^{\ominus} = 1.3\times10^{8}$$

可见升高温度对这一反应的产率并没有好处。

其实由式(3.10)和(3.17)可得到：

$$-RT\ln K^{\ominus}=\Delta_r H_m^{\ominus}-T\Delta_r S_m^{\ominus}, \qquad \ln K^{\ominus}=\frac{-\Delta_r H_m^{\ominus}}{RT}+\frac{\Delta_r S_m^{\ominus}}{R} \tag{3.19}$$

如对于 T_1、T_2 两个不同温度，分别有

$$\ln K^{\ominus}(T_1)=\frac{-\Delta_r H_m^{\ominus}}{RT_1}+\frac{\Delta_r S_m^{\ominus}}{R}$$

$$\ln K^{\ominus}(T_2)=\frac{-\Delta_r H_m^{\ominus}}{RT_2}+\frac{\Delta_r S_m^{\ominus}}{R}$$

两式相减可得

$$\ln\frac{K^{\ominus}(T_2)}{K^{\ominus}(T_1)}=-\frac{\Delta_r H_m^{\ominus}}{R}\left(\frac{1}{T_2}-\frac{1}{T_1}\right) \tag{3.20}$$

式(3.20)是表达标准平衡常数与温度关系的重要方程式，称为范特霍夫方程式。当已知化学反应的 $\Delta_r H_m^{\ominus}$ 值时，只要测定某一温度 T_1 的标准平衡常数 $K^{\ominus}(T_1)$，即可利用式(3.20)求另一温度 T_2 的平衡常数 $K^{\ominus}(T_2)$。如已知在不同温度的 $K^{\ominus}$ 值，则可用上式求反应的 $\Delta_r H_m^{\ominus}$。

【例 3.14】 试计算反应 $N_2(g)+3H_2(g)=\!=\!=2NH_3(g)$ 在 298 K 和 800 K 时的标准平衡常数。

解　(1)298 K 时的标准平衡常数。

查表可以得到 $\Delta_r G_m^{\ominus}=-33.0\ \text{kJ}\cdot\text{mol}^{-1}$，则

$$\ln K^{\ominus}=-33.0\ \text{kJ}\cdot\text{mol}^{-1}/(8.314\ \text{J}\cdot\text{mol}^{-1}\cdot\text{K}^{-1}\times10^{-3}\times298\ \text{K})=13.32$$

$$K^{\ominus}=6.1\times10^{5}$$

(2)800 K 时的标准平衡常数。

查表求得 $\Delta_r H_m^{\ominus}=-92.2\ \text{kJ}\cdot\text{mol}^{-1}$、$\Delta_r S_m^{\ominus}=-198.7\ \text{J}\cdot\text{mol}^{-1}\cdot\text{K}^{-1}$，则该反应：

$$\Delta_r G_m^{\ominus}/(\text{kJ}\cdot\text{mol}^{-1})=\Delta_r H_m^{\ominus}-T\Delta_r H_m^{\ominus}=$$

$$-92.2\ \text{kJ}\cdot\text{mol}^{-1}-800\ \text{K}\times(-198.7\times10^{-3}\text{kJ}\cdot\text{mol}^{-1}\cdot\text{K}^{-1})=66.76$$

则　$$\ln K^{\ominus}=-66.76\ \text{kJ}\cdot\text{mol}^{-1}/(8.314\ \text{J}\cdot\text{mol}^{-1}\cdot\text{K}^{-1}\times10^{-3}\times800\ \text{K})\approx-10.04$$

$$K^{\ominus}=4.4\times10^{-5}$$

当然也可以利用式(3.20)进行计算：

$$\ln\frac{K^{\ominus}(800)}{K^{\ominus}(298)}=\frac{-92.2}{8.314\times10^{-3}}\left(\frac{1}{800}-\frac{1}{298}\right)\approx-23.35$$

$$\ln K^{\ominus}(800)=-23.35+13.32=-10.03$$

$$K^{\ominus}=4.4\times10^{-5}$$

计算结果表明，温度升高，平衡常数大大减小。可见升高温度对于提高合成氨反应的产率是不利的。

3.4.3　化学平衡的移动

前面已经提到，化学平衡是一个动态平衡。若环境保持不变，化学平衡则可以维持下去。若环境条件发生了改变，则原来的化学平衡可能被破坏，导致反应向某一方向移动，

直到在新的条件下建立新的平衡。这种因环境条件改变使反应从一个平衡态向另一个平衡态过渡的过程称为平衡的移动。

例3.13和例3.14都是放热反应。计算结果表明,升高温度使放热反应的平衡常数减小,即平衡向吸热方向移动;升高温度使吸热反应(如上述两个反应的逆反应)的平衡常数增大,平衡也是向吸热方向移动(即向减弱这种影响的方向移动)。

浓度和压力也影响化学平衡。改变浓度和压力只能改变平衡点,使平衡向减弱这种改变的方向移动,但不影响平衡常数,这与温度对平衡的影响有着本质的不同(温度改变平衡常数也会改变)。增加压力,平衡向减小压力方向移动;增加参与反应物质的浓度,平衡向减小参与物质浓度的方向移动。例如,生产水煤气的反应:

$$C(s) + H_2O(g) \rlap{=}{=\!=} CO(g) + H_2(g)$$

其 $\Delta_r H_m^\ominus = 131.3\ kJ \cdot mol^{-1} > 0$。对于该反应,增加 $H_2O(g)$ 的浓度,平衡向正反应方向移动;加大压力,平衡向逆反应方向移动;升温,则平衡向正反应方向移动。

这由等温方程式可以清楚地看出。等温方程式为

$$\Delta_r G_m = - RT\ln K^\ominus + RT\ln Q \tag{3.18}$$

当达到平衡时 $\Delta_r G_m = 0$。如果改变参与反应的某物质的浓度,则 $Q \neq K^\ominus$,$\Delta_r G_m \neq 0$,平衡必移动。如果增加反应物的浓度,则 $Q < K^\ominus$,反应向生成产物的方向(即减少反应物的方向)进行;如果增加产物的浓度,则 $Q > K^\ominus$,反应向生成反应物的方向进行。对于气态物质,改变压力如同改变浓度。

1884年,法国化学家吕·查德里(Le ChateLier)从实验中总结出一条规律,被称为吕·查德里原理。该原理指出:改变平衡体系的条件之一,如温度、压力或浓度,平衡就向减弱这个改变的方向移动。

吕·查德里原理只适用于已处于平衡状态的系统,而对于未达到平衡状态的系统不能应用这个原理。平衡条件中单一因素的改变,由该原理可得出平衡移动的肯定结论。涉及两个以上因素同时变化,就要经具体分析得出结论。该原理也只是定性地给出移动的结果,不能指出平衡系统中物质的量的关系。

3.5 化学热力学的应用

3.5.1 化学热力学在环境保护方面的作用

能源危机和气候变化已成为困扰人类的两大难题。传统工业化道路主要以煤炭、石油、铀等非再生资源为发展条件,能源环境现在却面临枯竭,同时也带来全球气候异常和生态平衡遭破坏的危机,海平面上升、臭氧层空洞、空气污染、极端天气现象等,都是其负面效应的体现。这和能源的不合理以及低效使用密不可分,而能源和化学热力学则有着千丝万缕的联系。以化学热力学中的熵增的概念加以说明,熵增加就是意味着系统的能量从数量上讲虽然守恒,但是品质却越来越差,越来越无用,被用来做功的可能性越来越小,不可用程度越来越高,这个就是能量的“退化”。而被转化成了无效状态的能量构成了我们所说的污染。许多人以为污染是生产的副产品,但实际上它只是世界上转化成无

效能量的全部有效能量的总和。耗散了的能量就是污染。既然根据热力学第一定律，能量既不能被产生又不能被消灭，而根据热力学第二定律，能量只能沿着一个方向 —— 耗散的方向转化，那么污染就是熵的同义词。

因此，我们需要对热力学加以研究，提高能源的利用率，从而减少熵增，保护我们的环境。

3.5.2　化学热力学在药物研究中的作用

晶型不同的药的物理化学性质不同，且生物利用度也有所差别。对药物热力学参数如熔解热、熔化热、熵及自由能等研究，有助于选择适当的药物品类。苄青霉素是一种应用广泛的抗生素，其钠盐注射剂在临床上具有优势，目前我国苄青霉素钠盐的收率很低。很有必要研究钠盐多晶型问题，然后测定相应晶型的结晶热力学数据，有助于提高苄青霉素钠盐结晶产率。研究普鲁卡因青霉素结晶过程的热力学问题，对其结晶动力学、反应动力学等理论研究及工业放大化设计提供了重要的理论依据。

分散作用的热力学，对分散作用很有帮助。对吗氯贝胺与聚氯酮等形成的无定形固体分散体，可以提高药物的体外溶解速度，有助于开发吗氯贝胺高生物利用度的新型剂。青蒿素为新型抗疟疾药物，聚乙二醇和青蒿素分散作用的热力学发现发散作用是焓反应起支配作用，并认为药物和载体之间具有氢键、范德瓦耳斯力等综合作用，为青蒿素制剂研究提供了重要参数。

熵增原理对人们研究抗癌药物也有启发，例如利用体细胞杂交法可获得分泌抗体的杂交细胞系，当导入的抗体素抑制癌细胞的恶变、削弱它的增殖时，细胞本身的混乱程度将会减小，趋向于稳定的低熵状态，这就相当于给体系内部输送了负熵，使体系趋于有序状态。又如 DNA 是许多抗肿瘤药物的靶分子，这些药物通过嵌入、沟槽等方式与癌细胞的 DNA 结合，抑制肿瘤细胞的分裂增生，最终使肿瘤细胞增生停滞，或使其向正常细胞分化，或诱导肿瘤细胞发生程序性死亡，从而产生抗癌作用。阿霉素（ADM）这个抗肿瘤抗生素就是以典型的嵌入方式与 DNA 相互结合的，破坏 DNA 的模块功能，阻止转录过程，在抑制 DNA、RNA 蛋白质合成的同时，也改变癌基因的结构或影响癌基因的表达。由于 AD－MDNA 复合物比独立的 DNA 和 ADM 分子更有序，因此导致一定程度的熵减，有序度增加。

直接药物设计是从生物靶标大分子结构出发，寻找、设计能够与它发生相互作用并调节其功能的小分子，分为分子对接和全新药物设计两种方法。分子对接法是通过将化合物三维结构数据库中的分子逐一与靶标分子进行“对接”，通过不断优化小分子化合物的位置、方向以及构象，寻找小分子与靶标生物分子作用的最佳构象，计算其与生物大分子的相互作用能。利用分子对接对化合物数据库中所有的分子排序，即可从中找出可能与靶标分子结合的分子。分子对接的核心问题之一就是受体和配体之间结合自由能的评价，精确的自由能预测方法能够大大提高药物设计的效率。随着受体和配体相互作用的理论研究以及计算机辅助药物设计方法的快速发展，自由能预测方法的研究受到了越来越多的关注。例如，表皮生长因子受体（EGFR）和 4 苯胺喹唑啉类抑制剂的结合自由能预测，科学家采用基于分子动力学模拟和连续介质模型的自由能计算方法，预测了 EGFR

和4苯胺喹唑啉类抑制剂的相互作用模式,分别预测了四种可能结合模式下EGFR和4苯胺喹唑啉类抑制剂间的结合自由能,最佳结合模式能够很好地解释已有抑制剂结构和活性间的关系。

3.5.3 化学热力学在工业生产方面的应用

化工生产中应用化学热力学的过程有很多,其主要目的一是使原料、中间产品和产品完成预期的状态变化,以满足后续工序加工和产品使用的要求,例如在合成氨工厂中,氮氢混合气进入合成塔前,必须经过压缩,将气体压力升高到合成塔的操作压力。再者是为了实现能量的传递和转化,以满足某种过程的需要,并有效地利用能量。例如通过热力过程循环把合成氨厂中各种工艺余热转化为机械功。化工生产中常用的热力过程大致如下:流体的压缩过程这是流体的升压过程,其目的是供给能量以克服流体输送过程中受到的阻力,或满足后续工序的要求;气体压缩过程的功耗,可用压缩机的等熵效率估算,也可用压缩机的等温效率估算热力学过程;流体的膨胀过程,这是流体的降压过程。

可以通过对热力学过程的研究来对各个过程进行优化,从而达到降低成本,提高产率的目的。如化工生产的制冷循环,可以通过对其研究来获得低温以发生预期的变化;小型工厂中用吸收制冷装置回收利用低温位热,以节约电能;再如,在化工生产中,通过热泵循环提高热的温位,热能可以循环使用或回收利用。而对于温度降低不大的过程,如沸点上升不大的蒸发和组分沸点差很小的精馏,都可通过热泵循环以节约能耗,这无不说明化学热力学在工业生产中的重要作用。

3.5.4 化学热力学在生命科学方面的应用

从宏观来看生命过程是一个熵增的过程,始态是生命的产生、终态是生命的结束,这个过程是一个自发的、单向的不可逆过程。衰老是生命系统的熵的一种长期的缓慢的增加,也就是说随着生命的衰老,生命系统的混乱度增大,当熵值达极大值时即死亡,这是一个不可抗拒的自然规律。但是,一个无序的世界是不可能产生生命的,有生命的世界必然是有序的。生物进化是由单细胞向多细胞、从简单到复杂、从低级向高级进化,也就是说向着更为有序、更为精确的方向进化,这是一个熵减的方向,与孤立系统向熵增大的方向恰好相反。但是生命体是“耗散结构”,耗散结构理论指出,系统从无序状态过渡到这种耗散结构有几个必要条件,一是系统必须是开放的,即系统必须与外界进行物质、能量的交换;二是系统必须是远离平衡状态的,系统中物质、能量流和热力学能的关系是非线性的;三是系统内部不同元素之间存在非线性相互作用,并且需要不断输入能量来维持。在平衡态和近平衡态,涨落是一种破坏稳定有序的干扰,但在远离平衡态条件下,非线性作用使涨落放大而达到有序。偏离平衡态的开放系统通过涨落,在越过临界点后“自组织”成耗散结构,耗散结构由突变而涌现,其状态是稳定的。

耗散结构理论指出,开放系统在远离平衡状态的情况下可以涌现出新的结构。地球上的生命体都是远离平衡状态的不平衡的开放系统,它们通过与外界不断地进行物质和能量交换,经自组织而形成一系列的有序结构。可以认为这就是解释生命过程的热力学现象和生物的进化的热力学理论基础之一,在生物学,微生物细胞是典型的耗散结构。

熵增加原理也可以解释肿瘤在人体内的发生、扩散。细胞基因癌变，造成人体正常基因组的异常活化，细胞无节制地扩增，使有序向无序转化，加速生命的耗散，熵值异常增大，在短期内熵值就增到极大值，人的生命便终止了。现代医学研究表明，癌基因以原癌基因的形式存在于正常生物基因组内，没被激活时，不会形成肿瘤。原癌基因是一个活化能位点，在外界环境的诱导下，细胞可能发生癌变，即肿瘤的形成是非自发的。非自发的过程是一个熵减的过程，也就是说肿瘤细胞的熵小于正常细胞的熵。然而肿瘤细胞是在体内发生物质、能量交换的，人体这个体系就相当于肿瘤细胞的外部环境，正是由于肿瘤细胞的熵减小，导致了人体这个总体系熵增大。越恶性的肿瘤，熵值越小，与体系分化越明显，使人体的熵增也相对越大，对生命的威胁越大。

RNA 在生命活动中有着重要作用，RNA 的功能与其结构密切相关，因此研究 RNA 结构对理解 RNA 功能、原核基因工程和与 RNA 有关的生命现象有着重要意义。但 RNA 分子降解快、晶体难于获得，目前由于实验条件的限制，绝大多数 RNA 二级结构还不能用实验方法来测定。近年来，借助计算机预测 RNA 二级结构一直是很活跃的领域，不断推出了一些预测方法，测定了许多 RNA 分子的二级结构。基于自由能的 RNA 二级结构的预测认为，RNA 二级结构是通过分子中碱基之间配对形成的，碱基之间的连续配对形成螺旋区，对 RNA 二级结构起着稳定作用，从而降低整体结构的自由能，而 RNA 分子中没有配对部分形成环状结构（发卡环、内部环、膨胀圈和多分支环），不利于结构的稳定，升高自由能，RNA 二级结构的形成就是这种矛盾之间的一种平衡。预测 RNA 二级结构最常用的方法就是在各种可能的结构之间寻找最小自由能结构，而基本结构的自由能数据通过研究体外寡核苷酸稳定性获得。

蛋白质肽链从一级结构完全伸展的状态折叠成特定的三级结构，其折叠模式很复杂，蛋白质折叠问题是现代分子生物学的研究热点。结构域是蛋白质结构中普遍存在的一种结构单位，是介于二级结构单元和完整的蛋白质三级结构之间的一种结构层次，可以看作是蛋白质结构、折叠、功能、进化和设计的基本单位。大多数的蛋白质都可分为若干个结构域，结构域的不同组合使蛋白质具有不同的三级结构并具有不同的功能，结构域信息对于蛋白质结构解析在理论与应用上都具有重要意义。目前对蛋白质结构域的划分还没有一个十分理想的方法，通常通过目测用手工方法来划分，但已经远远不能满足以指数速率增加的蛋白质晶体结构数目。基于蛋白质结构域是折叠单位的设想，蛋白质结构域的折叠与去折叠形式具有不同的热力学能量状态，蛋白质结构域的折叠是由自由能变化驱动的。一般认为，天然蛋白质构象处于热力学上一个低能量态，如果认为结构域作为一种独立折叠单元，则应该不但结构上相对紧密，而且热力学能量上也必然处于较低能量状态。因此，用折叠自由能来划分结构域应该更为合理，基于自由能的蛋白质结构域划分得到了比较满意的结果。

本章小结

了解状态函数、功、热的概念及状态函数的特征。

本章主要介绍了热力学能、焓、熵、吉布斯自由能 4 个重要的状态函数，掌握它们的基本概念、它们之间的关系,除熵外这些状态函数均不可知,得到的只是它们在系统变化过程中的改变量,这些状态函数的改变量可以代表定容反应热、定压反应热,或作为一定条件下过程自发方向的判据。理解并能熟练应用热化学定律,掌握化学反应热的基本计算方法。能用吉布斯自由能判据判断化学反应的方向性。并能熟练运用吉布斯 - 亥姆霍兹方程进行有关计算。

掌握化学平衡的概念及其基本特征。理解标准平衡常数的意义,并掌握其与 $\Delta_r G_m^{\ominus}$ 的关系。

习 题

1. 选择题

(1) 一封闭系统,经历一系列变化,最终又回到初始状态,则下列关系式肯定正确的是(　　)。

A. $Q = 0, W = 0, \Delta U = 0, \Delta H = 0$　　B. $Q \neq 0, W = 0, \Delta U = 0, \Delta H = 0$

C. $Q = -W, \Delta U = 0, \Delta H = 0$　　D. $Q \neq -W, \Delta U = Q + W, \Delta H = 0$

(2) 对于封闭系统,下列叙述正确的是(　　)。

A. 不做非体积功条件下,Q_V 与途径无关,故其为状态函数

B. 不做非体积功条件下,Q_p 与途径无关,故其为状态函数

C. 系统发生一确定变化,不同途径中,热肯定不相等

D. 系统发生一确定变化,则 $Q + W$ 与途径无关

(3) 标准状态下,自发进行的聚合反应为(　　)。

A. $\Delta_r H_m^{\ominus} < 0, \Delta_r S_m^{\ominus} < 0, \Delta_r G_m^{\ominus} < 0$　　B. $\Delta_r H_m^{\ominus} > 0, \Delta_r S_m^{\ominus} < 0, \Delta_r G_m^{\ominus} < 0$

C. $\Delta_r H_m^{\ominus} > 0, \Delta_r S_m^{\ominus} > 0, \Delta_r G_m^{\ominus} < 0$　　D. $\Delta_r H_m^{\ominus} < 0\quad \Delta_r S_m^{\ominus} > 0, \Delta_r G_m^{\ominus} < 0$

(4) 下列物理量,属于状态函数的是(　　)。

A. ΔH　　B. G　　C. Q　　D. W

(5) 标准状态下,下列放热反应在任何温度下都能自发进行的是(　　)。

A. $2H_2(g) + O_2(g) = 2H_2O(g)$

B. $2CO(g) + O_2(g) = 2CO_2(g)$

C. $2C_4H_{10}(g) + 13O_2(g) = 10H_2O(g) + 8CO_2(g)$

D. $N_2(g) + 3H_2(g) = 2NH_3(g)$

(6) 已知 $\Delta_f G_m^{\ominus}(AgCl) = -109.8\ kJ \cdot mol^{-1}$,则反应 $2AgCl(s) = 2Ag(s) + Cl_2(g)$ 的 $\Delta_r G_m^{\ominus}$ 为(　　)。

A. 109.8　　B. 219.6　　C. －109.8　　D. －219.6

(7) 在 298 K 时反应 $N_2(g) + 3H_2(g) = 2NH_3(g)$,则标准状态下该反应(　　)。

A. 任何温度下均自发进行　　B. 任何温度下均不自发进行

C. 高温自发　　D. 低温自发

(8) 下列叙述中正确的是(　　)。

A. 对于 $\Delta_r H_m^{\ominus} < 0$ 的反应,温度越高,$K^{\ominus}$ 越小,故 $\Delta_r G_m^{\ominus}$ 越大

B. 对于 $\Delta_r S_m^\ominus > 0$ 的反应，温度越高，$\Delta_r G_m^\ominus$ 越小，故 $K^\ominus$ 越大

C. 一定温度下，1，2 两反应的标准摩尔吉布斯自由能之间的关系式为 $\Delta_r G_m^\ominus$① = 2 $\Delta_r G_m^\ominus$②，则两反应标准平衡常数之间的关系式为 $K^\ominus$ ② = [$K^\ominus$ ①]^2

D. 对标准平衡常数 $K^\ominus > 1$ 的反应，标准状态下必可正向自发

(9) 反应 $2NO(g) + 2CO(g) = N_2(g) + 2CO_2(g)$，$\Delta_r H_m^\ominus < 0$，欲使有害气体 NO、CO 尽可能转变，应采取的条件为(　　)。

A. 低温高压　　B. 高温高压　　C. 低温低压　　D. 高温低压

(10) 反应 $H_2S = H^+ + HS^-$ 的标准平衡常数为 $K_1^\ominus$，则反应 $2H^+ + 2HS^- = 2H_2S$ 的标准平衡常数 $K_2^\ominus$ 等于(　　)。

A. $-2K_1^\ominus$　　B. $(K_1^\ominus)^2$　　C. $(K_1^\ominus)^{-2}$　　D. $(K_1^\ominus)^{1/2}$

2. 填空题

(1) 状态函数的变化与体系的________有关，而与________无关。

(2) 热与功是体系状态发生变化时与环境之间交换能量的两种形式，体系向环境放热时 Q ________ 0，环境对体系做功 W ________ 0。

(3) 某系统吸收了 1.00×10^3 J 热量，并对环境做了 5.4×10^2 J 的功，则系统的热力学能变化 ΔU = ______ J，若系统吸收了 2.8×10^2 J 的热量，同时环境对系统做了 4.6×10^2 J 的功，则系统的热力学能的变化 ΔU = ________ J。

(4) 对于封闭体系，只做体积功时，反应的 $Q_p = \Delta H$ 的条件是________；而反应的 $Q_V = \Delta U$ 的条件是________。

(5) 随温度升高，反应 ①：$2M(s) + O_2(g) = MO(s)$ 和反应 ②：$2C(s) + O_2(g) = 2CO(g)$ 的摩尔吉布斯自由能升高的为________，降低的为________，因此，金属氧化物 MO 被碳还原反应 $MO(s) + C(s) = M(s) + CO(g)$ 在高温条件下________向自发。

(6) 298 K 时，反应 $2HCl(g) = Cl_2(g) + H_2(g)$ 的 $\Delta_r H = 184.6\ kJ \cdot mol^{-1}$，则该反应的逆反应的 $\Delta_r H$ = ________ $kJ \cdot mol^{-1}$，$\Delta_f H(HCl, g)$ = ________ $kJ \cdot mol^{-1}$。

(7) 反应商与平衡常数的关系可用来判定反应的________；平衡常数就是________时刻的反应商。

3. 判断题

(1) 化学反应的定压热与途径无关，故其为状态函数。

(2) 化学反应的定压热不是状态函数，但与途径无关。

(3) 指定温度下，元素稳定单质的 $\Delta_f G_m^\ominus$、$\Delta_f H_m^\ominus$、$S_m^\ominus$ 均为零。

(4) $\Delta_f H_m^\ominus(I_2, g, 289\ K) = 0$，$\Delta_f H_m^\ominus$(金刚石，289 K) = 0，$\Delta_f H_m^\ominus$(红磷，289 K) = 0。

(5) 对于 $\Delta_r S_m^\ominus > 0$ 的反应，标准状态下高温时可能正向自发。

(6) $\Delta_r G_m^\ominus < 0$ 的反应一定能自发进行。

(7) 298 K 时，反应 $Ag(aq) + Cl^{-1}(aq) = AgCl(s)$ $\Delta_r H_m^\ominus$ 的等于 $\Delta_f H_m^\ominus(AgCl, s, 289\ K)$。

(8) 判断下列过程系统是熵增还是熵减，或者基本不变？

① $KNO_3(s)$ 溶于水；

② 乙醇(l) → 乙醇(g)；

③ 碳与氧气反应生成一氧化碳；

④ 石灰石分解。

4. 计算题

(1) 已知298 K时：

① $2NH_3(g) + 3N_2O(g) \longrightarrow 4N_2(g) + 3H_2O(l)$　$\Delta_r H_m^{\ominus} = -1\,010\ kJ \cdot mol^{-1}$

② $N_2O(g) + 3H_2(g) \longrightarrow N_2H_4(l) + H_2O(l)$　$\Delta_r H_m^{\ominus} = -317\ kJ \cdot mol^{-1}$

③ $2NH_3(g) + \frac{1}{2}O_2(g) \longrightarrow N_2H_4(l) + H_2O(l)$　$\Delta_r H_m^{\ominus} = -143\ kJ \cdot mol^{-1}$

④ $H_2(g) + \frac{1}{2}O_2(g) \longrightarrow H_2O(l)$　$\Delta_r H_m^{\ominus} = -286\ kJ \cdot mol^{-1}$

利用以上数据，计算 $\Delta_f H_m^{\ominus}(N_2H_4, l, 289\ K)$ 和以下反应的 $\Delta_r H_m^{\ominus}$，(298 K)：$N_2H_4(l) + O_2(g) \longrightarrow N_2(g) + 2H_2O(l)$。

(2) CH_4 的燃烧反应 $CH_4(g) + 2O_2(g) \longrightarrow CO_2(g) + 2H_2O(l)$ 在弹式量热计(恒容)中进行，已测出 0.25 mol $CH_4(g)$ 燃烧放热 221 kJ，假定各种气体都是理想气体，试计算(假定反应温度为298 K)：

①1 mol $CH_4(g)$ 的恒容燃烧热；

②1 mol $CH_4(g)$ 的恒压燃烧热；

③1 mol $CH_4(g)$ 燃烧时，系统的 $\Delta_r H_m^{\ominus}$、$\Delta_r U_m^{\ominus}$ 各是多少？

(3) 已知某系统进行的两个过程的焓值的变化：A → B：$\Delta_r H_m^{\ominus} = 2.0\ kJ \cdot mol^{-1}$；B → C：$\Delta_r H_m^{\ominus} = -3.3\ kJ \cdot mol^{-1}$。试计算：

①A → C；②B → A；③C → B；④C → A 的焓变。

(4) 估计标准状态下，以下反应在373 K时发生的可能性并讨论温度对它的影响。

已知：　$CO_2(g) + 2NH_3(g) \longrightarrow 2(NH_2)_2CO(s) + H_2O(l)$

	$CO_2(g)$	$2NH_3(g)$	$2(NH_2)_2CO(s)$	$H_2O(l)$
$\Delta_f H_m^{\ominus}/(kJ \cdot mol^{-1})$	−393.51	−46.11	−333.17	−285.84
$S_m^{\ominus}/(J \cdot mol^{-1} \cdot K^{-1})$	213.6	192.3	104.6	69.94

(5) 计算 $CaSO_4$ 的分解温度。

(6) 葡萄糖($C_6H_{12}O_6$)完全燃烧反应的方程式为

$C_6H_{12}O_6(s) + 6O_2(g) \longrightarrow 6CO_2(g) + 6\,H_2O(l)$

该反应的 $\Delta_r H_m^{\ominus} = -2\,820\ kJ \cdot mol^{-1}$，当葡萄糖在人体内氧化时，上述的反应热约40%可用于肌肉活动的能量。试计算一匙葡萄糖(以3.8 g计)在人体内氧化时，可获得的肌肉活动能量。

(7) 辛烷是汽油的主要成分，计算下列两个反应的反应热，并比较计算结果可以得到什么结论。已知：$\Delta_r H_m^{\ominus}(C_8H_{18}, l) = -218.97\ kJ \cdot mol^{-1}$。

① 完全燃烧 $C_8H_{18}(l) + O_2(g) \longrightarrow CO_2(g) + H_2O(l)$

② 不完全燃烧 $C_8H_{18}(l) + O_2(g) \longrightarrow CO(g) + H_2O(l)$

第4章 化学反应速率

化学热力学主要研究化学反应中能量的变化规律,判断反应进行的可能性以及进行的程度。由于化学热力学不涉及反应时间,因此它不能告诉我们化学反应进行的快慢,即化学反应速率的大小。例如,前面讲的汽车尾气治理问题,在 298 K 时,$2NO(g) \xlongequal{} N_2(g) + O_2(g)$,$\Delta_r G_m^\ominus = -173.14\ kJ \cdot mol^{-1}$,从热力学角度,反应可以进行得很彻底,但实际上在此条件下,很长时间看不出有任何变化,也就是其反应速率相当慢。因此,研究化学反应不仅要研究它发生的可能性,而且要研究其现实性,即化学反应速率问题。

4.1 化学反应速率基本概念

不同的化学反应,速率千差万别。溶液中的酸碱中和反应,可以瞬间完成;而有机合成反应、分解反应等需要较长时间来完成;造成环境"白色污染"的塑料制品则需几年,甚至几百年才能在自然界降解完毕。即使是同一个反应,由于条件改变,反应速率也会有很大的差别。

化学反应速率简单地说就是化学反应过程进行的快慢。通常用单位时间内反应物或生成物浓度的变化来表示。反应速率一般用正值表示。浓度单位常用 $mol \cdot L^{-1}$,时间单位可用 s、min、h 等,故反应速率的常用单位为 $mol \cdot L^{-1} \cdot s^{-1}$、$mol \cdot L^{-1} \cdot min^{-1}$、$mol \cdot L^{-1} \cdot h^{-1}$ 等。反应速率通常有两种表示方法:平均速率和瞬时速率。以 N_2O_5 在 CCl_4 中分解反应为例:

$$2N_2O_5(g) \xlongequal{} 4NO_2(g) + O_2(g)$$

由于反应物浓度随反应的进行不断减小,$\Delta c(N_2O_5)$ 为负值,为保持反应速率为正值,故 $\frac{\Delta c(N_2O_5)}{\Delta t}$ 前面需取负号;同样,平均速率也可以用生成物 NO_2 或 O_2 的浓度随时间的变化率来表示,这时生成物的浓度随反应的进行不断增大,$\Delta c(NO_2)$ 或 $\Delta c(O_2)$ 为正值,所以 $\frac{\Delta c(NO_2)}{\Delta t}$ 或 $\frac{\Delta c(O_2)}{\Delta t}$ 前面取正号。此外,由于用反应式中具有不同化学计量数的物质表示的反应速率数值不同,易造成混乱,SI 单位制建议用反应式中各物质的化学计量数 υ_B 去除 $\frac{\Delta c}{\Delta t}$,使得用反应式中任一物质表示的反应速率都是同一个值。即

$$\bar{v} = -\frac{\Delta c(N_2O_5)}{2\Delta t} = \frac{\Delta c(NO_2)}{4\Delta t} = \frac{\Delta c(O_2)}{\Delta t}$$

而对于任一反应 $aA + dD = gG + hH$,则有

$$\bar{v} = \frac{\Delta c(A)}{v_A \Delta t} = \frac{\Delta c(B)}{v_B \Delta t} = \frac{\Delta c(G)}{v_G \Delta t} = \frac{\Delta c(H)}{v_H \Delta t} = -\frac{\Delta c(A)}{a\Delta t} = -\frac{\Delta c(B)}{b\Delta t} = \frac{\Delta c(G)}{g\Delta t} = \frac{\Delta c(H)}{h\Delta t} \quad (4.1)$$

表4.1是依据上式计算出的各个时间间隔内 N_2O_5 在 CCl_4 中的分解反应的反应速率 $\bar{v}$。

表4.1 N_2O_5 在 CCl_4 中的分解反应速率(298 K)

经过的时间 t/s	时间的变化 Δt/s	$c(N_2O_5)$ $(mol \cdot L^{-1})$	反应速率 $\bar{v}/(mol \cdot L^{-1} \cdot s^{-1})$
0	0	2.10	—
100	100	1.95	7.50×10^{-4}
300	200	1.70	6.25×10^{-4}
700	400	1.31	4.88×10^{-4}
1 000	300	1.08	3.83×10^{-4}

从表4.1可以看出,在不同时间段内,反应的平均速率不同,而且在任一段时间内,前半段的平均速率与后半段的平均速率也不同。

用反应的瞬时速率,则更能真实地表示反应进行的情况。瞬时速率是指在任意时刻反应物或生成物浓度随时间的变化率,以 v 表示。瞬时速率应为 Δt 趋于零时的浓度对时间的变化率:

$$v = \lim_{\Delta t \to 0} \frac{\Delta c}{\Delta t} = \pm \frac{dc}{dt}$$

与平均速率一样,瞬时速率既可以用生成物也可以用反应物的浓度随时间的变化率来表示。其正负号的取法及计量数的处理与平均速率相同。而对于任一反应 $aA + dD \Longleftrightarrow gG + hH$:

$$v = \frac{dc(A)}{v_A dt} = \frac{dc(B)}{v_B dt} = \frac{dc(G)}{v_G dt} = \frac{dc(H)}{v_H dt} \quad (4.2)$$

4.2 影响反应速率的因素

4.2.1 浓度对反应速率的影响

浓度影响反应速率这是中学已经讲过的内容,但没有给出定量关系。1864年,挪威科学家古德贝格(G. M. Guldberg)和瓦格(W. Waage)总结出了质量作用定律,该定律只适用于基元反应。

1. 基元反应

直接作用一步完成的简单反应称为基元反应。而一般的化学反应都是要经过若干个简单反应步骤才能完成的。组成总反应的一系列基元反应的步骤称为反应历程或反应机理。反应机理的确定必须经过实验来判断和检验。

2. 质量作用定律

大量实验证明,在给定温度条件下,基元反应的反应速率与反应物浓度以其化学计量数的绝对值为指数的幂的乘积成正比,这就是质量作用定律,其相应的数学表达式称为速率方程式。对于基元反应:

$$aA + bB \longrightarrow gG + hH$$

其速率方程式为

$$v = kc^{a}(A)c^{b}(B) \tag{4.3}$$

式中,k 为速率常数;a,b 为反应物的化学计量数。温度一定,反应速率常数为一定值,与浓度无关。当所有反应物的浓度均为单位浓度时,k 在数值上等于反应速率 v,它体现反应本身的属性。k 值越大,表明给定条件下该反应速率越大。

3. 反应级数

对于一般化学反应(不一定是基元反应)$aA + dD \longrightarrow gG + hH$,由实验数据得出的经验速率方程,一般也可写成与式(4.3)相类似的幂乘积形式:

$$v = kc^{\alpha}(A)c^{\beta}(B) \tag{4.4}$$

式中,各浓度的方次 α 和 β,分别称为反应组分 A 和 B 的反应级数,量纲为1。反应总级数(简称反应级数)n 为各组分反应级数的代数和:$n = \alpha + \beta$。反应级数的大小表示浓度对反应速率影响的程度,级数越大,则反应速率受浓度的影响越大。

基元反应的级数都是简单的整数(如一级、二级等),而对于非基元反应的级数可以是整数、分数或负数等。反应级数必须通过实验确定。

【例4.1】 有一化学反应 $A + 2B \longrightarrow 2C$,在250 K时,其反应速率和反应物浓度的关系见表4.2。

表4.2　反应速率及反应物浓度

$c(A)/(mol \cdot L^{-1})$	$c(B)/(mol \cdot L^{-1})$	$-\frac{dc(B)}{dt}/(mol \cdot L^{-1} \cdot s^{-1})$
0.10	0.010	2.4×10^{-3}
0.10	0.040	9.6×10^{-3}
0.20	0.010	4.8×10^{-3}

(1) 写出反应的速率方程,并指出反应的级数。

(2) 求该反应的速率常数。

(3) 求出当 $c(A) = 0.010\ mol \cdot L^{-1}$、$c(B) = 0.020\ mol \cdot L^{-1}$ 时的反应速率。

解　(1) 设反应的速率方程为 $v = kc^{\alpha}(A)c^{\beta}(B)$

将上述三组数据代入速率方程可得:

$$1.2 \times 10^{-3} = kc^{\alpha}(0.10)c^{\beta}(0.010) \quad ①$$

$$4.8 \times 10^{-3} = kc^{\alpha}(0.10)c^{\beta}(0.040) \quad ②$$

$$2.4 \times 10^{-3} = kc^{\alpha}(0.20)c^{\beta}(0.010) \quad ③$$

由式①/式③得 $\alpha = 1$;由式①/式②得 $\beta = 1$。所以反应的级数为 $\alpha + \beta = 2$。速率方程为

$$v = kc(\mathrm{A})c(\mathrm{B})$$

(2) 将 α 和 β 代入任一方程可得：

$$k = 1.2\ \mathrm{mol^{-1} \cdot L \cdot s^{-1}}$$

(3) 将 $c(\mathrm{A}) = 0.010\ \mathrm{mol \cdot L^{-1}}$、$c(\mathrm{B}) = 0.020\ \mathrm{mol \cdot L^{-1}}$ 代入速率方程可得

$$v/(\mathrm{mol \cdot L^{-1} \cdot s^{-1}}) = kc(\mathrm{A})c(\mathrm{B}) = 1.2 \times 0.010 \times 0.020 = 2.4 \times 10^{-4}$$

总之，反应级数和速率常数一经确定，反应的速率方程也就确定了。速率常数 k 的单位取决于反应级数，二者满足关系式 $\mathrm{mol^{1-n} \cdot L^{n-1} \cdot s^{-1}}$。零、一、二、三级反应 k 的单位分别为 $\mathrm{mol \cdot L^{-1} \cdot s^{-1}}$、$\mathrm{s^{-1}}$、$\mathrm{mol^{-1} \cdot L \cdot s^{-1}}$、$\mathrm{mol^{-2} \cdot L^{2} \cdot s^{-1}}$。

4.2.2　温度对反应速率的影响

1. 范特霍夫(Van't Hoff) 规则

人们早已熟知，温度对反应速率有很大影响，升高温度可使大多数反应的速率加快。范特霍夫根据大量实验事实，提出一个经验规则：温度每升高 10 K，反应速率就增大到原来的 2 ~ 4 倍，用温度系数 γ 表示。

$$\frac{k_{(t+10)}}{k_t} = \gamma = 2 \sim 4 \qquad \frac{k_{(t+n\times 10)}}{k_t} = \gamma^n \tag{4.5}$$

式中，k_t 和 $k_{(t+10)}$ 分别表示在温度为 t K 和 $(t+10)$K 时的反应速率常数。利用范特霍夫规则可以粗略地估计温度变化对反应速率的影响。

2. 阿伦尼乌斯(S. Arrhenius) 公式

1889 年瑞典的科学家阿伦尼乌斯总结了大量实验数据，得出了著名的阿伦尼乌斯公式。它反映了反应速率常数与温度的定量关系：

$$k = A\mathrm{e}^{-\frac{E_a}{RT}} \tag{4.6}$$

式中，A 为指前因子；E_a 为反应的活化能，单位为 $\mathrm{kJ \cdot mol^{-1}}$。$A$ 与 E_a 都是非常重要的动力学参量，均可由实验求得。当反应的温度区间变化不大时，A 与 E_a 都不随温度改变，是反应的特性常数。由于 E_a 在指数位置，所以它对 k 的影响很大。上式为阿伦尼乌斯公式的指数形式，其对数形式为

$$\ln k = -\frac{E_a}{RT} + \ln A \tag{4.7}$$

若在温度为 T_1 和 T_2 时，反应速率常数分别为 k_1 和 k_2，则

$$\ln k_1 = -\frac{E_a}{RT_1} + \ln A, \quad \ln k_2 = -\frac{E_a}{RT_2} + \ln A$$

将以上两式相减，得

$$\ln\frac{k_2}{k_1} = \frac{E_a}{R}\left(\frac{1}{T_1} - \frac{1}{T_2}\right) \text{或} \lg\frac{k_2}{k_1} = \frac{E_a}{2.303R}\left(\frac{1}{T_1} - \frac{1}{T_2}\right) \tag{4.8}$$

式(4.6) ~ (4.8) 都称为阿伦尼乌斯公式。利用这些公式，可计算反应的活化能、指前因子和不同温度下的速率常数。

【例 4.2】　已知反应 $C_2H_5Cl(g) \longrightarrow C_2H_4(g) + HCl(g)$ 的 $A = 1.6 \times 10^{14}\ \mathrm{s^{-1}}$，$E_a = 246.9\ \mathrm{kJ \cdot mol^{-1}}$，求 700 K 时的速率常数 k。

解　将已知数据代入式(4.6)可得

$$k = 1.6 \times 10^{14} e^{-\frac{246.9\times10^3}{8.314\times700}} = 6.0 \times 10^{-5}\ s^{-1}$$

【例4.3】　一个二级反应,在592 K时反应速率常数为0.489 $mol^{-1}\cdot L\cdot s^{-1}$;在656 K时反应速率常数为4.78 $mol^{-1}\cdot L\cdot s^{-1}$,计算该反应的活化能。

解　将已知数据代入式(4.8)可得

$$\ln\frac{0.489}{4.78} = \frac{E_a}{8.314}\left(\frac{1}{656} - \frac{1}{592}\right)$$

则

$$E_a = 1.15 \times 10^5\ J\cdot mol^{-1} = 115\ kJ\cdot mol^{-1}$$

4.2.3　催化剂对反应速率的影响

1. 催化剂

催化剂是影响化学反应速率的另一重要因素。在现代化学工业生产中80% ~ 90%的反应过程都使用催化剂。例如,合成氨、油脂加氢、药物合成等都使用催化剂。

催化剂是一种存在少量就能改变化学反应速率,而在反应前后本身的质量和化学组成均不改变的物质。能加快反应速率的物质,称为正催化剂,而能减慢反应速率的物质称为负催化剂或阻化剂。催化剂改变反应速率的作用,称为催化作用。有催化剂参与的反应,称为催化反应。例如,氢气和氧气生成水的反应:

$$H_2(g) + O_2(g) \xrightarrow{Pt} H_2O(g)$$

在没有使用催化剂的情况下,反应进行得十分缓慢,而加入少量的催化剂Pt粉,则反应进行得非常迅速。又如,六亚甲基四胺,可以做负催化剂,降低钢铁腐蚀反应的速率,也常被称为缓蚀剂。一般使用催化剂都是为了加快反应速率,若不特别说明,均指正催化剂。

2. 催化作用的特点

(1) 催化剂之所以能改变反应速率,是因为催化剂本身参与了化学过程,改变了反应的途径,降低了反应的活化能,如图4.1所示。

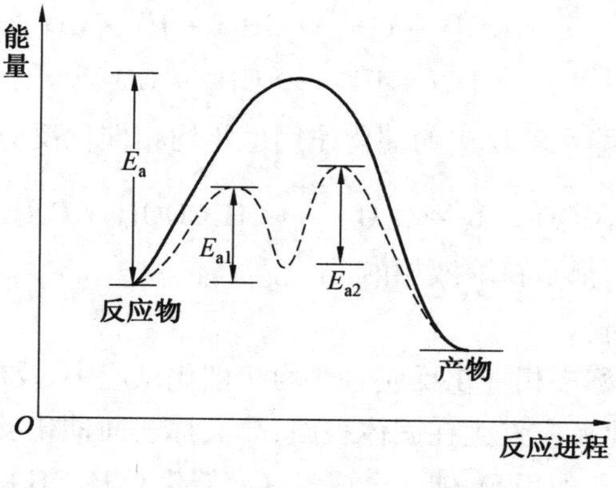

图4.1　催化剂对活化能的影响

(2) 催化剂虽然参与了化学反应，但反应前后催化剂的质量并没有改变。但由于参与反应后催化剂的某些物理性状，特别是表面性状发生了改变。因此，工业生产中使用的催化剂仍需要经常“再生”或补充。

(3) 催化剂不改变反应系统的热力学状态，不影响化学平衡。从热力学的观点来看，反应系统中反应物和产物的状态不会因为使用催化剂而改变，所以，反应前后系统的吉布斯自由能改变量是一致的，即“状态函数的变化与途径无关”。使用催化剂不会改变反应的平衡常数，只能加快反应速率，缩短达到平衡的时间。

从图4.1可以看出，使用催化剂后，逆反应的活化能也同样降低了，即提高了逆反应的速率。催化剂可以同时提高正反应和逆反应的速率。

催化剂不能改变反应的吉布斯自由能改变量，因此，热力学上非自发的反应，并不能因为加入催化剂而改变反应进行的方向。

(4) 催化剂具有一定的选择性。每种催化剂都只能催化某一类或某几类反应，有的甚至只能催化某一个反应，不存在万能的催化剂。另外，即使是同一化学反应在不同的反应条件下往往产物也不同，筛选适当催化剂可以使反应定向进行，以获取所需的产物。

(5) 某些杂质对催化剂的性能有很大的影响。有些杂质可能增强催化功能，在工业上称为“助催化剂”；有些杂质可能减弱催化功能，成为“抑制剂”；还有些杂质可能严重阻碍催化功能，甚至使催化剂“中毒”，完全失去催化作用，这种杂质称为“毒物”。

3. 均相催化和非均相催化反应

(1) 均相催化反应。

反应物和催化剂处于同一相内的催化反应称为均相催化反应。例如，乙醛的气相分解反应：

$$CH_3CHO(g) \xrightarrow{791\ K} CH_4(g) + CO(g)$$

该反应的活化能为 190 kJ · mol^{-1}。在反应系统中加入少许 I_2 蒸气，活化能降为 136 kJ · mol^{-1}，反应速率提高了 3 700 倍。反应的可能机理是

$$CH_3CHO + I_2 \longrightarrow CH_3I + HI + CO$$

$$CH_3I + HI \longrightarrow CH_4 + CO$$

又如，H^+ 对乙酸乙酯水解反应的催化作用也是均相催化反应：

$$CH_3COOC_2H_5 + H_2O \xrightarrow{H^+} CH_3COOH + C_2H_5OH$$

反应物、生成物和催化剂都是在溶液相内。

(2) 非均相催化反应。

非均相催化反应又称多相催化反应。非均相催化反应中，反应物一般是气体或液体，催化剂往往是固体，催化反应发生在固体表面，故又称表面催化反应。非均相催化反应在工业生产中有广泛应用。如用 Fe 催化合成氨，Cu 催化 C_2H_5OH 的脱氢反应等。SO_2 在高空氧化成 SO_3 的过程，既可能有 NO、O_3 等催化的均相催化过程，也可能包括受烟尘中 Fe、Mn 氧化物催化的非均相催化反应。

4.3　反应速率理论简介

4.3.1　分子碰撞理论

1918年，路易斯(G. N. Lewis)运用气体分子运动论的成果，提出反应速率的碰撞理论。该理论认为：对于气态双分子反应 $A_2 + B_2 \longrightarrow 2AB$。

1. 反应物分子间的相互碰撞是反应进行的先决条件。

对气相双分子反应，反应物分子必须相互碰撞才有可能发生反应，反应速率的快慢与单位时间内分子的碰撞频率 Z(单位时间、单位体积内分子的碰撞次数)成正比，而碰撞频率与反应物浓度成正比：$Z(AB) = Z_0 c(A) c(B)$ [Z_0 为 $c(A) = c(B) = 1\ mol \cdot L^{-1}$ 时的碰撞频率]。碰撞频率越高，反应速率越大。

以HI气体的分解为例：

$$2HI(g) = H_2(g) + I_2(g)$$

根据理论计算，浓度为 $1.0\ mol \cdot L^{-1}$ 的HI气体，在973 K时，分子碰撞次数为 $3.5 \times 10^{28}\ L^{-1} \cdot s^{-1}$。如果每次碰撞都发生反应，反应速率应为约 $5.8 \times 10^{4}\ mol \cdot L^{-1} \cdot s^{-1}$。但在该条件下实际测得的反应速率约为 $1.2 \times 10^{-8}\ mol \cdot L^{-1} \cdot s^{-1}$，两者相差约 10^{12} 倍。所以在为数众多的碰撞中，只有极少数是有效的。因此反应速率并不仅仅只与碰撞频率有关，分子间发生碰撞仅是反应进行的必要条件，而不是充分条件。

2. 只有具备足够大动能的分子的碰撞才是有效的

碰撞理论认为，并非分子间的每一次碰撞都能使旧的化学键断裂进而形成新的化学键。只有那些相对动能足够大、且超过一临界值 E_a 的分子间的碰撞才是有效碰撞，才可能发生反应。碰撞理论中，E_a 称为反应的活化能，是发生有效碰撞所需要的最低能量。有效碰撞在总碰撞次数中所占的比例 f 符合麦克斯韦－玻耳兹曼(Maxwell－Boltzmann)能量分布规律：

$$f = \frac{\text{有效碰撞频率}}{\text{总的碰撞频率}} = e^{-\frac{E_a}{RT}}$$

式中，f 为能量因子。

某一温度下，气体分子的能量分布曲线如图4.2所示，图中能量 $E_a \rightarrow \infty$ 的阴影面积表示能量高于活化能的分子(活化分子)占全部分子的百分数。可以看出，一定条件下，反应的 E_a 越大，活化分子所占百分数越小，发生有效碰撞的概率越低，反应速率就越慢。而且随着温度的升高，活化分子所占百分数也随之增大。

3. 要使分子间发生有效碰撞，必须考虑碰撞时分子的空间取向

例如，反应：

$$A_2 + B_2 \longrightarrow 2AB$$

分子 A_2 与 B_2 只有在一定的方向上发生碰撞，才能使A—A键和B—B键在断裂的同时又形成两个新的A—B键，从而完成化学反应，如图4.3所示。

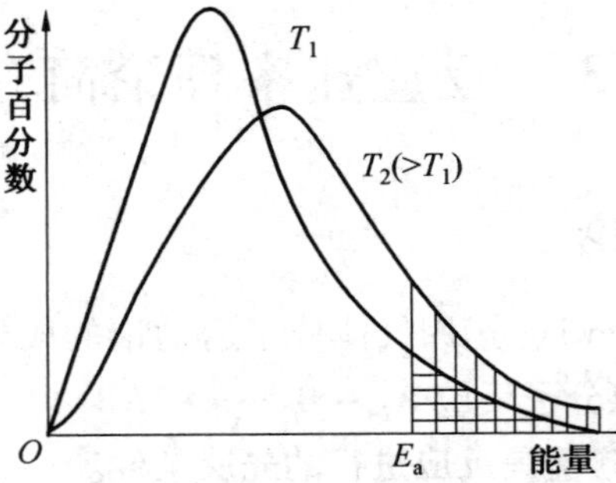

图 4.2　麦克斯韦 - 玻耳兹曼能量分布图

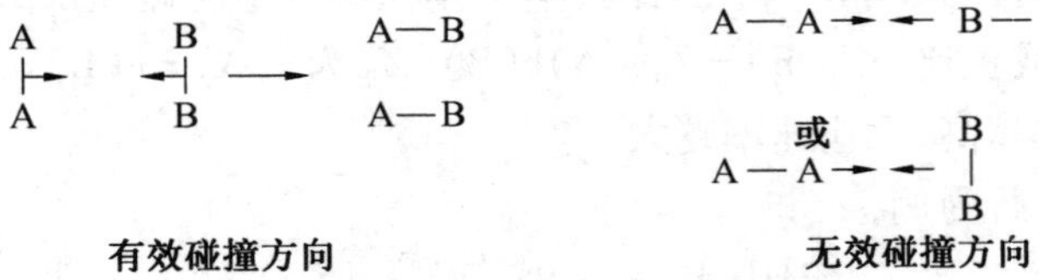

图 4.3　分子碰撞的不同取向

总之,只有能量足够、方位适当的分子间的碰撞才是有效的。因此,由碰撞理论可以得出速率表达式:

$$Y = PfZ \tag{4.9}$$

式中,P 为方位因子,表示方位适当的分子间的碰撞频率与总碰撞频率的比值。分别代入相关因子的表达式得

$$v = Pe^{\frac{E_a}{RT}} Z_0 c(\mathrm{A}) c(\mathrm{B}) \tag{4.10}$$

令 $k = Pe^{\frac{E_a}{RT}} Z_0$,则有

$$v = kc(\mathrm{A}) c(\mathrm{B}) \tag{4.11}$$

碰撞理论从理论上说明了浓度、温度对反应速率的影响,并对速率常数、活化能作出解释。碰撞理论说明,升高温度,分子间碰撞频率变化并不显著,但会使能量因子 f 增大,所以使反应速率加快。尽管碰撞理论可以成功地解决某些反应系统的速率计算问题,但该理论无法从理论上计算活化能,只能借助阿伦尼乌斯公式通过实验测得,因此,碰撞理论无法预测化学反应速率。1930 年艾林(H. Eyring) 等在量子力学和统计力学的基础上提出了化学反应速率的过渡态理论。

4.3.2　过渡状态理论

过渡态理论认为在反应过程中,反应物必须吸收能量,经过一个过渡状态,再转化为生成物。在此过程中,化学键重新排布、能量重新分配。对于反应 $\mathrm{A + BC = AB + C}$,其实际过程是:

$$\mathrm{A + BC} \xrightarrow{\text{快}} [\mathrm{A \cdots B \cdots C}] \xrightarrow{\text{慢}} \mathrm{AB + C}$$

A 与 BC 反应时,A 与 B 接近并产生一定的作用力,同时 B 与 C 之间的键减弱,生成不稳定的[A…B…C]，称为过渡态，如图 4.4 所示。

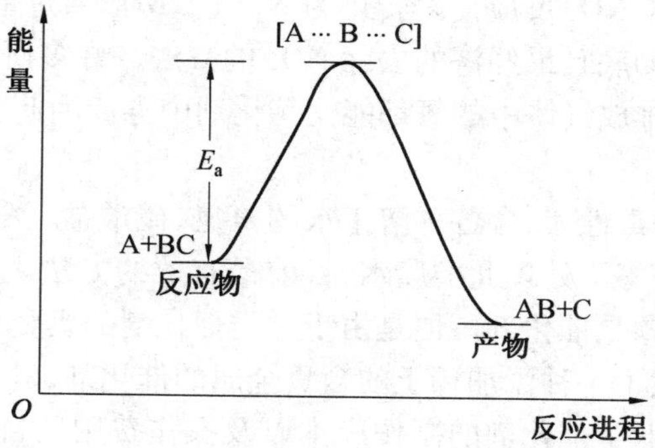

图 4.4　反应物、产物和过渡态的能量关系

图 4.4 表明反应物 A + BC 与生成物 AB + C 均是能量低的稳定状态，过渡态是能量高、不稳定的状态。在反应物和生成物之间有一道能量较高的屏障 —— 势垒，过渡态是反应历程中能量最高的点。

反应物吸收能量成为过渡态，反应的活化能就是翻越势垒所需的能量。过渡态极不稳定，很容易分解成原来的反应物，也可能分解为生成物。

从原则上讲，只要知道过渡态的结构，就可以运用光谱学数据及量子力学和统计学的方法，计算化学反应的动力学数据，如速率常数 k 等。过渡态理论考虑了分子结构的特点和化学键的特性，较好地揭示了活化能的本质，这是该理论的成功之处。而对于复杂的反应系统，过渡态的结构难以确定，而且量子力学对多质点系统的计算也是尚未解决的难题，致使这一理论的应用受到限制。但是这一理论从分子内部结构及内部运动的角度讨论反应速率，不失为一正确的方向。

4.4　化学动力学的应用

4.4.1　化学动力学在环境方面的应用

环境问题是人类不能回避的现实问题，以环境保护为目的的催化化学在解决环境保护问题中起核心作用。环保催化剂就是指在保护环境的同时，创造舒适环境所用的催化剂，目前的环保催化剂并不包括本身无毒性的绿色化学工艺的催化剂。催化剂在环境保护中的应用一般可以分为废气处理催化剂、废水处理催化剂及其他催化剂。

目前净化汽车尾气的催化剂是在粒状或蜂窝状载体上涂覆有活性组分的氧化铝而成，活性组分大都由贵金属 Pt、Pd、Ph 组合并添加作为贮存氧组分的氧化铈所组成。贵金属作为汽车尾气净化催化剂存在很多的缺点：它操作窗口窄、容易被铅硫磷等化合物毒害、价格昂贵，因此亟需研制和开发催化性能高、经济耐用的汽车尾气催化剂。迄今为止，为众多研究者所重视、研究得最多、应用较广的是稀土催化剂、钙钛型催化剂、涂层催化剂和分子筛催化剂。

对 NO_x 的催化还原处理主要是在固体催化剂存在下，利用各种还原性气体（H_2、CO、烃类和 NH_3 等），使碳和 NO_x 反应使之转化为 N_2 气。NO_x 通过催化剂直接分解为 N_2 和 O_2，被认为是最简单最彻底且最经济的去除 NO_x 的方法。许多研究者一直在寻找适合该方法的催化剂，但由于排放气体中的氧都能使催化剂中毒。因此，寻找真正能实用的催化剂任重而道远。

有机废水的污染物毒性大，含各种溶于水的氨氮、硝酸盐、氰类及对人类对环境有毒有害的有机物，如酚、醛等。处理此类废水，目前最有效的方法之一是高效湿式催化氧化技术，此技术的核心问题是催化剂。但是由于这类催化剂的贵金属含量较高，使处理废水的成本偏高。我国开发了一种添加稀土的含贵金属的催化剂，贵金属含量大大降低，催化效果没有下降，从而降低了催化剂的制作成本以及操作费用。目前发现 Pt－Ru/C 催化剂，它最大优点是反应条件温和。固－液异相催化作为环境科学领域中的一项比较新颖的技术，在污废水处理新技术等方面具有很大的发展潜力。

光敏半导体材料是近年来日益受到重视的异相催化剂，其催化特性是由其自身的光电特性所决定的。在半导体材料中，TiO_2、ZnO、CdS 的光催化活性最好，但 ZnO 和 CdS 在光照下不稳定，易发生光阴极腐蚀，因此在环境修复和水处理等实际应用中并不常见，而 TiO_2 抗腐蚀，化学性质稳定，且无毒。较易得到，因而是当前使用最广泛的催化剂。

4.4.2 化学动力学在生物医学方面的应用

酶是一种特殊的、具有催化活性的生物催化剂，它存在于动物、植物和微生物中。一切与生命现象关系密切的反应大多是酶催化反应。例如，人类利用植物或者其他动物体内的物质，在体内经过复杂的化学反应，把这些物质转化为自身的一部分，使人类得以生存、活动、生长和繁殖，这许多的化学反应几乎全部是在酶的催化作用下不断进行的，可以说没有酶的催化作用就不可能有生命现象。据估计人体内约有三万多种酶，分别是各种反应的有效催化剂。这些反应包括食物消化，蛋白质、脂肪的合成，释放生命活动所需的能量等。体内某些酶的缺乏或过剩，都会引起代谢功能失调或紊乱，引起疾病。

酶作为生物催化剂，除具有一般催化剂的特点外，还有以下特点：

（1）催化效率高。酶在生物体内的量很少，一般以微克或纳克计。例如，1 mol 乙醇脱氢酶在室温下，1 s 内可使 720 mol 乙醇转化为乙醛。而同样的反应，工业生产中以 Cu 作催化剂，在 200 ℃ 下每 1 mol Cu 1 s 内只能催化 0.1 ～ 1 mol 的乙醇转化。可见酶的催化效率非常高，是一般的催化剂无法比拟的。

（2）反应条件温和。一般的化工生产中，反应常在高温高压、强酸性或强碱性介质等条件下进行。而酶催化反应在生物体内进行，条件温和，常温常压下进行，介质是中性或近中性。例如，植物的根瘤菌或其他固氮菌，可以在常温常压下在土壤中固定空气中的氮，使之转化为氨态氮。

（3）高度特异性。酶催化反应的选择性非常高，可以称为特异性。例如，脲酶只专一催化尿素的水解反应，对别的反应物不起作用。有一些酶，如转氨酶、蛋白水解酶等，特异性不太高，可以催化某一类反应物的反应。

当前，为了提升化学制药效率，在化学制药工程中，生物催化技术的应用日益广泛，化学制药生物催化工业化规模初步形成。生物催化技术主要是在酶或生物有机体催化作用下，加快生物转换速度的一种新技术，也可称之为生物转换技术。该技术得到了广泛的应用，同时为化学制药企业创造了更多的经济效益，大量实验调查数据显示，与无机催化剂相比，酶的催化效率是它的 10^7 ～ 10^{13} 倍。一般情况下，生物催化过程污染小甚至没有污染，能源耗损不高，是环境友好的有效催化方法。生物催化使得生产效率得到明显提高，有效降低了生产成本，为企业创造更多的经济效益，为传统化工制药创造了解决难题的条件，推动医疗行业发展更加迅速。

4.4.3　化学动力学在食品方面的应用

食品保藏是个复杂的生物和化学过程。通过食品变质的主要形式运用动力学方法来研究食品的变质作用，从而通过改善食品保藏条件抑制食品品质作用来延长保藏期。

食品保藏时，其颜色变化暗示所含多组分经历降解，多种复杂反应的综合表现很难分解成清晰的化学反应历程。这就使得人们还无法找到一个完美的数学模型来描述食品变质的反应速度，但应该清楚通过改善环境条件延长保藏期的应用研究，并不是都需要找出反应历程，只要能从积累的实验数据中找到影响其品质下降的主要形式和环境因素，从而确定一个恰当的近似模型。进而能从这个模型得到的实验数据中找到采取什么措施就能延长食品保质期，经常是几种变质形式，同时存在于同一食品中，应用化学动力学方法研究推测食品保存。关键是找出所研究的这种食品其变质的主要形式是什么，并确定能代表其质量变化的化学指标，从积累这些化学指标随时间变化的实验数据中找出规律性，从而建立数学模型配置模拟溶液和运用数学模型做出食品保藏所需的有关预测。

食品保藏期加速测试的原理就是利用化学动力学来量化外来因素如温度、湿度、气压和光照等对变质反应的影响力。通过控制食品处于一个或多个外在因素高于正常水平的环境中，变质的速度将加快或加速，在短于正常时间内就可判定产品是否变质。因为影响变质的外在因素是可以量化的，而加速的程度也可以计算得到，因此可以推算到产品在正常保藏条件下实际的保藏期。

本 章 小 结

了解反应速率的表示方法及基元反应的基本概念。

反应速率方程表明反应物浓度对速率的影响。反应速率方程、速率常数和反应级数一般可通过实验确定。掌握速率方程的相关计算。

阿伦尼乌斯方程表明温度对反应速率的影响，该方程提出了活化能这个重要概念。能够利用该方程计算速率常数、活化能及指前因子。

催化剂改变了反应历程及反应的活化能，能显著地改变反应速率。了解催化作用的特点。

习 题

1. 选择题

(1) 下列说法正确的是(　　)。

A. 反应的速率常数大,反应速率一定高

B. 反应 $H_2(g)+I_2(g) \longrightarrow 2HI(g)$ 的速率方程方程为 $v=kc(H_2)c(I_2)$,因此,该反应一定是基元反应

C. 某催化剂用于合成氨,N_2 的转化率为 0.2,现在一新催化剂使反应速率常数提高 1 倍,转化率将提高到 0.4

D. 反应的自发性高,不一定速率高

(2) 已知某反应的速率常数单位为 $mol^{-2} \cdot L^2 \cdot s^{-1}$,则该反应的级数为(　　)。

A. 0　　B. 1　　C. 2　　D. 3

(3) 在 $p(A)=81.04$ kPa、$p(B)=60.78$ kPa、$p(C)=0$ kPa 时,基元反应 $2A(g)+B(g) \longrightarrow C(g)$ 在定温、定容条件发生。当 $p(C)=20.20$ kPa 时,反应速率约为初始速率的(　　)。

A. 1/6　　B. 1/16　　C. 1/24　　D. 1/48

2. 填空题

(1) 反应物起始浓度和压力不变时,若升高反应温度,速率常数 k ________。

(2)25 ℃ 时,$A(g) \longrightarrow B(g)$ 为二级反应,当 A 的浓度为 0.050 $mol \cdot L^{-1}$ 时,$\frac{dc(A)}{dt}=1.2\ mol \cdot L^{-1} \cdot min^{-1}$。该反应的速率方程为________,此温度下速率常数为________,温度不变时,欲使反应速率增加至 2.4 $mol \cdot L^{-1} \cdot min^{-1}$,A 的浓度应为________。

(3) 根据阿伦尼乌斯公式________,当升高温度时,常数 k 变________。

(4) 催化剂通过改变反应的________,从而降低了反应的________,达到了提高反应速度的目的。

3. 计算题

(1)NO 与 Cl_2 进行反应:$2NO(g)+Cl_2(g) \longrightarrow 2NOCl(g)$,在一定温度下,反应物浓度和反应速率的关系见表 4.3。

表 4.3

$c(NO)/(mol \cdot L^{-1})$	$c(Cl_2)/(mol \cdot L^{-1})$	$-\frac{dc(NO)}{dt}/(mol \cdot L^{-1} \cdot s^{-1})$
0.50	0.50	1.14
1.00	0.50	4.56
1.00	1.00	9.12

求该反应的反应级数及速率常数。

(2)660 K 时,反应 $2NO(g)+O_2(g) \longrightarrow 2NO_2(g)$ 的实验数据见表 4.4。

表 4.4

$c(NO)/(mol\cdot L^{-1})$	$c(O_2)/(mol\cdot L^{-1})$	$-\frac{dc(NO)}{dt}/(mol\cdot L^{-1}\cdot s^{-1})$
0.10	0.10	3.0×10^{-2}
0.10	0.20	6.0×10^{-2}
0.30	0.20	0.54

① 写出反应的速率方程；

② 求反应级数及 660 K 时的速率常数；

③ 计算 660 K, $c(NO)=c(O_2)=0.15\ mol\cdot L^{-1}$ 时的反应速率。

(3) 硝基异丙烷在水溶液中被碱中和时，其速率常数可用下式表示：$\lg k=\frac{-31\ 630}{T}+11.89$，计算反应的活化能和指前因子。

(4) 反应 $C_2H_5Br(g) \longrightarrow C_2H_4(g)+HBr(g)$ 的活化能为 $226\ kJ\cdot mol^{-1}$，650 K 时速率常数为 $2.0\times10^{-5}s^{-1}$，计算 600 K 时的速率常数。

第 5 章

酸碱平衡

酸和碱是人们经常遇到的两类重要的物质。酸碱反应是一类极为重要的化学反应，而且很多其他类型的化学反应，如沉淀反应、配位反应、氧化还原反应等，均需在一定的酸碱条件下方能顺利进行。因此，多年来人们对酸和碱的概念以及酸碱反应的规律作了大量研究，对酸和碱的认识一步步深入。

5.1 酸碱质子理论

1887 年，瑞典化学家阿伦尼乌斯建立了酸碱电离理论。电离理论认为：凡是在水溶液中解离出来的阳离子全部是 H^+ 的物质称为酸；凡是在水溶液中解离出来的阴离子全部是 OH^- 的物质称为碱。酸碱中和反应的实质是 H^+ 和 OH^- 结合生成 H_2O。但是该理论也存在很大的缺陷，对非水溶液中的酸碱反应无法解释。丹麦化学家布朗斯特和英国化学家劳瑞于 1923 年分别提出了酸碱质子理论。

5.1.1 质子酸碱概念

1. 酸碱的定义

酸碱质子理论认为：凡能给出质子（H^+）的物质都是酸；凡能接受质子的物质都是碱。酸是质子的给予体，碱是质子的接受体。例如，HCl、HCO_3^-、NH_4^+ 都能给出质子是酸，OH^-、H_2O、$Al(OH)_2^+$、NH_3 都能接受质子是碱。既有能给出质子的能力又有能结合质子的能力的物质是两性物质，如 HCO_3^-、H_2O 等。

$$HAc \rightleftharpoons H^+ + Ac^-$$

$$NH_4^+ \rightleftharpoons H^+ + NH_3$$

$$HCO_3^- \rightleftharpoons H^+ + CO_3^{2-}$$

质子理论认为酸和碱不是完全孤立的，酸给出质子后所剩余的部分就是碱；碱接受质子后即变成酸。这种酸与碱的相互依存关系，称为共轭关系。这种共轭关系可用反应式表示：

$$酸 \rightleftharpoons H^+ + 碱$$

2. 酸碱共轭关系

酸给出质子变成相应的共轭碱；碱结合质子变成相应的共轭酸。仅相差一个质子（H^+）的一对酸碱称为共轭酸碱。从上面的反应式可以看出，左侧酸给出质子（H^+）后就变成右侧的碱，右侧的碱接受质子后就变成左侧的酸。因此在同一个方程式中，左侧的酸是右侧碱的共轭酸，如 HCl 是 Cl^- 的共轭酸；右侧碱是左侧酸的共轭碱，如 Cl^- 是 HCl 的共轭碱。Cl^- 和 HCl 称为共轭酸碱对。

从所举共轭酸碱的例子来看，质子酸和质子碱可以是分子、正离子或负离子。同一种物质在一个反应中可以是酸，而在另一个反应中却可以是碱，如 $H_2PO_4^-$ 离子。判断一个物质是酸还是碱要依据该物质在反应中发挥的具体作用，若失去质子为酸，则得到质子为碱。例如反应 $HCO_3^- + H^+ \longrightarrow H_2CO_3$ 中，HCO_3^- 离子是碱，其共轭酸是 H_2CO_3，而在反应 $HCO_3^- \longrightarrow H^+ + CO_3^{2-}$ 中，HCO_3^- 离子是酸，其共轭碱是 CO_3^{2-} 离子。共轭酸碱对的强弱是相对的，酸的酸性越强，给出质子的能力也越强，则其共轭碱接受质子的能力就弱，碱性也就越弱；反之亦然。

5.1.2　酸碱反应

跟阿仑尼乌斯酸碱反应不同，酸碱质子理论的酸碱反应是两对共轭酸碱对之间传递质子的反应。通式为：

$$\text{酸(1)} + \text{碱(2)} \rightleftharpoons \text{碱(1)} + \text{酸(2)}$$

$$HCl + H_2O \rightleftharpoons Cl^- + H_3O^+$$

$$HAc + H_2O \rightleftharpoons Ac^- + H_3O^+$$

$$H_2O + NH_3 \rightleftharpoons NH_4^+ + OH^-$$

$$H_2S + H_2O \rightleftharpoons H_3O^+ + HS^-$$

$$HS^- + H_2O \rightleftharpoons H_3O^+ + S^{2-}$$

这就是说，单独一对共轭酸碱本身是不能发生酸碱反应的，因而也可以把通式：

$$\text{酸} \rightleftharpoons \text{碱} + H^+$$

称为酸碱半反应，酸碱质子反应是两对共轭酸碱对交换质子的反应；此外，上面一些例子也告诉我们，酸碱质子反应的产物不必一定是盐和水，在酸碱质子理论看来，阿仑尼乌斯酸碱反应、阿仑尼乌斯酸碱的电离、阿仑尼乌斯酸碱理论的“盐的水解”以及没有水参与的气态氯化氢和气态氨反应等等，都是酸碱反应。在酸碱质子理论中根本没有“盐”的概念。

然而，由于 H_3O^+ 写起来比较麻烦，常常被简写为 H^+，于是，当酸碱质子反应中出现 H_3O^+ 时常常被简写为 H^+，例如：

$$HCl + H_2O \rightleftharpoons Cl^- + H_3O^+$$

简写为

$$HCl \rightleftharpoons Cl^- + H^+$$

$$HAc + H_2O \rightleftharpoons Ac^- + H_3O^+$$

简写为

$$HAc \rightleftharpoons Ac^- + H^+$$

切不可把这种简写的酸碱质子反应误认为是酸碱半反应。事实上,在连贯前后文时是不难分辨 $HAc \rightleftharpoons Ac^- + H^+$ 究竟是指半反应还是 $HAc + H_2O \rightleftharpoons Ac^- + H_3O^+$ 的简写。

5.2 水溶液中的重要酸碱反应

大量重要的化学反应都是在水溶液中进行的,故本章重点讨论水溶液中的酸碱反应规律。

5.2.1 水的解离平衡

水是一种极弱的电解质,在常温下能解离出极少量的 H^+ 和 OH^-,存在着水的解离平衡。这种解离平衡与化学平衡很相似,它存在一个平衡常数 K_w,这个平衡常数只和温度有关,通常称为水的离子积常数。

1. 水的质子自递反应:水是两性物质

$$H_2O \rightleftharpoons H^+ + OH^-$$

$$H_2O + H^+ \rightleftharpoons H_3O^+$$

自递反应:
$$H_2O + H_2O \rightleftharpoons H_3O^+ + OH^-$$

可简化为:
$$H_2O \rightleftharpoons H^+ + OH^-$$

2. 标准平衡常数表达式

水的质子自递常数(离子积):

$$K_w^{\ominus} = [H^+][OH^-] \tag{5.1}$$

$K_w^{\ominus}$ 为与浓度、压力无关的常数,只与温度有关,在室温下 $K_w^{\ominus} = 1.0 \times 10^{-14}$。

5.2.2 一元弱酸、弱碱的解离平衡

1. 解离平衡常数

弱电解质在水溶液中的解离是可逆的。例如醋酸的解离过程

$$HAc \rightleftharpoons H^+ + Ac^-$$

HAc 溶于水后,有一部分分子首先解离为 H^+ 离子和 Ac^- 离子,另一方面 H^+ 离子和 Ac^- 离子又会结合成 HAc 分子。最后当离子化速度和分子化速度相等时,体系达到动态平衡。弱电解质溶液在一定条件下存在的未解离的分子和离子之间的平衡称为弱电解质的解离平衡。

根据化学平衡原理,HAc 溶液中有关组分的平衡浓度的关系,即未解离的 HAc 分子的平衡浓度和 H^+、Ac^- 离子的平衡浓度之间的关系可表示为

$$K_a^{\ominus} = \frac{[H^+][Ac^-]}{[HAc]} \tag{5.2}$$

同样,对于一元弱碱

$$NH_3 \cdot H_2O \rightleftharpoons OH^- + NH_4^+$$

其平衡常数表达式可简写为

$$K_b^{\ominus} = \frac{[OH^-][NH_4^+]}{[NH_3 \cdot H_2O]} \tag{5.3}$$

式中,K 称为解离平衡常数。弱酸的解离平衡常数常用 $K_a^{\ominus}$ 表示,弱碱的解离平衡常数用 $K_b^{\ominus}$ 表示。式中各有关物种的浓度都是平衡浓度($mol \cdot L^{-1}$)。

在一定温度下,解离平衡常数是弱电解质的一个特性常数,其数值的大小只与弱电解质的本性及温度有关而与浓度无关。相同温度下不同弱电解质的解离平衡常数不同;同一弱电解质溶液,不同温度下的解离平衡常数也不同;但温度变化对解离平衡常数的影响不大,一般不影响数量级。

(1) 解离平衡常数的特点。

同所有的平衡常数一样,解离平衡常数是酸碱的特征常数,它与浓度无关而与温度有关。

(2) 解离平衡常数的物理意义。

解离平衡常数表示弱酸(碱)在解离平衡时解离为离子的趋势。$K_a^{\ominus}$($K_b^{\ominus}$)可作为弱酸(碱)的酸(碱)性相对强弱的标志,$K_a^{\ominus}$($K_b^{\ominus}$)越大,表示该弱酸(碱)的酸(碱)性越强。如:

HAc　　$K_a^{\ominus} = 1.76 \times 10^{-5}$

HCN　　$K_a^{\ominus} = 1.76 \times 10^{-10}$

HAc 的解离平衡常数比 HCN 大,则酸性 HAc 比 HCN 强。

2. 解离平衡常数($K^{\ominus}$)与解离度(α)

解离度和解离常数都可以用来比较弱电解质的相对强弱。它们既有区别又有联系,解离常数是化学平衡常数的一种形式,而解离度则是转化率的一种形式;解离常数不受浓度影响,解离度则随浓度的变化而改变,因此解离常数比解离度能更好地表示出弱电解质的特征。

$K^{\ominus}$ 与 α 的换算:

设浓度为 c 的某弱酸 HB 的解离度为 α,解离平衡常数为 $K_{\alpha}^{\ominus}$,根据弱酸在水中的解离平衡

	HB ⇌	H^+ +	B^-
起始浓度 c_0	c	0	0
平衡浓度 c_{eq}	$c - c\alpha$	$c\alpha$	$c\alpha$

$$K_a^{\ominus} = \frac{[H^+][B^-]}{[HB]} = \frac{\alpha^2 c}{1 - \alpha} \tag{5.4}$$

如果 $\alpha \leqslant 5\%$ 或 $\frac{c}{K_a^{\ominus}} \geqslant 500$,则 $1 - \alpha \approx 1$,式(5.4)可以简化成 $K_a^{\ominus} = c\alpha^2$,则

$$\alpha = \sqrt{\frac{K_a^{\ominus}}{c}} \tag{5.5}$$

式(5.5) 称为稀释定律,它表明在一定温度下,随着浓度降低,解离度增加。

① 稀释定律意义:式(5.5) 表示在一定的温度下解离度和弱电解质溶液浓度的关系。c 越小,α 越大。

②$K^{\ominus}$ 和 α 的区别:对于某弱电解质来说,其 $K^{\ominus}$ 值是固定不变的。但 α 随 c 的变化而变化,两者的关系可以由$\frac{c\alpha^2}{1-\alpha}=K^{\ominus}$ 来确定。

③ 由 $\alpha=\sqrt{\frac{K^{\ominus}}{c}}$ 可知,不同的弱酸,在相同的浓度下,$K^{\ominus}$ 越小,其 α 也越小。

④ 对于一种弱酸,其溶液越稀,解离度就越大。

3. 一元弱酸弱碱溶液的酸度

在弱酸弱碱溶液中,同时存在两个解离平衡。例如,在 HAc 水溶液中,有

$$HAc \rightleftharpoons H^+ + Ac^-$$

$$H_2O \rightleftharpoons H^+ + OH^-$$

【例 5.1】 溶液的解离度 $\alpha=1.33\%$,求 0.1 mol · L^{-1} HAc 溶液的 pH 及 HAc 的解离平衡常数。

解 HAc 的解离平衡 $HAc \rightleftharpoons H^+ + Ac^-$

	HAc	H^+	Ac^-
起始浓度	0.1	0	0
平衡浓度	$0.1-0.1\alpha$	0.1α	0.1α

$$[H^+]=c\alpha=0.1\times1.33\times10^{-2}=1.33\times10^{-3}\ \text{mol}\cdot\text{L}^{-1}$$

$$pH=-\lg[H^+]=-\lg(1.33\times10^{-3})=2.88$$

解离平衡常数 $$K_a^{\ominus}=\frac{[H^+][Ac^-]}{[HAc]}=\frac{0.1\alpha^2}{1-\alpha}$$

因为 $$\alpha=1.33\%<5\%$$

所以 $$1-\alpha\approx1$$

则 $$K_a^{\ominus}=0.1\alpha^2=0.1\times(1.33\times10^{-2})^2=1.77\times10^{-5}$$

一般情况下,$K_a^{\ominus}$ 在一定温度下是一个定值,所以利用 $K_a^{\ominus}$ 值计算溶液的酸度具有更大的实际意义。例如,某一元弱酸 HB 的解离平衡常数为 $K_a^{\ominus}$,浓度为 c。

根据其解离平衡 $$HB \rightleftharpoons H^+ + B^-$$

如果弱酸的 $\alpha\leqslant5\%$ 或$\frac{c}{K_a^{\ominus}}\geqslant500$,则根据式(5.5) 有

$$[H^+]=\sqrt{K_a^{\ominus}c} \tag{5.6a}$$

$$pH=-\lg[H^+] \tag{5.6b}$$

式(5.6) 是计算一元弱酸溶液酸度最简单、最常用的近似公式。

同理可推导出一元弱碱溶液 OH^- 浓度的计算公式:

$$[OH^-]=\sqrt{K_b^{\ominus}c} \tag{5.7a}$$

$$\begin{aligned}pOH&=-\lg[OH^-]\\pH&=14-pOH\end{aligned} \tag{5.7b}$$

【例5.2】 计算298 K,0.1 mol · L^{-1} HAc溶液的[H^+]、pH、[Ac^-]、[HAc]和α。

解 HAc是一元弱酸,其[H^+]可根据HAc的解离平衡计算

$$\frac{c}{K_a^{\ominus}} = 0.1/1.76 \times 10^{-5} > 500$$

根据式(5.6a)可知

$$[H^+] = \sqrt{K_a^{\ominus} c} = \sqrt{1.76 \times 10^{-5} \times 0.1} = 1.33 \times 10^{-3}$$

$$pH = 2.88$$

$$[Ac^-] = [H^+] = 1.33 \times 10^{-3}\ mol \cdot L^{-1}$$

$$[HAc] = c - [H^+] = 0.099\ mol \cdot L^{-1}$$

$$\alpha = \frac{[H^+]}{c} = \frac{1.33 \times 10^{-3}}{0.1} \times 100 = 1.33\%$$

【例5.3】 求室温下0.1 mol · L^{-1} NH_3溶液的pH和NH_3的解离度。

解 NH_3是一元弱碱,其[OH^-]可根据NH_3的解离平衡计算

$$\frac{c}{K_b^{\ominus}} = 0.1/1.77 \times 10^{-5} > 500$$

$$[OH^-] = \sqrt{K_b^{\ominus} c} = \sqrt{1.77 \times 10^{-5} \times 0.1} = 1.33 \times 10^{-3}\ mol \cdot L^{-1}$$

$$pH = 14 - pOH = 11.12$$

$$\alpha = \frac{[OH^-]}{c} = \frac{1.33 \times 10^{-3}}{0.1} \times 100 = 1.33\%$$

5.2.3 多元弱酸的解离平衡

多元弱酸、弱碱在水溶液中的解离是分步进行的。例如,二元弱酸H_2S,它的解离分两步进行:

$$H_2S \rightleftharpoons H^+ + HS^- \qquad K_{a1}^{\ominus} = \frac{[H^+][HS^-]}{[H_2S]} = 1.3 \times 10^{-7}$$

$$HS^- \rightleftharpoons H^+ + S^{2-} \qquad K_{a2}^{\ominus} = \frac{[H^+][S^{2-}]}{[HS^-]} = 7.1 \times 10^{-15}$$

这两个平衡同时存在于溶液中。$K_{a1}^{\ominus}$、$K_{a2}^{\ominus}$分别为H_2S的第一级和第二级解离平衡常数。多元弱酸的分级解离平衡常数总是$K_{a1}^{\ominus} \gg K_{a2}^{\ominus}$。把多元弱酸、弱碱简化成了一元弱酸、弱碱,其溶液酸度的计算也可以按照一元弱酸、弱碱的有关公式进行。

【例5.4】 计算饱和H_2S溶液(0.1 mol · L^{-1})中[H^+]、[HS^-]、[S^{2-}]以及H_2S的解离度。(已知$K_{a1}^{\ominus} = 1.3 \times 10^{-7}$,$K_{a2}^{\ominus} = 7.1 \times 10^{-15}$)

解 设溶液中 $[H^+] = x, [HS^-] = x$

因为$K_{a1}^{\ominus} \gg K_{a2}^{\ominus}$,所以溶液中的$H^+$主要来自第一级解离,第二级解离所产生的$H^+$浓度忽略不计。

$$H_2S \rightleftharpoons H^+ + HS^-$$

平衡浓度/(mol · L^{-1}) $0.1 - x$ x x

$$K_{a1}^{\ominus} = \frac{xx}{0.1 - x}$$

$$x = 1.14 \times 10^{-4}\ \text{mol} \cdot \text{L}^{-1}$$

$\frac{c}{K_{a1}^{\ominus}} = 0.1/1.3 \times 10^{-7} > 500$，可根据式(5.6a)：

$$[H^+] = \sqrt{K_{a1}^{\ominus} c} = \sqrt{1.3 \times 10^{-7} \times 0.1} \approx 1.14 \times 10^{-4}\ \text{mol} \cdot \text{L}^{-1}$$

$$[HS^-] = [H^+] = 1.14 \times 10^{-4}\ \text{mol} \cdot \text{L}^{-1}$$

溶液中 S^{2-} 来自 H_2S 的第二级解离

$$HS^- \rightleftharpoons H^+ + S^{2-}$$

平衡浓度/(mol·L^{-1})　　$c(HS^-) - y$　　$c(H^+) + y$　　y

$$\frac{c(HS^-)}{K_{a2}^{\ominus}} = \frac{1.14 \times 10^{-4}}{7.1 \times 10^{-15}} > 500$$

所以　　$c(HS^-) - y \approx [HS^-]$，　$c(H^+) + y \approx [H^+]$

即　　$K_{a2}^{\ominus} = \frac{[H^+]y[S^{2-}]}{[HS^-]} = y$

$$[S^{2-}] = y = K_{a2}^{\ominus} = 7.1 \times 10^{-15}\ \text{mol} \cdot \text{L}^{-1}$$

H_2S 的解离度为

$$\alpha = \frac{[H^+]}{c} = \frac{1.14 \times 10^{-4}}{0.1} \times 100\% = 0.114\%$$

(1) 对于多元酸，如 $K_{a1}^{\ominus} \gg K_{a2}^{\ominus}$，求 H^+ 浓度时，作为一元弱酸处理。

(2) 当二元弱酸的 $K_{a1}^{\ominus} \gg K_{a2}^{\ominus}$ 时，则二价酸根离子浓度约等于 $K_{a2}^{\ominus}$。

(3) 由于多元弱酸的酸根离子浓度很低，如果需用浓度较大的多元酸根离子时，可使用该酸的可溶性盐。例如：如需 S^{2-}，应选用 Na_2S、$(NH_4)_2S$ 等。

(4) 体系中所有的$[H^+]$是同一数值，因此改变体系中的pH值，必然会影响体系中各种离子的浓度。

将多元弱酸 H_2S 的两步解离平衡相加，就得到了 H_2S 在水溶液中的总解离平衡

$$H_2S \rightleftharpoons 2H^+ + S^{2-}$$

根据多重平衡规则，其总的解离平衡常数为

$$K_a^{\ominus} = \frac{[H^+]^2[S^{2-}]}{[H_2S]} = K_{a1}^{\ominus} \times K_{a2}^{\ominus} = 9.2 \times 10^{-22}$$

在室温条件下，饱和 H_2S 溶液的浓度约为0.10 mol·L^{-1}，而 H_2S 的解离度又很小(见例5.4)，平衡体系中$[H_2S] \approx 0.10$ mol·L^{-1}，代入上式有

$$K_a^{\ominus} = \frac{[H^+]^2[S^{2-}]}{0.1} = 9.2 \times 10^{-22}$$

所以　　$$[S^{2-}] = \frac{9.2 \times 10^{-23}}{[H^+]^2} \tag{5.8}$$

式(5.8)表明，在 H_2S 饱和溶液中，$[S^{2-}]$ 与 $[H^+]^2$ 成反比，因此，可以通过调节溶液

的酸度来控制溶液中[S^{2-}]。

5.3　酸碱平衡的移动

酸碱解离平衡,是动态平衡,一旦条件改变,平衡就会发生移动,并在新的条件下达到新的平衡状态。故深入研究酸碱平衡移动的规律,具有十分重要的实用意义。

5.3.1　同离子效应

在弱电解质溶液中加入一种有与弱电解质相同离子的强电解质时,弱电解质的解离平衡会受到影响而改变其解离度。

例如在醋酸溶液中加入一定量的NH_4Ac时,由于NH_4Ac是强电解质,在溶液中完全解离,使溶液中Ac^-离子浓度大大增加,使HAc的解离平衡向左移动,从而降低了HAc分子的解离度,结果使溶液的酸性减弱。

$$HAc \rightleftharpoons H^+ + Ac^- \qquad NH_3 + H_2O \rightleftharpoons NH_4^+ + OH^-$$

$$NH_4Ac = NH_4^+ + Ac^-$$

同理,在氨的水溶液中加入NH_4Ac时,溶液中NH_4^+离子浓度相应增加,使解离平衡向左移动,降低了氨的解离度,结果使溶液的碱性减弱。

在弱电解质溶液中,加入与该弱电解质有相同离子的强电解质时,使弱电解质的解离度减小,这种现象称为同离子效应。

【例5.5】　在1.0 L 0.1 $mol \cdot L^{-1}$ HAc溶液中,加入0.1 mol固体NaAc(忽略体积变化)后,溶液的pH和HAc的解离度如何变化?

解　由例5.1知未加入NaAc醋酸的解离度为$\alpha = 1.33\%$,加入NaAc之后,溶液中$c(Ac^-) = 0.1\ mol \cdot L^{-1}$。

	HAc ⇌	H^+ +	Ac^-
起始浓度/($mol \cdot L^{-1}$)	0.1	0	0.1
平衡浓度/($mol \cdot L^{-1}$)	$0.1 - x$	x	$0.1 + x$

$$K_a^{\ominus} = \frac{[Ac^-][H^+]}{[HAc]} = \frac{(0.1 + x)x}{(0.1 - x)}$$

溶液中Ac^-浓度增加,平衡向左移动,x很小,可近似计算:

$$K_a^{\ominus} = \frac{(0.1 + x)x}{(0.1 - x)}$$

$$x = [H^+] = K_a^{\ominus} \times \frac{0.1}{0.1} = 1.76 \times 10^{-5}\ mol \cdot L^{-1}$$

$$pH = 4.75$$

$$\alpha = \frac{[H^+]}{c} = \frac{1.76 \times 10^{-5}}{0.1} \times 100\% \approx 0.018\%$$

由此可见,同离子效应使α变小。

5.3.2 介质酸度对酸碱平衡的影响

以一元弱酸 HA 为例：$HA \rightleftharpoons H^+ + A^-$，HA 在水溶液中存在两种型体 HA 和 A^-。

① 影响：酸度高主要以 HA 型体存在；酸度低主要以 A^- 型体存在。

② 条件：$pH = pK_a^{\ominus} - \lg[c(HA)/c(A^-)]$。

当 $pH < pK_a^{\ominus}$ 时，主要以 HA 型体存在；当 $pH = pK_a^{\ominus}$ 时，HA 和 A^- 型体各占一半；当 $pH > pK_a^{\ominus}$ 时，主要以 A^- 型体存在。

5.3.3 盐 效 应

在弱电解质溶液中，加入不含共同离子的可溶性强电解质时，则该弱电解质的解离度将会稍微增大，这种影响称为盐效应。

盐效应的产生，是由于强电解质的加入，增大了溶液中的离子浓度，使溶液中离子间的相互牵制作用增强，即离子的活度降低，使离子结合成分子的机会减少，因此，当体系重新达到平衡时，HAc 的解离度要比加 NaCl 之前时大。

应该指出的是，在同离子效应发生的同时，必然伴随着盐效应的发生。盐效应虽然可使弱碱或弱酸解离度增加一些，但是数量级一般不会改变，即影响较小。而同离子效应的影响要大得多。所以，在有同离子效应时，可以忽略盐效应。

5.4 缓冲溶液

一般溶液的 pH 值不易恒定，可以随加入物质的酸碱性而急剧变化，甚至会因为溶解空气中的某些成分而改变 pH 值。然而，有一些具有特殊组分的溶液，它们的 pH 值不易改变，即使加入少量强酸或强碱或者稀释，其 pH 值也没有明显的变化。

能抵抗外加少量强酸、强碱和稀释，而保持 pH 值基本不变的溶液称为缓冲溶液。缓冲溶液对强酸、强碱和稀释的抵抗作用称为缓冲作用。

5.4.1 缓冲作用原理

我们以 HAc－NaAc 缓冲溶液为例，在 HAc 和 NaAc 的混合溶液中，NaAc 为强电解质，在水溶液中完全解离为 Na^+ 和 Ac^- 离子。大量的 Ac^- 离子对 HAc 的解离产生同离子效应，使 HAc 的解离度更小，HAc 几乎全部以分子的形式存在。因此溶液中存在大量的 Ac^- 离子和大量的 HAc 分子。

$$HAc \rightleftharpoons H^+ + Ac^-$$

当向混合溶液中加入少量强酸时，Ac^- 能接受 H^+ 质子，转变成 HAc，使平衡向左移动。达到平衡时，Ac^- 离子的浓度略有降低，HAc 分子的浓度略有升高，而 H^+ 的浓度几乎不变，所以溶液的 pH 值基本保持不变，因而 Ac^- 是抗酸成分。

当向溶液中加入少量强碱时，OH^- 立即与 H^+ 反应生成 H_2O，因而使 H^+ 浓度减少，平衡向右移动，促使 HAc 解离生成 H^+，补充与 OH^- 反应所消耗的 H^+。达到平衡时，HAc 的浓度略有降低，Ac^- 的浓度略有升高，而 H^+ 的浓度几乎没有改变，所以溶液的 pH 基本保持不变,因此 HAc 是抗碱成分。

1. 缓冲溶液分类

(1) 共轭酸碱对:HAc - NaAc;$NH_3 \cdot H_2O$ - NH_4Cl;$NaHCO_3$ - Na_2CO_3;$H_2PO_4^-$ - HPO_4^{2-} 等。

(2) 浓度较大的强酸或强碱。

(3) 两性物质:氨基酸、蛋白质等。

2. 共轭酸碱对缓冲溶液的条件

(1) 共轭酸碱对的总浓度0.1 ~ 1.0 $mol \cdot L^{-1}$。

(2) 共轭酸碱的浓度比为0.1 ~ 10.0,即 $c_a/c_b = 0.1 \sim 10.0$。

5.4.2　缓冲溶液的 pH 值计算

缓冲溶液的 pH 计算公式可以根据缓冲溶液体系中的弱电解质的解离平衡和其解离平衡常数来计算。

以弱酸及其盐(如 HAc - NaAc) 缓冲溶液为例,存在下列平衡:

$$HAc \rightleftharpoons H^+ + Ac^-$$

平衡浓度/($mol \cdot L^{-1}$)　$c_a - x$　　x　　$c_b + x$

$$K_a^{\ominus} = \frac{[Ac^-][H^+]}{[HAc]} = \frac{(c_b + x)x}{(c_a - x)}$$

由于同离子效应,平衡向左移动,x 很小,可近似计算:

$$K_a^{\ominus} = \frac{c_b x}{c_a},\qquad x = K_a^{\ominus} \times \frac{c_a}{c_b},\qquad [H^+] = x$$

所以

$$[H^+] = K_a^{\ominus} \times \frac{c_a}{c_b} \tag{5.9a}$$

$$pH = pK_a^{\ominus} - \lg \frac{c_a}{c_b} \tag{5.9b}$$

同理,对于弱碱及其盐组成的缓冲溶液的 pH 计算公式为

$$[OH^-] = pK_b^{\ominus} \times \frac{c_b}{c_a} \tag{5.10a}$$

$$pOH = pK_b^{\ominus} - \lg \frac{c_b}{c_a},\quad pH = 14 - pOH \tag{5.10b}$$

可见,缓冲溶液的 pH 取决于 $pK_a^{\ominus}$(或 $pK_b^{\ominus}$) 以及缓冲对的浓度比。注意,缓冲溶液 pH 计算时共轭酸碱的浓度为初始浓度,无需算出平衡浓度。读者可讨论原因是什么?

【例5.6】　求298 K下,0.1 $mol \cdot L^{-1} NH_3$ 和0.1 $mol \cdot L^{-1} NH_4Cl$ 溶液等体积混合后,溶液的 pH。

解　NH_3 与 NH_4Cl 溶液混合后将构成 $NH_3 - NH_4^+$ 缓冲溶液,且等体积混合后,各物质浓度减半

$$c(NH_3)/(mol \cdot L^{-1}) = \frac{1}{2} \times 0.1 = 0.05$$

$$c(NH_4^+)/(mol\cdot L^{-1})=\frac{1}{2}\times 0.1=0.05$$

由式(5.10b)可得：

$$pOH=pK_b^{\ominus}-\lg\frac{c_b}{c_a}=4.75-\lg\frac{0.05}{0.05}=4.75$$

$$pH=14-pOH=14-4.75=9.25$$

【例5.7】 将10 mL 0.2 $mol\cdot L^{-1}$HCl与10 mL 0.4 $mol\cdot L^{-1}$NaAc溶液混合，计算：

(1) 该溶液的pH。

(2) 若向此溶液中加入5 mL 0.01 $mol\cdot L^{-1}$NaOH溶液，则溶液的pH又为多少？

(3) 向完成反应的(1)溶液中加入1 mL 0.1 $mol\cdot L^{-1}$HCl、1 mL 0.1 $mol\cdot L^{-1}$NaOH溶液的pH各改变多少？

解 (1) 混合后，溶液中的H^+与Ac^-发生反应生成HAc，HAc与溶液中剩余的Ac^-构成缓冲溶液。缓冲溶液中

$$c(HAc)/(mol\cdot L^{-1})\approx c(HCl)=\frac{10\times 0.2}{10+10}=0.1$$

$$c(Ac^-)/(mol\cdot L^{-1})=\frac{10\times 0.4-10\times 0.2}{10+10}=0.1$$

根据式(5.9b)： $pH=pK_a^{\ominus}-\lg\frac{c_a}{c_b}=4.75-\lg\frac{0.1}{0.1}=4.75$

(2) 加入NaOH之后，OH^-将与HAc反应生成Ac^-，反应完成后溶液依然为缓冲溶液，溶液中：

$$c(HAc)/(mol\cdot L^{-1})=\frac{20\times 0.1-5\times 0.01}{20+5}=0.078$$

$$c(Ac^-)/(mol\cdot L^{-1})=\frac{20\times 0.1+5\times 0.01}{20+5}=0.082$$

$$pH=pK_a^{\ominus}-\lg\frac{c_a}{c_b}=4.75-\lg\frac{0.078}{0.082}\approx 4.77$$

由计算结果可知，在20 mL上述缓冲溶液中加入少量NaOH后，缓冲溶液的pH仅仅改变了0.02个单位。如果在20 mL纯水中加入同样量的NaOH，则纯水的pH由7上升到11.30，pH改变了4.30个单位。所以缓冲溶液的缓冲作用是非常明显的。

(3) 加入1 mL 0.1 $mol\cdot L^{-1}$HCl后，H^+与Ac^-发生反应生成HAc：

$$c(HAc)=\frac{20\times 0.1+1\times 0.1}{20+1}=0.1\ mol\cdot L^{-1}$$

$$c(Ac^-)=\frac{20\times 0.1-1\times 0.1}{20+1}=0.09\ mol\cdot L^{-1}$$

$$pH=pK_a^{\ominus}-\lg\frac{c_a}{c_b}=4.75-\lg\frac{0.1}{0.09}=4.70$$

pH改变了0.05个单位。

加入1 mL 0.1 $mol\cdot L^{-1}$NaOH后，OH^-将与HAc反应生成Ac^-：

$$c(\mathrm{HAc})=\frac{20\times0.1-1\times0.1}{20+1}=0.09\ \mathrm{mol\cdot L^{-1}}$$

$$c(\mathrm{Ac^-})=\frac{20\times0.1+1\times0.1}{20+1}=0.1\ \mathrm{mol\cdot L^{-1}}$$

$$\mathrm{pH}=\mathrm{p}K_a^{\ominus}-\lg\frac{c_a}{c_b}=4.75-\lg\frac{0.09}{0.1}=4.80$$

pH 改变了0.05个单位。

由计算结果可知,在20 mL上述缓冲溶液中加入少量HCl后,缓冲溶液的pH仅仅改变了0.05个单位。如果在20 mL纯水中加入同样量的HCl,则纯水的pH由7降到2.32,pH改变了4.68个单位。同样可看出,缓冲溶液的缓冲作用是非常明显的。

5.4.3 缓冲溶液的选择和配制

1. 配制步骤

(1) 根据要配制的缓冲溶液的pH,选择一个缓冲对。

① 要使缓冲溶液的pH在所要选择的缓冲对的缓冲范围($\mathrm{p}K_a^{\ominus}\pm1$)之内:

$HCOOH + HCOONa$　$\mathrm{p}K_a^{\ominus}=3.75$　$\mathrm{pH}=\mathrm{p}K_a^{\ominus}\pm1=2.75\sim4.75$

$NaHCO_3 + Na_2CO_3$　$\mathrm{p}K_{a_2}^{\ominus}=10.25$　$\mathrm{pH}=\mathrm{p}K_a^{\ominus}\pm1=9.25\sim11.25$

② 使弱酸(或弱碱)的$\mathrm{p}K_a^{\ominus}$(或$\mathrm{p}K_b^{\ominus}$)与所需要的pH(或pOH)相等或相近。一般当$\frac{c_a}{c_b}=1$时缓冲容量最大,根据$\mathrm{pH}=\mathrm{p}K_a^{\ominus}-\lg\frac{c_a}{c_b}$,即$\mathrm{pH}=\mathrm{p}K_a^{\ominus}$时缓冲容量最大。

例如:要配制pH = 5的缓冲溶液,有下列缓冲对:

缓冲对	$\mathrm{p}K_a^{\ominus}$	缓冲范围
$HCOOH + HCOONa$	$\mathrm{p}K_a^{\ominus}=3.75$	$\mathrm{pH}=\mathrm{p}K_a^{\ominus}\pm1=2.75\sim4.75$
$NaHCO_3 + Na_2CO_3$	$\mathrm{p}K_{a_2}^{\ominus}=10.25$	$\mathrm{pH}=\mathrm{p}K_{a_2}^{\ominus}\pm1=9.25\sim11.25$
$CH_3COOH + CH_3COONa$	$\mathrm{p}K_a^{\ominus}=4.75$	$\mathrm{pH}=\mathrm{p}K_a^{\ominus}\pm1=3.75\sim5.75$
$H_2CO_3 + NaHCO_3$	$\mathrm{p}K_a^{\ominus}=6.27$	$\mathrm{pH}=\mathrm{p}K_a^{\ominus}\pm1=5.37\sim7.37$

可见所要配制的缓冲溶液的pH值在醋酸缓冲对的缓冲范围内,且$\mathrm{pH}\approx\mathrm{p}K_a^{\ominus}$因此,选择醋酸缓冲对最佳。

(2) $\mathrm{p}K_a^{\ominus}$(或$\mathrm{p}K_b^{\ominus}$)与所需溶液的pH(或pOH)值不完全相等时,则按所要求的pH(或pOH),利用缓冲方程式(即相应弱酸或弱碱的解离平衡式)算出所需要的弱酸(或弱碱)和盐的浓度比。

【例5.8】 欲配制pH = 9.20,$c(NH_3)=1.0\ \mathrm{mol\cdot L^{-1}}$的缓冲溶液500 mL,需要固体$NH_4Cl$多少克?15 $\mathrm{mol\cdot L^{-1}}$的浓氨水多少毫升?

解 根据题意　　$\mathrm{pOH}=14-9.20=4.80$

根据式

$$\mathrm{pOH}=\mathrm{p}K_b^{\ominus}-\lg\frac{c_b}{c_a}$$

$$4.80 = 4.75 - \lg \frac{1}{c(NH_4^+)}$$

得

$$c(NH_4^+) = 1.1\ mol \cdot L^{-1}$$

NH_4Cl 的 M 为 54 g · mol^{-1}，则需要固体 NH_4Cl 的质量 $m/g = 0.50 \times 1.1 \times 54 = 30$，需要浓氨水的体积为 $V/mL = \frac{1.0 \times 500}{15} = 33$。

5.5 酸碱平衡的应用

5.5.1 酸碱平衡在环境方面的应用

酸碱废水是工业上比较常见的废水，在化工厂、电镀厂、造纸厂、矿山排水、制碱、化学纤维以及金属酸洗工厂等制酸制碱和用酸用碱的过程中，都排出酸性废水或者碱性废水。酸性废水或碱性废水发生中和反应，产生盐。如果这些废水直接排放，会腐蚀管道、造成水体鱼类等生物的大面积死亡等，影响或者危害人类的健康，同时造成工业的浪费。如江苏某电厂一个厂一年就用去工业盐酸 4 000 t、工业烧碱 2 500 t，归根结底是要排入环境中，污染环境水体，水体水质恶化反过来又导致更大的投入。在废水处理过程中酸性废水、碱性废水直接会产生对处理系统的腐蚀，使水体 pH 值发生变化，破坏水体的自然缓冲作用、影响细菌和微生物的生长，甚至可能造成生物体绝迹，影响生物处理过程的处理效果，增加了处理成本，甚至无法找到经济可行、运行可靠的处理方法。

如山东某造纸厂主要生产纸箱和纸板，年产万吨左右，以麦草为原料。该厂排放的生产废水中，污染物主要来自纸浆废液和车间洗涤废水。废水量大约为 3 004 t，废水的水质情况见表 5.1 所示。

表 5.1　造纸废水的水质情况

项目	浓度	项目	浓度
COD/(mg · L^{-1})	1 500 ~ 1 800	悬浮固体 SS/(mg/L)	3 000 ~ 4 500
BOD/(mg · L^{-1})	600 ~ 700	pH 值	8 ~ 11

对于这样的废水，目前国内的处理方法主要是物化与生化结合的方法，而好氧处理中要求控制溶液的 pH 为 6.0 ~ 9.0，否则不利于生物体内酶的活性，直接影响其生化反应。酸碱度的调节是一个非常繁杂的过程，由于废水水质随着时间波动，所以一般都采用自动控制的办法实现，这就大大增加了废水处理的难度，增加了废水处理的成本。对酸、碱工业废水的治理一般常用中和法。对酸性废水常用的碱性药剂有石灰石、生石灰、苛性钠和纯碱等；治理碱性废水时常用的酸性药剂有硫酸、盐酸等。治理酸碱废水的其他方法还有蒸发、浓缩、冷却、结晶以及膜技术等。

5.5.2 酸碱平衡在生物方面的应用

在正常饮食条件下，体内常有大量的糖、脂肪和蛋白质分解，所以体内酸的来源一般都超过碱的来源。酸性物质必须不断地从体内排出，这是维持体内酸碱平衡的关键问题。而人体血液的 pH 所以能经常保持在 7.35 ~ 7.45，是因为我们体内有完整的调节功能，主要通过以下四个方面来调节。

（1）缓冲系统。体内有 3 种缓冲系统，均为弱酸和其盐的组合：碳酸氢盐、磷酸盐和血红蛋白、血浆蛋白系统，以第一组最重要。

（2）肺的调节作用。体液缓冲系统最终须依赖肺呼出 CO_2 或肾排出某些酸性物质以维持酸碱平衡。所以肺功能在调节酸碱平衡上是很重要的。

（3）肾脏通过以下几种方法进行酸碱平衡的调节。

①$NaHCO_3$ 的再吸收。正常情况下，血液中的 $NaHCO_3$ 经肾小球滤出，在肾小管再吸收。$NaHCO_3$ 的再吸收是通过 Na^+ 与 H^+ 的交换进行的。肾小管的上皮细胞内，自血液弥散进入的 CO_2 经碳酸酐酶的作用与 H_2O 结合成 H_2CO_3，游离后（H^+、HCO_3^-）产生 H^+ 与肾小管中的 Na^+ 交换。

② 排泌可滴定酸。尿内的可滴定酸主要为 $NaH_2PO_4 - Na_2HPO_4$ 缓冲组合。正常肾脏的远曲小管有酸化尿的功能，是通过排泌 H^+ 与 Na_2HPO_4 的 Na^+ 交换产生 NaH_2PO_4 排出体外来完成。

③ 生成排泌氨。肾远曲小管细胞能产生氨，生成的氨弥散到肾小管滤液中与 H^+ 结合成 NH_4^+，再与滤液中的酸基结合成酸性铵盐［NH_4Cl，$NH_4H_2PO_4$，$(NH_4)_2SO_4$ 等］排出体外。肾脏通过这个机制来排出强酸基，起调节血液酸碱度的作用。铵的排泌率与尿中 H^+ 浓度成正比。NH_4^+ 与酸基结合成酸性的铵盐时，滤液中的 Na^+、K^+ 等离子则被代替，与肾小管中的 HCO_3^- 结合成 $NaHCO_3$、$KHCO_3$ 等被回收至血液中。每排泌一个 NH_3，就带走滤液中的一个 H^+，这样就可以促使小管细胞排泌 H^+，也就增加了 Na^+、K^+ 等的吸收。

（4）离子交换。HCO_3^- 和 Cl^- 均透过细胞膜自由交换，当 HCO_3^- 进入红细胞量增多时（体内的酸性物质增加时），Cl^- 即被置换而排出。当 HCO_3^- 从红细胞排出增多时，Cl^- 就多进入红细胞与之交换。这样红细胞血红蛋白就可以多携带 CO_2 至肺泡排出，多余的 Cl^- 可通过肾脏排出。其他如 Na^+、K^+、H^+ 等正离子除在肾小管进行交换外，在肌肉、骨骼细胞中亦能根据体内酸、碱反应的变化而进行交换调节。

体内酸碱平衡的调节，以体液缓冲系统的反应最迅速，几乎立即起反应，能将强酸、强碱迅速转变为弱酸、弱碱，但只能起短暂的调节作用。肺的调节略缓慢，其反应约较体液缓冲系统慢 10 ~ 30 min。离子交换再慢些，于 2 ~ 4 h 始起作用。肾脏的调节开始最迟，往往需 5 ~ 6 h，可是最持久（可达数天），作用亦最强。

5.5.3　酸碱平衡在食品方面的应用

我们已知道人体中各部分体液中的 pH 值都有酸性与碱性之分。例如，胃液是酸性的，正常状态下，人的血液和脑脊液为弱碱性的等等。那么，提供给我们身体所需营养的食物是否也有酸性与碱性之分呢？它们的酸碱性与人体健康有什么关系？

按照经过人体消化后的产物来分，也可把食物分为酸性食物和碱性食物两大类。酸性食物是指食物在体内的代谢产物能形成酸性物质，又称为成酸性食物；而碱性食物则是指食物在体内的代谢产物能形成碱性物质，又称为成碱性食物。从元素组成看，含有磷、氯、硫、氮等矿物质较多的食物是酸性食物；而含钾、钙、镁等矿物质较多的食物为碱性食物。从食物来源来看,动物性食品中除牛奶外,如肉、鱼、蛋、禽类和大多数精细粮食等因含有较多的磷、硫、氯等元素,经体内氧化后,可生成阴离子酸根 PO_4^{3-}、SO_4^{2-}、Cl^- 等,所以这些食物在生理上被称为酸性食物或成酸食物。植物性食品,如五谷、杂粮、豆类、蔬菜、水果、海藻等,含有较多的钾、钠、镁、钙等金属元素,在体内氧化为碱性氧化物 K_2O、Na_2O、CaO、MgO 等,这些食物在生理上被称为碱性食物或成碱食物。因此,应当注意,营养学上所说的食物的酸碱性是指进入人体的食物经消化、吸收,进入体液的最终形成物是酸性还是碱性而言,而不是口感上的酸碱性。例如,虽然有些水果口感上呈酸性,但实属于碱性食物,如橘子或柠檬。这些水果中含有机酸,入口时会给人一种酸性感觉,但这样的酸性物质进入人体后,彻底地被氧化成二氧化碳和水而被排出体外,在体内剩下的最终生成物是钠、钾、钙、镁等金属阳离子形成的碱性化合物。

在专业上食物的酸碱度有标准的衡量方法。一般将食品 100 克烧成灰粉的水溶液,以 0.1 $mol \cdot L^{-1}$ 的标准碱或酸溶液中和所消耗的毫升数,定为该食物的酸度或碱度。一般用"+"号表示碱度,"-"号表示酸度。如豆腐碱度为 +0.2 是碱性食物,蛋黄酸度为 -18.80 是酸性食物。常见的酸性食物与碱性食物如表 5.2 所示。

表 5.2　碱性食物表

食物名称	灰分(%)	灰分的碱度	食物名称	灰分(%)	灰分的碱度
豆腐	0.64	+0.20	黄瓜	0.47	+4.60
大豆	4.64	+2.20	橘汁	0.36	+10.0
扁豆	3.62	+5.20	西瓜	0.22	+9.40
菠菜	1.30	+12.00	香蕉	1.05	+8.40
莴苣	1.14	+6.33	梨	0.31	+8.40
胡萝卜	0.77	+8.32	苹果	0.42	+8.20
土豆	0.93	+4.60	柿子	0.43	+6.20
藕	1.13	+3.40	牛乳	0.73	+0.30
洋葱	0.70	+2.40	蛋白	0.67	+4.80
海带	2.78	+14.40	茶 5 g/L 水	0.18	+8.89
鸡肉	1.37	-7.60	面粉	0.53	-6.50
猪肉	1.10	-5.60	面包	0.74	-0.80
牛肉	1.00	-5.00	蚕豆	3.11	-1.40
蛋黄	1.02	-18.80	花生	1.80	-3.00
鲤鱼	1.37	-6.40	油炸豆腐	1.25	-0.40
虾	1.77	-1.80	干紫菜	8.75	-0.60
白米	0.37	-11.67	啤酒	0.23	-4.80
糙米	1.46	-10.60			

为保持食物的酸碱平衡，在膳食上需要注意以下几点：

食物多样化，每日摄入食物种类应包括：主食、奶制品、蛋类、肉、蔬菜、水果、豆类、油脂和坚果等。过分偏荤或过分偏素都对健康不利；

每日应保持吃一斤蔬菜(生重)、一个水果、一两豆类制品，以保持机体弱碱性；

每日摄入的瘦肉不超过3两、鸡蛋1个、牛奶250毫克(1袋)；

尽量不吃油炸食物、肥腻食物、动物内脏。

总之，平时膳食一定要注意酸性食物与碱性食物的平衡，多吃些蔬菜、水果、薯类等碱性食物，使之酸碱平衡，并养成习惯长期坚持，因为膳食对健康的影响是长期的，只有这样科学合理搭配膳食，保持食物的酸碱平衡，才会让自己的身体保持在健康状态。

本章小结

掌握质子酸碱、酸碱共轭关系、两性物质、酸碱反应、酸碱的解离常数等概念。熟练运用近似方法计算酸碱水溶液的酸度及有关离子浓度。

弱酸、弱碱与溶剂水分子之间的质子传递反应统称为弱酸、弱碱的解离平衡。根据解离平衡常数和溶液浓度，熟练掌握有关近似计算。

掌握同离子效应对酸碱平衡的影响，了解盐效应。

缓冲溶液常是由含有共轭酸碱对的混合溶液，具有减缓外加少量酸碱或水的影响而保持溶液 pH 不发生显著变化的作用，掌握缓冲溶液的组成、pH 计算及配制。

习　题

1. 选择题

(1) 某二元弱碱的 $pK_{b1}^{\ominus}=2.5$，$pK_{b2}^{\ominus}=8.5$ 则其共轭酸的 $pK_{a1}^{\ominus}$，$pK_{a2}^{\ominus}$ 的值为(　　)。

A. 5.5，11.5　　B. 11.5，5.5　　C. 6.5，10.5　　D. 5.5，9.5

(2) 已知某酸 HB 的 $pK_{a}^{\ominus}=6$，则 $0.01\ mol\cdot L^{-1}$ 的 NaB 的 pH 为(　　)。

A. 10　　B. 8　　C. 11　　D. 9

(3) 已知 $K_{HF}^{\ominus}=6.7\times10^{-4}$，$K_{HCN}^{\ominus}=7.2\times10^{-10}$，$K_{HAc}^{\ominus}=1.8\times10^{-5}$。可配成 pH = 9 的缓冲溶液的为(　　)。

A. HF 和 NaF　　B. HCN 和 NaCN　　C. HAc 和 NaAc　　D. 都可以

(4) 已知体积为 V_1、浓度为 $0.2\ mol\cdot L^{-1}$ 的弱酸溶液，若使其解离度增加1倍，则溶液的体积 V_2 应为(　　)。

A. $2V_1$　　B. $4V_1$　　C. $3V_1$　　D. $10V_1$

(5) 已知某酸 HA 的 $K_{a}^{\ominus}=1.0\times10^{-4}$，则 $1\ mol\cdot L^{-1}$ 的 HA 的 pH 值为(　　)。

A. 2　　B. 4　　C. 8　　D. 10

(6) 决定一元弱酸解离的平衡常数的因素为(　　)。

A. 溶液的浓度　　B. 酸的解离度

C. 酸分子中的含氢数　　D. 酸的本质与溶液温度

(7) 将由共轭酸碱组成的缓冲溶液加水稀释1倍,则溶液的(　　)。

A. pH 值下降　　B. pH 值上升　　C. 缓冲能力不变　　D. 缓冲能力下降

(8) 在常温下,向醋酸水溶液中加入同体积的水,则(　　)。

A. 醋酸的解离常数增大　　B. 醋酸的解离常数变小

C. 醋酸的解离度变大　　D. 醋酸的解离度变小

(9) 向 1 L 0.1 mol · L^{-1} $NH_3 \cdot H_2O$ 溶液中加入一些 NH_4Cl 晶体,会使(　　)。

A. $NH_3 \cdot H_2O$ 的 $K_b^{\ominus}$ 增大　　B. $NH_3 \cdot H_2O$ 的 $K_b^{\ominus}$ 减小

C. 溶液的 pH 值增大　　D. 溶液的 pH 值减小

(10) 向 0.1 mol · L^{-1} 的氨水溶液中加入固体氯化铵,使溶液中氯化铵浓度为 0.18 mol · L^{-1},已知氨水的 $K_b^{\ominus} = 1.8 \times 10^{-5}$,则溶液的 pH 值为(　　)。

A. 13　　B. 5　　C. 6　　D. 9

(11) 不是共轭酸碱对的一组物质是(　　)。

A. NH_3,NH_2　　B. NaOH,Na^+　　C. HS^-,S^{2-}　　D. H_2O,OH^-

2. 填空题

(1) 按照质子酸碱理论,NH_3 的共轭酸是________,HPO_4^{2-} 的共轭碱是________。

(2) 在 0.1 mol · L^{-1} 的醋酸溶液中,加入少量 NaAc(s) 后,HAc 的解离度将________,溶液的 pH 值将________。

(3) 已知:$K_a^{\ominus}$(HClO) = 2.8×10^{-8},0.050 mol · L^{-1} 的 HClO 溶液中的 $c(H^+)$ = ________ mol · L^{-1},其解离度是________。

(4) 已知 $K^{\ominus}$(HAc) = 1.75×10^{-5}。用等体积 0.05 mol · L^{-1} HAc 溶液和 0.05 mol · L^{-1} NaAc 溶液配制的缓冲溶液,其 pH = ________,在 100 mL 该溶液中加入 20 mL 0.1 mol · L^{-1} HCl 溶液,则该溶液的 pH 值将变________。

(5) 一元弱酸 HA 及其共轭碱 A^- 两溶液的浓度均为 0.1 mol · L^{-1},HA 的 $pK_a^{\ominus} = 5$,则该酸溶液的 pH 值为________,该碱溶液的 pH 值为________。

3. 判断题

(1) 硫酸的共轭碱是硫酸根。

(2) 弱酸的解离度越大,则酸性越强。

(3) 将醋酸水溶液加水稀释1倍,则醋酸的[H^+]减少到原来的$\frac{1}{2}$。

(4) 在 H_2S 水溶液中,氢离子浓度是硫离子浓度的2倍。

(5) 两性物质水溶液的 pH 值与浓度无关。

(6) 纯水的 $K_w^{\ominus}$ 会因向水中加入强酸而变大。

(7) 共轭弱酸碱所组成的缓冲液的缓冲能力只取决于溶液的总浓度。

(8) 某一物质的酸性很弱,则它的碱性一定很强。

(9) H_2CO_3 的 $pK_{a1}^{\ominus} = 7$,则 CO_3^{2-} 的 $pK_{b1}^{\ominus} = 7$。

(10) 体积相等且浓度相同的酸与碱反应,则溶液不一定呈中性。

4. 计算题

(1) 欲配制 1 L pH = 8.5 的缓冲溶液,应在 500 mL 1 mol · L^{-1} 的氨水中加入多少毫

升6 $mol \cdot L^{-1}$ 的盐酸？（已知氨水的 $pK_b^\ominus = 4.75$）

（2）欲配制1 L pH = 4.5的缓冲溶液，应在500 mL 1 $mol \cdot L^{-1}$ 的醋酸中加入多少毫升6 $mol \cdot L^{-1}$ 的 NaOH？（已知醋酸的 $pK_a^\ominus = 4.75$）

（3）① 计算 0.1 $mol \cdot L^{-1}$ HAc 溶液的 pH 值。（$K_a^\ominus = 1.75 \times 10^{-5}$）

② 计算 0.1 $mol \cdot L^{-1}$ NaAc 溶液的 pH 值。

（4）已知：$K_{a_1}^\ominus(H_2C_2O_4) = 5.4 \times 10^{-2}$，$K_{a_2}^\ominus(H_2C_2O_4) = 5.4 \times 10^{-5}$。试计算含有 0.100 $mol \cdot L^{-1}$ HCl 和 0.100 $mol \cdot L^{-1}$ $H_2C_2O_4$ 溶液中的 $c(C_2O_4^{2-})$ 和 $c(HC_2O_4^-)$。

（5）有一混合溶液，其中含有 HCN 和 HF，其浓度分别为 0.020 $mol \cdot L^{-1}$ 和 0.10 $mol \cdot L^{-1}$。试计算溶液中各离子浓度及两酸的解离度。（$K^\ominus(HCN) = 6.2 \times 10^{-10}$，$K^\ominus(HF) = 6.6 \times 10^{-4}$）

（6）用草酸（$H_2C_2O_4 \cdot 2H_2O$，$M = 126.1$）标定浓度约为 0.1 $mol \cdot L^{-1}$ 的 NaOH 溶液时，欲使消耗的 NaOH 溶液体积控制在 20 ~ 30 mL，草酸的称取范围应为多少？

（7）欲配制0.5 L pH = 5.0的缓冲溶液，应在34 mL　6 $mol \cdot L^{-1}$ 的醋酸溶液中加入多少克 $NaAc \cdot 3H_2O$？（已知醋酸的 $pK_a^\ominus = 4.75$，$M_{NaAc \cdot 3H_2O} = 136.1$）

第 6 章

沉淀溶解平衡

在工业生产中上,经常要利用沉淀反应来制备材料、分离杂质、处理污水和鉴定离子等。怎样判断沉淀能否生成?如何使沉淀析出更趋完全?又如何使沉淀溶解?为了解决这些,就需要研究在含有难溶电解质和水的系统中所存在的固体和液体中离子之间的平衡,即沉淀 - 溶解平衡。

6.1 溶解度和溶度积

6.1.1 溶解度

一定温度和压力下溶质在一定量溶剂中形成饱和溶液时,被溶解的溶质的量称为该溶质的溶解度。按照溶解度的概念,只要是饱和溶液,浓度的各种表示法都可以用作表示溶解度。但习惯上最常用的溶解度表示法是 100 g 溶剂中所能溶解的物质的最大克数。

理论上,绝对不溶解的物质是没有的,如通常认为不溶的玻璃也微量地溶解于水,若将分别用强酸、强碱和水洗净的普通玻璃碎与少量水混合在玛瑙研钵中研磨,滴入酚酞,可见到酚酞显红色。习惯上,把溶解度小于 0.01 g/100 g(H_2O) 的物质称为不溶物或难溶物,但难溶的界限是不严格的。本章为简便起见,在讨论沉淀平衡时,我们把溶解度的单位换算成物质的量浓度单位(即 $mol \cdot L^{-1}$)。

6.1.2 溶度积

将难溶物 AgCl 固体与水混合,AgCl 表面的 Ag^+ 和 Cl^- 在水分子的吸引下将以水合离子的形式进入水中,同时,水合离子 Ag^+ 和 Cl^- 会去水合重新沉积到 AgCl 固体表面上,最终达成溶解 — 沉淀平衡:

$$AgCl(s) \rightleftharpoons Ag^+(aq) + Cl^-(aq)$$

对于任一难溶电解质 A_nB_m 在水溶液中的沉淀 — 溶解平衡,可表示为

$$A_nB_m \rightleftharpoons nA^{m+}(aq) + mB^{n-}(aq)$$

其标准平衡常数可用(6.1) 表示:

$$K_{sp}^{\ominus} = [A^{m+}]^n[B^{n-}]^m \tag{6.1}$$

$K_{sp}^{\ominus}$ 的意义表示在难溶电解质饱和溶液中,有关离子浓度幂的乘积在一定温度下是个常数。

溶度积常数是物质的特征常数,其数值的大小与难溶电解质的本性有关,反映了物质的溶解程度和溶解能力。不同的物质有不同的溶度积常数。溶度积数值的大小与温度有关,不同温度条件下,同一物质的溶解度不同。

溶度积表达式与难溶电解质的类型有关,即与物质在水溶液中的解离方式有关(表6.1)。

表6.1　物质在水溶液中解离

难溶电解质的类型		解离方式	$K_{sp}^{\ominus}$ 表达式
AB	$BaSO_4$	$BaSO_4(s) \rightleftharpoons Ba^{2+} + SO_4^{2-}$	$K_{sp}^{\ominus} = [Ba^{2+}][SO_4^{2-}]$
A_2B	Ag_2CrO_4	$Ag_2CrO_4(s) \rightleftharpoons 2Ag^+ + CrO_4^{2-}$	$K_{sp}^{\ominus} = [Ag^+]^2[CrO_4{}^{2-}]$
AB_2	$Mg(OH)_2$	$Mg(OH)_2(s) \rightleftharpoons Mg^{2+} + 2OH^-$	$K_{sp}^{\ominus} = [Mg^{2+}][OH^-]^2$
AB_3	$Fe(OH)_3$	$Fe(OH)_3(s) \rightleftharpoons Fe^{3+} + 3OH^-$	$K_{sp}^{\ominus} = [Fe^{3+}][OH^-]^3$

6.1.3　溶度积和溶解度之间的关系

溶解度(S)和溶度积($K_{sp}^{\ominus}$)都可以用来表示物质的溶解能力。根据难溶电解质的沉淀溶解平衡的有关组分与溶解度的相互关系,可以进行溶解度和溶度积的互相换算。由于不同类型的难溶电解质在水溶液中的解离方式不同,溶解度(S)与溶度积($K_{sp}^{\ominus}$)之间的换算关系也不同,具体见表6.2。

表6.2　溶解度与溶度积之间的换算关系

难溶电解质的类型	解离方式	$K_{sp}^{\ominus}$ 与 S 的关系	换算公式
AB	$AB(s) \rightleftharpoons A^+ + B^-$	$K_{sp}^{\ominus} = [A^+][B^-] = S^2$	$S = (K_{sp}^{\ominus})^{1/2}$
$A_2B(AB_2)$	$A_2B(s) \rightleftharpoons 2A^+ + B^{2-}$	$K_{sp}^{\ominus} = [A^+]^2[B^{2-}] = (2S)^2S$	$S = (K_{sp}^{\ominus}/4)^{1/3}$
$A_3B(AB_3)$	$AB_3(s) \rightleftharpoons A^{3+} + 3B^-$	$K_{sp}^{\ominus} = [A^{3+}][B^-]^3 = S(3S)^3$	$S = (K_{sp}^{\ominus}/27)^{1/4}$

严格地讲,该换算关系是一种近似计算,其运算结果与实验的数据可能有所不同。应用近似计算公式时应注意:

(1) 溶度积和溶解度之间的换算要求难溶电解质的离子在溶液中不能发生任何化学反应。如果难溶电解质的阴、阳离子在溶液中发生水解反应或配合反应,不能按上述方法进行溶解度和溶度积的换算,否则会产生较大的偏差。

(2) 在进行溶度积和溶解度之间的换算时,要求难溶电解质溶于水后要一步完成解离。如 $Fe(OH)_3$ 等难溶电解质在水溶液中是分步完成的,在 $Fe(OH)_3$ 水溶液中,虽然存在着 $K_{sp}^{\ominus} = [Fe^{3+}][OH^-]^3$ 的关系,但溶液中$[Fe^{3+}]$与$[OH^-]$的比例不是1∶3,因此用近似公式进行溶度积与溶解度的换算也会产生较大的偏差。

(3) 共价型难溶电解质溶于水后，存在着一个部分解离的过程，所以在其饱和溶液中，离子浓度幂的乘积等于溶度积常数，但溶解度 S 与溶度积之间不能进行简单的换算。

【例 6.1】 298 K 时，AgCl 的溶解度为 1.92×10^{-4} g/100 g (H_2O)，求该温度下 AgCl 的 $K_{sp}^{\ominus}$。

解 设 AgCl 的溶解度为 S，已知 AgCl 的摩尔质量为 144 g/mol，则

$$S=\frac{1.92\times10^{-4}}{144\times0.1}=1.33\times10^{-5}\ \text{mol}\cdot\text{L}^{-1}$$

$$\text{AgCl(s)} \rightleftharpoons \text{Ag}^{+}\text{(aq)} + \text{Cl}^{-}\text{(aq)}$$

平衡浓度/($\text{mol}\cdot\text{L}^{-1}$)　　S　　S

$$K_{sp}^{\ominus}=[\text{Ag}^{+}][\text{Cl}^{-}]=S^2=(1.33\times10^{-5})^2=1.77\times10^{-10}$$

【例 6.2】 已知室温时 $K_{sp}^{\ominus}(\text{BaSO}_4)=1.07\times10^{-10}$、$K_{sp}^{\ominus}[\text{Mg(OH)}_2]=5.61\times10^{-12}$，$K_{sp}^{\ominus}(\text{Ag}_2\text{CrO}_4)=1.12\times10^{-12}$，求它们的溶解度 S。

解 (1)
$$\text{BaSO}_4\text{(s)} \rightleftharpoons \text{Ba}^{2+}\text{(aq)} + \text{SO}_4^{2-}\text{(aq)}$$

平衡浓度/$\text{mol}\cdot\text{L}^{-1}$　　S　　S

$$K_{sp}^{\ominus}=[\text{Ba}^{2+}][\text{SO}_4^{2-}]=S^2$$

所以
$$S=\sqrt{K_{sp}^{\ominus}}=\sqrt{1.07\times10^{-10}}=1.03\times10^{-5}\ \text{mol}\cdot\text{L}^{-1}$$

(2)
$$\text{Mg(OH)}_2\text{(s)} \rightleftharpoons \text{Mg}^{2+}\text{(aq)} + 2\text{OH}^{-}\text{(aq)}$$

平衡浓度/$\text{mol}\cdot\text{L}^{-1}$　　S　　$2S$

$$K_{sp}^{\ominus}=[\text{Mg}^{2+}][\text{OH}^{-}]^2=4S^3$$

所以
$$S=\sqrt[3]{\frac{K_{sp}^{\ominus}}{4}}=\sqrt[3]{\frac{5.61\times10^{-12}}{4}}=1.12\times10^{-4}\ \text{mol}\cdot\text{L}^{-1}$$

(3)
$$\text{Ag}_2\text{CrO}_4\text{(s)} \rightleftharpoons 2\text{Ag}^{+}\text{(aq)} + \text{CrO}_4^{2-}\text{(aq)}$$

平衡浓度/$\text{mol}\cdot\text{L}^{-1}$　　$2S$　　S

$$K_{sp}^{\ominus}=[\text{Ag}^{+}]^2[\text{CrO}_4^{2-}]=4S^3$$

所以
$$S=\sqrt[3]{\frac{K_{sp}^{\ominus}}{4}}=\sqrt[3]{\frac{1.12\times10^{-12}}{4}}=6.54\times10^{-5}\ \text{mol}\cdot\text{L}^{-1}$$

对于不同类型的难溶电解质，不能用其 $K_{sp}^{\ominus}$ 的大小直接判断它们的溶解度的大小，如：$K_{sp}^{\ominus}(\text{AgCl}) > K_{sp}^{\ominus}(\text{Ag}_2\text{CrO}_4)$，但 $S(\text{AgCl}) < S(\text{Ag}_2\text{CrO}_4)$。只有同一类型的难溶电解质，才能根据溶度积的数据直接判断其溶解度的大小，即溶度积大的，其溶解度则大，溶度积小的，其溶解度则小。

对于大多数难溶电解质而言，其溶度积 $K_{sp}^{\ominus}$ 都可以用热力学数据来计算。根据有关热力学公式，沉淀溶解反应的标准自由能变与标准溶度积常数的关系可表示为

$$\Delta_r G_m^{\ominus}=-RT\ln K_{sp}^{\ominus}=-2.303RT\lg K_{sp}^{\ominus} \tag{6.2}$$

【例 6.3】 用热力学数据，计算 298 K 时 AgCl 的溶度积 $K_{sp}^{\ominus}$。

解
$$\text{AgCl(s)} \rightleftharpoons \text{Ag}^{+}\text{(aq)} + \text{Cl}^{-}\text{(aq)}$$

$\Delta_f G_m^{\ominus}$/($\text{kJ}\cdot\text{mol}^{-1}$)　　-109.80　　77.12　　-131.26

$$\Delta_r G_m^{\ominus}/(\mathrm{kJ\cdot mol^{-1}}) = \Delta_f G_m^{\ominus}(Ag^+) + \Delta_f G_m^{\ominus}(Cl^-) - \Delta_f G_m^{\ominus}(AgCl) = 77.12 + (-131.26) - (-109.80) = 55.66$$

$$\lg K_{sp}^{\ominus}(AgCl) = -\frac{\Delta_r G_m^{\ominus}}{2.303RT} = -\frac{55.66\times 10^3}{2.303\times 8.314\times 298} = -9.75$$

$$K_{sp}^{\ominus}(AgCl) = 1.78\times 10^{-10}$$

6.1.4　溶度积规则

在难溶电解质溶液中,有关离子浓度幂的乘积为离子积,用符号 Q 表示。

离子积 Q 的表达式与 $K_{sp}^{\ominus}$ 的相同,但两者的概念不同。$K_{sp}^{\ominus}$ 表示难溶电解质达到沉淀溶解平衡时,饱和溶液中离子浓度幂的乘积(或者说是离子平衡浓度幂的乘积)。在一定温度条件下,$K_{sp}^{\ominus}$ 为一常数。而 Q 表示体系在任何情况下(不一定是饱和状态)的离子浓度幂的乘积,其数值不定。

1. 离子积:对于任一难溶电解质沉淀溶解平衡

$$A_mB_n(s) \rightleftharpoons nA^{m+} + mB^{n-}$$

根据化学反应等温式

$$\Delta_r G_m = RT\ln\frac{Q}{K_{sp}^{\ominus}} \tag{6.3}$$

式中,$Q = [c(A^{m+})]^n[c(B^{n-})]^m$ 称为离子积。

2. 溶度积规则

根据离子积与溶度积的相对大小来判断沉淀生成和溶解的关系称为溶度积规则,它是难溶电解质多相平衡移动规律的总结。某一难溶电解质在一定条件下:

(1)$Q = K_{sp}^{\ominus}$,饱和溶液,体系达到动态平衡。

(2)$Q < K_{sp}^{\ominus}$,体系是不饱和溶液,无沉淀析出;若体系中有固体存在,沉淀发生溶解直至达到平衡为止(此时 $Q = K_{sp}^{\ominus}$)。

(3)$Q > K_{sp}^{\ominus}$,体系是过饱和状态,平衡向生成沉淀的方向移动,体系中不断析出沉淀直至达到新的平衡为止(此时 $Q = K_{sp}^{\ominus}$,形成饱和溶液)。

根据此规则在一定温度下,控制难溶电解质溶液中离子的浓度,使溶液中离子起始浓度的离子积大于或小于溶度积常数,就可以使难溶电解质生成沉淀或使其沉淀溶解。

【例 6.4】　将等体积的 $0.004\ \mathrm{mol\cdot L^{-1}}$ $AgNO_3$ 溶液和 $0.004\ \mathrm{mol\cdot L^{-1}}$ 的 K_2CrO_4 溶液混合,有无砖红色的 Ag_2CrO_4 沉淀生成?($K_{sp}^{\ominus}(Ag_2CrO_4) = 1.12\times 10^{-12}$)

解　等体积混合后,溶液浓度减半

$$c(Ag^+)/(\mathrm{mol\cdot L^{-1}}) = \frac{0.004}{2} = 0.002,\quad c(CrO_4^{2-})/(\mathrm{mol\cdot L^{-1}}) = \frac{0.004}{2} = 0.002$$

$$Q = [c(Ag^+)]^2[c(CrO_4^{2-})] = (0.002)^2\times 0.002 = 8.0\times 10^{-9} > K_{sp}^{\ominus}$$

故有砖红色的 Ag_2CrO_4 沉淀生成。

【例 6.5】　在 10 mL $0.08\ \mathrm{mol\cdot L^{-1}}$ $FeCl_3$ 溶液中,加入含有 $0.1\ \mathrm{mol\cdot L^{-1}}$ NH_3 和

$1.0\ mol \cdot L^{-1}$ NH_4Cl 的混合溶液 30 mL，能否产生 $Fe(OH)_3$ 沉淀。($K_{sp}^{\ominus}[Fe(OH)_3] = 2.64 \times 10^{-39}$)

解 混合后溶液中各物质的浓度为

$$c(Fe^{3+})/(mol \cdot L^{-1}) = \frac{10 \times 0.08}{10 + 30} = 0.020$$

$$c(NH_3)/(mol \cdot L^{-1}) = \frac{30 \times 0.1}{10 + 30} = 0.075$$

$$c(NH_4^+)/(mol \cdot L^{-1}) = \frac{30 \times 1.0}{10 + 30} = 0.750$$

根据平衡 $NH_3 \cdot H_2O \rightleftharpoons OH^- + NH_4^+$，计算$[OH^-]$。

设平衡浓度/$(mol \cdot L^{-1})$ $0.075 - x$ x $0.750 + x$

$$K_b^{\ominus} = \frac{x(0.750 + x)}{(0.075 - x)}$$

解得 $x = [OH^-] = c(OH^-) = 1.77 \times 10^{-6}\ mol \cdot L^{-1}$

$$Q = [c(Fe^{3+})][c(OH^-)]^3 = 0.020 \times (1.77 \times 10^{-6})^3 = 1.11 \times 10^{-19}$$

$Q > K_{sp}^{\ominus}[Fe(OH)_3]$，故有 $Fe(OH)_3$ 沉淀生成。

【例 6.6】 求 298 K 时，AgCl 在 $0.1\ mol \cdot L^{-1}$ NaCl 溶液中的溶解度。

解 设 AgCl 在 NaCl 溶液中的溶解度为 x，根据 AgCl 的沉淀溶解平衡

$$AgCl(s) \rightleftharpoons Ag^+(aq) + Cl^-(aq)$$

平衡浓度/$(mol \cdot L^{-1})$ x $0.1 + x$

$$K_{sp}^{\ominus} = [Ag^+][Cl^-] = x(0.1 + x)$$

因为 $K_{sp}^{\ominus}(AgCl)$ 很小，所以

$$0.1 + x \approx 0.1$$

得 $x = S = 1.77 \times 10^{-9}\ mol \cdot L^{-1}$

6.2 影响沉淀 - 溶解平衡的因素

6.2.1 同离子效应和盐效应对沉淀 - 溶解平衡的影响

在难溶电解质饱和溶液中加入含有相同离子的强电解质，沉淀溶解的多相平衡将发生相应移动，其结果是使难溶电解质的溶解度减少，这种现象称为同离子效应。

在例 6.6 中，AgCl 在 NaCl 的溶解度 $1.77 \times 10^{-9}\ mol \cdot L^{-1}$，远小于其在水中的溶解度 $1.33 \times 10^{-5}\ mol \cdot L^{-1}$，这是由于含有相同的 Cl^- 离子，使 AgCl 的沉淀溶解平衡向左移动，溶液中的 Ag^+ 浓度会明显地降低。

在难溶电解质的饱和溶液中加入某种不含有相同离子的易溶电解质，而使难溶电解质的溶解度增大的现象称为盐效应。

应该注意：

(1) 盐效应对溶度积较小的难溶电解质的溶解度的影响较大，对溶度积较大的难溶

电解质的溶解度的影响较小。

（2）在产生同离子效应的同时，也会产生盐效应，而两者的作用效果相反，一般情况下以同离子效应的影响为主。

（3）对较稀的溶液，如果不特别指出要考虑盐效应的话，可以忽略盐效应的影响。

在实际工作中经常采用加入过量沉淀剂的方法，使残留在溶液中的某种离子的浓度达到要求的低浓度水平。如果溶液中剩余离子的浓度小于 10^{-5} mol · L^{-1}，通常认为该离子的沉淀已经完全。但是沉淀剂的量也不是越多越好，加入大量的沉淀剂可增加溶液中电解质的总浓度，产生盐效应，反而使电解质溶解度稍有增大。一般沉淀剂的用量以过量 20% ～ 50% 为宜。

【例 6.7】　计算说明硫酸钡饱和溶液的溶解度以及其在 0.01 mol · L^{-1} Na_2SO_4 溶液中的溶解度。（$K_{sp}^{\ominus}(BaSO_4) = 1.07 \times 10^{-10}$）

解

$$BaSO_4(s) \rightleftharpoons Ba^{2+}(aq) + SO_4^{2-}(aq)$$

因为难溶电解质在溶液中溶解后完全解离，所以其溶解度等于溶液中的钡离子浓度。

（1）饱和溶液中的 Ba^{2+} 离子浓度。

$$[Ba^{2+}] = [SO_4^{2-}] = \sqrt{K_{sp}^{\ominus}(BaSO_4)} = \sqrt{1.07 \times 10^{-7}} = 1.03 \times 10^{-5}\ \text{mol} \cdot \text{L}^{-1}$$

（2）电解质溶液中的 Ba^{2+} 离子浓度。

设 $BaSO_4$ 在给定 Na_2SO_4 溶液中的溶解度为 x mol · L^{-1}

平衡时

$$[Ba^{2+}] = x\ \text{mol} \cdot \text{L}^{-1}$$

$$[SO_4^{2-}] = 0.01 + x \approx 0.01\ \text{mol} \cdot \text{L}^{-1}$$

$$[Ba^{2+}][SO_4^{2-}] = K_{sp}^{\ominus}(BaSO_4)$$

$$x \cdot 0.01 = 1.07 \times 10^{-10}$$

$$x = 1.07 \times 10^{-8}\ \text{mol} \cdot \text{L}^{-1}$$

计算结果说明 $BaSO_4$ 在硫酸钠溶液中的溶解度明显减小。

6.2.2　酸碱反应对沉淀 - 溶解平衡的影响

根据溶度积规则，只要创造一定的条件降低溶液中的有关组分的离子浓度，使溶液中离子浓度幂的乘积小于溶度积，沉淀溶解平衡向溶解的方向移动，难溶电解质的沉淀就会溶解。常用的使沉淀溶解的方法介绍如下。

1. 生成弱电解质或气体使沉淀溶解

（1）生成弱酸。

难溶的碳酸盐、亚硫酸盐、部分硫化物等可以溶于强酸。因为这些难溶弱酸盐的酸根离子能与强酸提供的 H^+ 离子结合生成弱酸，甚至产生气体，有效降低酸根离子的浓度，使平衡向沉淀溶解的方向移动。

$$CaCO_3(s) + 2H^+(aq) \rightleftharpoons Ca^{2+}(aq) + H_2O(l) + CO_2(g)$$

（2）生成弱酸盐。

铅离子能与醋酸根作用生成易溶的弱电解质 $Pb(Ac)_2$，使溶液中的 Pb^{2+} 离子浓度减少，使难溶的铅盐能溶于醋酸盐的溶液中。

$$PbSO_4(s) + 2Ac^-(aq) \rightleftharpoons Pb(Ac)_2 + SO_4^{2-}(aq)$$

(3) 生成弱碱。

少数溶度积较大的难溶氢氧化物可以溶于铵盐。因为铵盐中的 NH_4^+ 与难溶氢氧化物饱和溶液中的 OH^- 离子结合生成弱电解质 $NH_3 \cdot H_2O$ 使 OH^- 离子浓度降低，引起沉淀的溶解。

$$Mg(OH)_2(s) + 2NH_4^+(aq) \rightleftharpoons Mg^{2+}(aq) + 2NH_3(aq) + 2H_2O$$

(4) 生成水。

一般情况下，$K^{\ominus} \geqslant 10^7$ 时沉淀溶解得很彻底；$K^{\ominus} \leqslant 10^{-7}$ 时溶解反应几乎不能进行。利用多重平衡常数，可以进行有关沉淀溶解的计算。

【例 6.8】 若使 0.1 mol MnS、ZnS、CuS 完全溶解，需要 1 L 多大浓度的盐酸？

解 设所需 HCl 的浓度为 c，沉淀完全溶解后，金属离子的浓度为 $0.1\ mol \cdot L^{-1}$。

$$MS(s) + 2H^+(aq) \rightleftharpoons M^{2+}(aq) + H_2S(aq)$$

起始浓度/$(mol \cdot L^{-1})$	c	0	0
平衡浓度/$(mol \cdot L^{-1})$	$c - 2 \times 0.1$	0.1	0.1

$$K^{\ominus} = \frac{[M^{2+}][H_2S]}{[H^+]^2} = \frac{K_{sp}^{\ominus}(MS)}{K_{a1}^{\ominus} \cdot K_{a2}^{\ominus}}$$

$$[H^+] = \sqrt{\frac{[M^{2+}][H_2S]}{K^{\ominus}}}$$

(1) 溶解 MnS。

$$K^{\ominus} = \frac{K_{sp}^{\ominus}(MnS)}{K_{a1}^{\ominus} \cdot K_{a2}^{\ominus}} = \frac{4.65 \times 10^{-14}}{9.2 \times 10^{-22}} = 5.1 \times 10^7$$

$$[H^+] = \sqrt{\frac{0.1 \times 0.1}{5.1 \times 10^7}} = 1.4 \times 10^{-5}, \quad [H^+] = 1.4 \times 10^{-5}\ mol \cdot L^{-1}$$

$$c(HCl)/(mol \cdot L^{-1}) = [H^+] + 0.2 \approx 0.2$$

(2) 溶解 ZnS。

$$K^{\ominus} = \frac{K_{sp}^{\ominus}(ZnS)}{K_{a1}^{\ominus} \cdot K_{a2}^{\ominus}} = \frac{2.93 \times 10^{-25}}{9.2 \times 10^{-22}} = 3.2 \times 10^{-4}$$

$$[H^+] = \sqrt{\frac{0.1 \times 0.1}{3.2 \times 10^{-4}}} = 5.6, \quad [H^+] = 5.6\ mol \cdot L^{-1}$$

$$c(HCl)/(mol \cdot L^{-1}) = c(H^+) + 0.2 \approx 5.8$$

(3) 溶解 CuS。

$$K^{\ominus} = \frac{K_{sp}^{\ominus}(CuS)}{K_{a1}^{\ominus} \cdot K_{a2}^{\ominus}} = \frac{1.27 \times 10^{-36}}{9.2 \times 10^{-22}} = 1.4 \times 10^{-15}$$

$$[H^+] = \sqrt{\frac{0.1 \times 0.1}{1.4 \times 10^{-15}}} = 2.7 \times 10^6, \quad [H^+] = 2.7 \times 10^6\ mol \cdot L^{-1}$$

$$c(HCl)/(mol \cdot L^{-1}) = [H^+] + 0.2 \approx 2.7 \times 10^6$$

由以上计算可知，$K^{\ominus} > 10^{-7}$ 的 MnS 可以完全溶解在稀 HCl 中，但 $K^{\ominus} < 10^{-7}$ 的 CuS 则无法溶于 HCl，因为 HCl 的最大浓度仅仅为 $12\ mol \cdot L^{-1}$，介于两者之间的 ZnS 可以通过

调节酸浓度溶解。

6.2.3　氧化还原反应、配位反应对沉淀 - 溶解平衡的影响

1. 发生氧化还原反应

对于 $K_{sp}^{\ominus}$ 值较小的硫化物 CdS、CuS 等，虽然不溶于盐酸，但能够溶解在氧化性较强的 HNO_3 中，反应如下：

$$3CdS(s) + 2NO_3^-(aq) + 8H^+(aq) \xlongequal{\quad} 3Cd^{2+}(aq) + 2NO(g) + 3S(s) + 4H_2O(l)$$

$$3CuS(s) + 2NO_3^-(aq) + 8H^+(aq) \xlongequal{\quad} 3Cu^{2+}(aq) + 2NO(g) + 3S(s) + 4H_2O(l)$$

2. 生成配位化合物

对于像 AgCl、AgBr 等难溶电解质，既不溶于盐酸也不溶于硝酸，但它们可以生成配位化合物而溶解在一些含配位剂的溶液中，例如如下反应：

$$AgCl(s) + 2NH_3(aq) \rightleftharpoons Ag(NH_3)_2^+(aq) + Cl^-(aq)$$

$$AgBr(s) + 2S_2O_3^{2-}(aq) \rightleftharpoons Ag(S_2O_3)_2^{3-}(aq) + Br^-(aq)$$

6.3　两种沉淀之间的平衡

6.3.1　沉淀的转化

在含有沉淀的溶液中，加入适当沉淀剂使其与沉淀中的某一组分离子结合，从而使第一种沉淀转变成新的沉淀，这种现象称为沉淀的转化。

1. 沉淀的转化可以是难溶电解质转化成更难溶的电解质

例如在 Ag_2CrO_4 沉淀体系中加入 KI 溶液时，可以使 Ag_2CrO_4 砖红色沉淀完全转化成溶解度较小的 AgI 黄色沉淀。

$$\begin{array}{l} Ag_2CrO_4(s) \rightleftharpoons 2Ag^+ + CrO_4^{2-} \\ \qquad\qquad\qquad\quad + \\ \qquad\qquad\qquad\quad 2I^- \\ \qquad\qquad\qquad\quad \Downarrow \\ \qquad\qquad\qquad\quad 2AgI\downarrow \end{array}$$

2. 在特殊条件下难溶电解质也可转化成溶解度比之稍大的电解质

例如：　$CaSO_4(s) + CO_3^{2-}(aq) \rightleftharpoons CaCO_3(s) + SO_4^{2-}(aq)$

该过程实际上是一个多重平衡，其平衡常数

$$K^{\ominus} = \frac{[SO_4^{2-}]}{[CO_3^{2-}]} = \frac{[SO_4^{2-}]}{[CO_3^{2-}]} \times \frac{[Ca^{2+}]}{[Ca^{2+}]} = \frac{K_{sp}^{\ominus}(CaSO_4)}{K_{sp}^{\ominus}(CaCO_3)} = 1.43 \times 10^4$$

沉淀转化的难易程度取决于这两种沉淀的溶解度，一般情况下，溶解度大的比较容易转化成溶解度小的，而且两者的溶解度相差越大，转化过程越容易。

6.3.2　分步沉淀

加入一种沉淀剂，使溶液中不同离子按照达到溶度积的先后次序分别沉淀的现象，称

为分步沉淀。

例如在含有相同浓度的I^-离子和Cl^-离子的混合溶液中，逐滴加入$AgNO_3$溶液，刚开始只生成浅黄色的AgI沉淀，当$AgNO_3$溶液加到一定量后，体系中开始出现白色的AgCl沉淀，就是分步沉淀的过程。

$$I^-(aq) + Ag^+(aq) \rightleftharpoons AgI\downarrow, \qquad Cl^-(aq) + Ag^+(aq) \rightleftharpoons AgCl\downarrow$$

体系中发生沉淀先后析出的现象的根本原因是$K_{sp}^{\ominus}(AgCl) > K_{sp}^{\ominus}(AgI)$。随着$AgNO_3$溶液的加入，体系中的$Ag^+$离子浓度逐渐增大，首先满足$I^-$离子的沉淀条件的要求，然后满足AgCl沉淀条件的要求。当体系中开始出现白色的AgCl沉淀时，体系中的Ag^+离子浓度同时满足两个沉淀平衡的要求（即体系中Ag^+离子浓度只有一个数值）。

分步沉淀可以解决沉淀的顺序问题，被沉淀离子分离是否完全的问题。只要掌握体系中离子的性质、有效地控制沉淀反应条件，就可以利用分步沉淀的方法达到混合离子的有效分离。

（1）对于同一类型的沉淀，可以用溶度积$K_{sp}^{\ominus}$的大小直接确定分步沉淀的顺序。

（2）对于不同类型的沉淀而言，一定要用溶解度S的大小来确定分步沉淀的顺序，如果被沉淀离子的浓度相同，那么溶解度小的先沉淀，溶解度大的后沉淀。

【例6.9】 在含有$0.001\ mol \cdot L^{-1}Cl^-$和$0.001\ mol \cdot L^{-1}CrO_4^{2-}$的混合溶液中，逐滴加入$AgNO_3$溶液（设体积不变），问$Cl^-$和$CrO_4^{2-}$哪个先沉淀？当第二种离子开始沉淀时，第一种离子能否沉淀完全？（$K_{sp}^{\ominus}(AgCl) = 1.77 \times 10^{-10}$，$K_{sp}^{\ominus}(Ag_2CrO_4) = 1.12 \times 10^{-12}$）

解 设Cl^-开始沉淀时，需要Ag^+的浓度为x，CrO_4^{2-}开始沉淀时，需要Ag^+的浓度为y，根据溶度积规则$Q \geqslant K_{sp}^{\ominus}$出现沉淀。

所以

$$x \geqslant \frac{K_{sp}^{\ominus}(AgCl)}{c(Cl^-)} = \frac{1.77 \times 10^{-10}}{0.001} = 1.77 \times 10^{-7}\ mol \cdot L^{-1}$$

$$y \geqslant \sqrt{\frac{K_{sp}^{\ominus}(Ag_2CrO_4)}{c(CrO_4^{2-})}} = \sqrt{\frac{1.12 \times 10^{-12}}{0.001}} = 3.35 \times 10^{-5}\ mol \cdot L^{-1}$$

由计算可知，沉淀Cl^-所需Ag^+的浓度比沉淀CrO_4^{2-}所需Ag^+的浓度小得多，所以Cl^-先沉淀。当CrO_4^{2-}开始沉淀时，Ag^+浓度应该达到$3.35 \times 10^{-5}\ mol \cdot L^{-1}$，此时溶液中残留$Cl^-$浓度为

$$[Cl^-] = \frac{K_{sp}^{\ominus}(AgCl)}{y} = \frac{1.77 \times 10^{-10}}{3.35 \times 10^{-5}} = 5.28 \times 10^{-6}\ mol \cdot L^{-1}$$

可见，当CrO_4^{2-}开始沉淀时，Cl^-基本上已沉淀完全。

6.4 沉淀溶解平衡的应用

6.4.1 沉淀溶解平衡在环境方面的应用

1. 水体中物质的沉积过程

河流、湖泊等天然水体，以及废水处理系统中的沉淀池、澄清池中的物质沉积过程主

要包括以下几种沉积作用:① 水体中溶解性组分之间、或者溶解性组分与絮凝剂等之间发生的化学沉淀;② 水体中的颗粒状物质、大颗粒的絮体等发生的物理性重力沉降;③ 胶体颗粒物质的吸附、凝聚等沉降作用,等等。

(1) 化学沉降。

水体中溶解性物质之间发生的化学反应所造成化学沉淀,是形成水底沉积物的主要原因之一,水体中化学沉淀反应的例子很多,简单举例如下:

① 含有较高浓度磷的雨水、工业废水、农业灌溉排水以及生活污水等进入硬性水体中时,可能发生的反应是

$$5Ca^{2+} + OH^- + 3PO_4^{3-} \xlongequal{\quad} \underset{\text{羟基磷灰石}}{Ca_5OH(PO_4)_3\downarrow}$$

② 水体中微生物的吸附等作用也是造成水体沉积物生成的主要原因之一,微生物的吸附等作用常常与化学沉淀作用协同发生。水体的氧化还原电位在外界因素的影响下而发生变化时,水体中溶解性 Fe^{2+} 可被氧化为 $Fe(OH)_3$ 沉淀物,发生的化学反应是

$$4Fe^{2+} + 10H_2O + O_2 = 4Fe(OH)_3\downarrow + 8H^+$$

水体底泥中存在大量的厌氧微生物,在水底沉积区的多种厌氧微生物参与下,生成黑色的 FeS 沉积物,其中发生的反应有

$$Fe(OH)_3 \longrightarrow Fe^{2+}$$

$$SO_4^{2-} \longrightarrow H_2S$$

$$Fe^{2+} + H_2S \longrightarrow FeS\downarrow + 2H^+$$

(2) 重力沉降。

水体中悬浮颗粒的去除,可以利用颗粒与水的密度差在重力或者浮力的作用下进行分离去除。悬浮颗粒在水体中的沉降过程可以分为四种基本类型:自由沉淀、絮凝沉淀、分层沉淀和压缩沉淀。对于浓度较低的砂砾、铁屑等的沉降可以说是不受阻碍的,颗粒物的下降过程中同时要受到水体对它的阻力等作用,考虑颗粒物本身的特性、水体的特点以及水体的湍流程度等因素,对于紊流状态,$500 <$ 雷诺数 $< 10^4$,沉降速率为

$$u = \sqrt{\frac{3.3gd(\rho_s - \rho_l)}{\rho_l}}$$

对于层流,沉降速率为

$$u = \frac{g(\rho_s - \rho_l)}{18\mu} \cdot d^2$$

这就是斯托克斯(Stokes)公式。式中 u 是沉降速率,cm/s;ρ_s、ρ_l 分别是颗粒和水的密度,g/cm^3;g 是重力加速度,980 cm/s^2;d 是颗粒的直径,cm;μ 是水的黏滞系数,g/(cm·s)。

影响颗粒沉降的因素除水的密度、黏度、颗粒的密度、颗粒大小外,颗粒物的形状和水体的温度等也对颗粒物的沉降产生影响。

(3) 化学与重力沉降作用在水处理过程中的应用。

化学沉降与重力沉降作用在水处理过程中的应用很多,简单举例如下。

① 含高浓度汞废水的处理。在废水中加入硫化物以生成 HgS 沉淀,这是一个最常用

的方法，在碱性 pH 条件下，对原始含汞浓度高的废水，用硫化物沉淀法可获得大于 99.9% 的去除率。但流出液中最低含汞量不能降到 10 ~ 20 μg/L 以下。

该方法的缺点限制了其应用，因为如果硫化物用量控制不好，过量的 S^{2-} 能与 Hg^{2+} 生成可溶性配合物，而且硫化物残渣仍具有很大毒性，不容易处置。

② 含镉废水的处理。在 pH 为 9.5 ~ 12.5 范围内，能生成高稳定性的不溶物氢氧化镉。当 pH = 10 时，沉淀残留液中 $[Cd^{2+}]$ 约 0.1 mg/L，当 pH > 11 时，沉淀残留液中 $[Cd^{2+}]$ 可达 7.5×10^{-4} mg/L。残留液过滤后，滤液中镉浓度还可以进一步降低。

③ 含铅废水的处理。采用沉淀法去除废水中的铅离子，最佳 pH 范围为 9.2 ~ 9.5。经沉淀法处理后流出液中铅浓度为 0.01 ~ 0.03 mg/L。该方法的优点是可以从沉淀泥渣中回收铅。若使用 Na_2CO_3、Na_3PO_4 等沉淀剂沉淀 Pb^{2+}，产生沉淀 $Pb(OH)_2$ 的同时，还能将颗粒状的铅也夹带沉下。

2. 土壤中重金属的沉淀和溶解作用

沉淀和溶解是重金属在土壤环境中迁移的重要途径。其迁移能力可直观地以重金属化合物在土壤溶液中的溶解度来衡量。溶解度小的重金属，迁移能力小，溶解度大的重金属，迁移能力大。而溶解反应时常是一种多相化学反应，是各种重金属难溶化合物在土壤固相和液相间的多相离子平衡，其变化规律，遵守溶度积原则，并受土壤环境条件（pH 值、Eh 值）的影响。

土壤 pH 值直接影响重金属的溶解度和沉淀规律，一般情况下，pH 值降低时，重金属态浓度增加，在碱性条件下，它们将以氢氧化物沉淀析出，也可能以难溶的碳酸和磷酸盐形态存在。如，土壤中 Pb、Cd、Zn、Al 等金属氢氧化物的溶解度，直接受土壤 pH 值所控，若不考虑其他反应，其平衡反应式及溶度积可表示为

$$Pb(OH)_2 \rightleftharpoons Pb^{2+} + 2OH^- \qquad K_{sp} = 4.2\times10^{-15}$$

$$Cd(OH)_2 \rightleftharpoons Cd^{2+} + 2OH^- \qquad K_{sp} = 2.2\times10^{-14}$$

$$Zn(OH)_2 \rightleftharpoons Zn^{2+} + 2OH^- \qquad K_{sp} = 4.5\times10^{-17}$$

$$Al(OH)_3 \rightleftharpoons Al^{3+} + 3OH^- \qquad K_{sp} = 1.3\times10^{-33}$$

根据溶度积 K_{sp} 能求出重金属离子浓度与 pH 的关系。以 $Pb(OH)_2$ 为例

$$[Pb^{2+}][OH^-]^2 = K_{sp}$$

$$[Pb^{2+}] = K_{sp}/[OH^-]^2 = K_{sp}/(K_w/[H^+])^2$$

两边取对数 $\lg[Pb^{2+}] = \lg K_{sp} - 2\lg(K_w/[H^+])$，将 K_{sp}、K_w 数值代入，有

$$\lg[Pb^{2+}] = \lg 4.2\times10^{-15} - 2\lg 10^{-14} - 2pH = 13.62 - 2pH$$

同理可求得

$$\lg[Cd^{2+}] = 14.34 - 2pH$$

$$\lg[Zn^{2+}] = 11.65 - 2pH$$

$$\lg[Al^{3+}] = 9.11 - 3pH$$

根据以上公式，可以计算出任一 pH 值条件下，土壤溶液中某一重金属离子的理论浓度。同时，可以清楚地看出：随着土壤 pH 值的降低，土壤溶液中 Pb^{2+}、Cd^{2+}、Zn^{2+}、Al^{3+} 等离子的浓度升高，迁移能力增大，对植物的危害也随之增高，而升高 pH 值时则相反。因

此在受 Pb、Cd、Zn、Al 等重金属污染的地区，常采取施用石灰等办法，提高土壤 pH 值，以减轻重金属对作物的危害。然而，对于 Zn、Al 等两性金属氢氧化物，当土壤 pH 值过高时，它们会生成锌酸、铝酸而再溶解，因此以上计算方法只能在一定的 pH 值范围内适用。

土壤的氧化还原状况（电位）（Eh）也会影响重金属的存在形态，使重金属的溶解度发生变化。如在富含游离氧，Eh 值高的土壤环境中，Hg、Pb、Co、Sn、Fe、Mn 等重金属常以高价存在，高价金属化合物一般比相应的低价化合物溶解度小，迁移能力低，对作物危害也轻，而呈高氧化态的重金属铬、钒，则相反，由于形成了可溶性的铬酸盐、钒酸盐，具有很高的迁移能力。

在不含硫化氢的还原性土壤中（Eh 值约 100 mV 左右）砷酸铁可还原为亚铁形态，Eh 值进一步降低，砷酸盐可还原为易溶的亚砷酸盐，使砷的移动性增高。而在含硫化氢，Eh $<$ 0 的还原性土壤中，重金属大多与硫离子形成金属硫化物，溶解度大大降低，迁移能力变小，危害减轻。

6.4.2　沉淀溶解平衡在生物方面的应用

沉淀溶解平衡在生物方面的应用主要体现在生化产品的沉淀分离。生化领域的主要产品，包括氨基酸、多肽、蛋白质、酶、激素、多糖、脂类、核酸等。其中有些生物活性物质的原始液组成复杂，目标产物浓度较低（一般在 5% 以下），含有大量的杂质，而且这些杂质的物理化学性质和目标产物相近，给产品的精制带来困难，因此采用沉淀分离技术纯化精制生化产品是很重要的方法。尤其是在某些蛋白质的纯化工艺中，沉淀法可能是唯一的分离方法。如以血浆为原料，利用五步沉淀法生产纯度为 99% 的免疫球蛋白和 96% ~ 99% 的白蛋白。在有些单独使用沉淀法达不到要求的溶液中，还需要将沉淀法与其他分离技术结合使用。所以沉淀分离技术在生化领域中具有重要作用。

1. 核酸的分离纯化

核酸类化合物都溶于水而不溶于有机溶剂，所以一般采用水溶液提取。由于得到的提取液含有蛋白质、多糖和各种核酸同类物质，必须进一步分离纯化除去杂质。分离纯化可采用有机溶剂沉淀法、等电点沉淀法、钙盐沉淀法、选择性溶剂沉淀法。在核酸的分离纯化过程中，为防止核酸变性和降解，必须维持 0 ~ 4 ℃ 温度；同时为防止核酸酶引起水解，可加入柠檬酸钠、乙二胺四乙酸、十二烷基硫酸钠等抑制核酸酶的活性。典型的例子是：在含核酸的水相中加入 pH 值为 5.0 ~ 5.5，浓度 0.3 $mol \cdot L^{-1}$ 的 NaAc 和 HAc 缓冲溶液，钠离子会中和核酸中磷酸骨架上的负电荷，在酸性环境中提高核酸的疏水性，然后加入2 ~2.5 倍体积的乙醇，经一定时间的沉降，可使核酸有效地沉淀。其他的一些有机溶剂（异丙醇、聚乙二醇（PEG）等）和盐类也用于核酸的沉淀，不同的离子对某些酶有抑制作用可影响核酸的沉淀和溶解，在实际使用时应加以选择。经离心收集核酸沉淀，用体积分数为 70% 的乙醇漂洗以除去多余的盐分，即可获得纯化的核酸。

2. 氨基酸的提取分离

氨基酸是生物有机体的重要组成部分，发酵法得到的是单一品种的 L－氨基酸，其它种类氨基酸含量较少；蛋白质水解法得到的是多种氨基酸的混合物，提取和精制是氨基酸工业生产中的一个重要环节。沉淀法分离氨基酸主要包括特殊试剂沉淀法、等电点沉淀法和有机溶剂沉淀法。

随着现代工业和科学技术的进步及新型沉淀剂的应用,出现了许多新型及改良传统方法的沉淀分离技术,如电化学法、壳聚糖凝絮沉淀法、电酸化沉淀法、高压CO_2和乙醇协同沉淀法,以及"磁种"分离法等。沉淀分离技术将发展更加科学、高效的新方法应用到生化领域中,使生命科学、生化工业取得更大的发展。

本章小结

理解溶度积的概念及其与溶解度的关系,能熟练进行有关简单计算。

Q 和 $K_{sp}^{\ominus}$ 的比较可以用来判断沉淀的生成或溶解,称为溶度积规则,掌握其原理。

掌握同离子效应和盐效应对沉淀 - 溶解平衡的影响;掌握介质酸度对沉淀 - 溶解平衡的影响。

熟练判断常见金属氢氧化物、硫化物的沉淀条件及金属离子分离条件。

掌握分步沉淀原理及其简单应用。

习　题

1. 选择题

(1) CaF_2 沉淀在 pH = 6 的溶液中的溶解度较 pH = 2 溶液中的溶解度(　　)。

A. 小　　B. 大　　C. 相等　　D. 可能大也可能小

(2) 沉淀溶解平衡反应 $AB_2(s) \rightleftharpoons A^{2+} + 2B^-$,$AB_2$ 的溶度积常数为 $K_{sp}^{\ominus}$,则 AB_2 的摩尔溶解度为(　　)。

A. $(K_{sp}/2)^{1/2}$　　B. $(K_{sp}/3)^{1/3}$　　C. $(K_{sp}/4)^{1/3}$　　D. $(K_{sp}/2)^{1/3}$

(3) 如果要使某一沉淀溶解,必须满足的条件是(　　)。

A. $Q > K_{sp}^{\ominus}$　　B. $Q < K_{sp}^{\ominus}$　　C. $Q = K_{sp}^{\ominus}$　　D. 三种情况均可以

(4) $CaCO_3$ 在下列哪种溶液中(浓度均为 $1\ mol \cdot L^{-1}$)的溶解度大(　　)。

A. $Ca(NO_3)_2$　　B. Na_2CO_3　　C. $NaNO_3$　　D. 无法判断

(5) $K_{sp}^{\ominus}(BaSO_4) = 1.08 \times 10^{-8}$,把它放在 $0.01\ mol \cdot L^{-1}$ 的 Na_2SO_4 溶液中,它的溶解度(　　)。

A. 不变　　B. $1.08 \times 10^{-5}\ mol \cdot L^{-1}$

C. $1.08 \times 10^{-2}\ mol \cdot L^{-1}$　　D. $1.08 \times 10^{-6}\ mol \cdot L^{-1}$

(6) 已知某难溶盐 AB_2 的摩尔溶解度为 $S\ mol \cdot L^{-1}$,则其 $K_{sp}^{\ominus}$ 为(　　)。

A. S^3　　B. S^2　　C. $4S^3$　　D. $S^3/4$

(7) 使难溶盐溶解度降低的效应为(　　)。

A. 盐效应　　B. 同离子效应　　C. 酸效应　　D. 配位效应

2. 填空题

(1) 据溶度积原理,当 $Q > K_{sp}^{\ominus}$ 时,说明沉淀将________,难溶强电解质 AB_2 的摩尔溶解度为 S,则其溶度积 $K_{sp}^{\ominus}$ 为________。

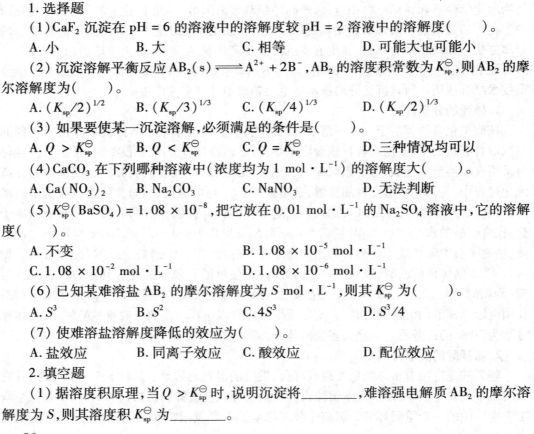

(2) 根据溶度积原理，当 $Q < K_{sp}^{\ominus}$ 时，说明反应向________进行；沉淀 AB_3 的溶度积为 c，则摩尔溶解度 S 为________。

(3) 同离子效应使难溶强电解质的溶解度________，盐效应使难溶强电解质的溶解度________。

(4) CaF_2 的 $K_{sp}^{\ominus}$ 表达式为________，Ag_2CrO_4 的 $K_{sp}^{\ominus}$ 表达式为________。

(5) AgCl 在 1 $mol \cdot L^{-1}$ HCl 里的溶解度比在纯水中________，而在 1 $mol \cdot L^{-1}$ 硫代硫酸钠里的溶解度比在纯水中________。

3. 判断题

(1) 溶度积的大小只取决于物质的本性与温度，与浓度无关。

(2) 无机难溶化合物的 $K_{sp}^{\ominus}$ 越小，其摩尔溶解度也一定越小。

(3) 一定温度下 AgCl 的饱和水溶液中，$[Ag^+]$ 与 $[Cl^-]$ 的乘积为一常数。

(4) 根据同离子效应，沉淀剂加入越多，沉淀越完全。

(5) 水中有 Cl^- 和 CrO_4^{2-} 两种离子，滴加硝酸银，因 $K_{sp}^{\ominus}(Ag_2CrO_4) < K_{sp}^{\ominus}(AgCl)$，故 Ag_2CrO_4 先沉淀 。

(6) 向含有 Cl^- 的溶液中加入硝酸银溶液，当 Q 小于 $K_{sp}^{\ominus}(AgCl)$ 时，无沉淀生成。

(7) 水中有两种离子均可被一种沉淀剂沉淀，只要有一种离子先沉淀，则该两种离子一定可用小心滴加沉淀剂的方法分离。

4. 计算题

(1) 某溶液中含有浓度为 0.01 $mol \cdot L^{-1}$ 的 Cl^- 和 0.01 $mol \cdot L^{-1}$ 的 CrO_4^{2-}，当逐滴加入 $AgNO_3$ 时，哪种离子先沉淀？当后沉淀的离子刚开始沉淀时，先沉淀的离子的剩余浓度是多少？（已知 AgCl 与 Ag_2CrO_4 的 $K_{sp}^{\ominus}$ 分别为 1.77×10^{-10} 与 1.12×10^{-12}）。

(2) 当 100 mL 0.003 $mol \cdot L^{-1}$ 的硝酸铅与 400 mL 0.04 $mol \cdot L^{-1}$ 的硫酸钠溶液相混时，是否有硫酸铅沉淀生成？（硫酸铅的 $K_{sp}^{\ominus} = 1.1 \times 10^{-8}$）。

(3) 已知 AgI 的 $K_{sp}^{\ominus}$ 为 1.5×10^{-16}，① 求其在纯水中的溶解度；② 求其在 0.010 $mol \cdot L^{-1}$ KI 溶液中的溶解度。

(4) 在含有 0.030 $mol \cdot L^{-1}$ Pb^{2+} 和 0.020 $mol \cdot L^{-1}$ Cr^{3+} 混合溶液中，逐滴加入 NaOH（忽略体积变化），使 pH 值逐渐增大，问哪一种离子先沉淀？当 Pb^{2+} 刚开始沉淀时，Cr^{3+} 是否已沉淀完全？已知 $Pb(OH)_2$ 的 $K_{sp}^{\ominus} = 1.6 \times 10^{-17}$，$Cr(OH)_3$ 的 $K_{sp}^{\ominus} = 6.0 \times 10^{-31}$。

第 7 章

氧化还原反应

为研究方便，一般将化学反应分为氧化还原反应和非氧化还原反应两大类。氧化还原反应中，反应物中某些元素原子核外电子运动状态发生了较强烈的变化，以至引起了元素氧化数的变化。冶金工业、化学工业、食品工业等，应用了大量氧化还原反应；动、植物体内的代谢作用、土壤中某些元素存在形态的变化等，都涉及到大量复杂的氧化还原过程。

7.1 氧化还原反应的基本概念

无机化学反应一般分为两大类，一类是在反应过程中，反应物之间没有电子的转移或得失，如酸碱反应、沉淀反应，它们只是离子或原子间的相互交换；另一类则是在反应过程中，反应物之间发生了电子的得失或转移，这类反应被称之为氧化还原反应(oxidation - reduction reaction，常缩写为 redox)。

7.1.1 氧化数

氧化数是指某元素一个原子的核电荷数(形式上和外观上)，该核电荷数是假定把每个化学键中的电子指定给电负性(得电子相对能力)大的原子而求得。可以理解为该元素与其他元素的原子化合的能力。

1970 年 IUPAC 定义氧化数的概念为：氧化数(也称氧化值)是某元素一个原子的核电荷数，这种核电荷数是将成键电子指定给电负性较大的原子而求得。

确定元素原子氧化数有下列原则：

(1) 单质的氧化数为零。因为同一元素的电负性相同，在形成化学键时不发生电子的转移或偏离。例如 S_8 中的 S，Cl_2 中的 Cl，H_2 中的 H，金属 Cu、Al 等，氧化数均为零。

(2) 氢在化合物中的氧化数一般为 + 1，但在活泼金属的氢化物中，氢的氧化数为 - 1，如 NaH。

(3) 氧在化合物中的氧化数一般为 - 2，但在过氧化物中，氧的氧化数为 - 1，如 H_2O_2、BaO_2；在超氧化物中，氧的氧化数为 - 1/2，如 KO_2；在氟的氧化物中，氧的氧化数为

+2,如 OF_2。

(4) 单原子离子元素的氧化数等于它所带的电荷数。如碱金属的氧化数为 +1,碱土金属的氧化数为 +2。

(5) 在多原子的分子中所有元素的原子氧化数的代数和等于零;在多原子的离子中所有元素的原子氧化数的代数和等于离子所带的电荷数。

根据以上规则,我们既可以计算化合物分子中各种组成元素原子的氧化数,亦可以计算多原子离子中各组成元素原子的氧化数。

【例 7.1】 求 Fe_3O_4、$K_2Cr_2O_7$ 和 $S_2O_3^{2-}$ 中 Fe、Cr 和 S 的氧化数。

解　设 Fe 的氧化数为 x,由规则(5) 得:$3x + 4 \times (-2) = 0$ 得 $x = +\frac{8}{3}$,Fe 的氧化数为 $+\frac{8}{3}$。

设 Cr 的氧化数为 x,则 $2x + 7 \times (-2) = -2$,得 $x = 6$,Cr 的氧化数为 +6。

设 S 的氧化值为 x,则 $2x + 3 \times (-2) = -2$,解得 $x = +2$,S 元素的氧化值为 +2。

氧化数可以是(正负) 整数或分数,而化合价只能是正负整数。

在氧化还原反应中,氧化过程必有某元素的氧化数增加,还原过程必有某元素的氧化数减少。氧化数的增加数正是该元素原子失掉的电子数,氧化数的减少数也正是该元素原子得到的电子数。氧化还原反应中氧化数增加的总和等于氧化数减少的总和。

7.1.2　氧化还原反应与氧化还原电对

根据氧化数的概念,凡是物质氧化数发生变化的反应,都称为氧化还原反应。氧化数升高的过程称为氧化,氧化数降低的过程称为还原。在反应过程中,氧化数升高的物质称为还原剂(reductant),氧化数降低的物质称为氧化剂(oxidant)。氧化剂起氧化作用,它氧化还原剂,自身被还原;还原剂起还原作用,它还原氧化剂,自身被氧化。

任何一个氧化还原反应可以分解为氧化反应和还原反应两个半反应。

以 $Zn + Cu^{2+} \longrightarrow Zn^{2+} + Cu$ 为例:

氧化反应:　　　　$Zn \longrightarrow Zn^{2+} + 2e$

还原反应:　　　　$Cu^{2+} + 2e \longrightarrow Cu$

其中,氧化数高的 Zn^{2+} 和 Cu^{2+} 称为氧化态,氧化数低的 Zn 和 Cu 称为还原态。

1. 电对表示

氧化态/还原态,如 Zn^{2+}/Zn。任何一种元素的两种不同氧化数状态均可以构成一对氧化还原电对,如 Fe^{2+}/Fe、Fe^{3+}/Fe、Fe^{3+}/Fe^{2+}。

2. 自身氧化还原反应和歧化反应

(1) 自身氧化还原反应。

自身氧化还原反应指的是氧化剂和还原剂都是同一种物质的氧化还原反应。例如 $2KClO_3 = 2KCl + 3O_2\uparrow$ 中,$KClO_3$ 既是氧化剂,又是还原剂。

(2) 歧化反应。

歧化反应是同一种元素的处于同一氧化态的原子部分被氧化,部分被还原的自身氧化还原反应。如歧化反应 $2H_2O_2 \xlongequal{} 2H_2O + O_2\uparrow$。

7.1.3 氧化还原反应方程式的配平——离子－电子法

氧化还原反应有两种常用配平方法：氧化数法和离子－电子法。本章重点掌握离子－电子法。

1. 氧化数法

配平原则：① 元素的氧化数升高值和降低值相等（氧化数守恒）。

② 反应前后各元素的原子总数相等（质量守恒）。

配平步骤：

（1）根据实验结果，正确写出基本反应式。

$$HClO_3 + P_4 \longrightarrow HCl + H_3PO_4$$

（2）确定元素原子氧化数，并加上适当的系数，使反应式两边氧化数发生了变化的各原子的个数分别相等。

$$H\overset{+5}{Cl}O_3 + \overset{0}{P_4} \longrightarrow H\overset{-1}{Cl} + 4\ H_3\overset{+5}{P}O_4$$

（3）按照最小公倍数原则，对各氧化数变化值乘以适当的系数，使氧化数降低的总数与升高的总数相等。

氧化数降低总数：　　Cl：　$|-1-5| = 6\times10 = 60$

氧化数升高总数：　　P：　$4\times|5-0| = 20\times3 = 60$

（4）将以上找出的系数分别乘在氧化剂和还原剂化学式前，配平氧化数发生了变化的元素原子个数。

$$10HClO_3 + 3P_4 \longrightarrow 10HCl + 12H_3PO_4$$

（5）然后用 H_2O 配平 H、O 原子。

最后要检查一下反应式两边 H、O 原子的个数，并用水使之配平。

根据上式，反应物中：氢原子总数为 10，氧原子总数为 30；生成物中：氢原子总数为 46，氧原子总数为 48。说明一定有 18 个分子水参加了反应，在少氧的一方加 18 分子水。

$$10HClO_3 + 3P_4 + 18H_2O \longrightarrow 10HCl + 12H_3PO_4$$

（6）核对无误后，写成等式。

$$10HClO_3 + 3P_4 + 18H_2O \xlongequal{} 10HCl + 12H_3PO_4$$

2. 离子－电子法

离子电子法是根据在氧化还原反应中与氧化剂和还原剂有关的氧化还原电对，先分别配平两个半反应方程式，然后按得失电子数相等的原则将两个半反应方程式加和得到配平的反应方程式，适用于溶液中进行的氧化还原反应。

配平原则：① 反应前后各元素原子总数相等（质量守恒）；

② 反应中电子得失数相等（电荷平衡）。

配平步骤：

（1）酸性介质中配平。

$$KMnO_4 + Na_2SO_3 + H_2SO_4 \longrightarrow MnSO_4 + Na_2SO_4$$

① 写出反应的离子方程式

$$MnO_4^- + SO_3^{2-} \longrightarrow Mn^{2+} + SO_4^{2-}$$

② 将离子方程式拆分为两个半反应

氧化反应：$SO_3^{2-} \longrightarrow SO_4^{2-} + 2e$

还原反应：$MnO_4^- + 5e \longrightarrow Mn^{2+}$

③ 配平原子和反应前后的电荷：在箭头两边多氧的一方加H^+，少氧的一方加H_2O，用加电子的方法配平电荷，并将箭头改写成等号

$$SO_3^{2-} + H_2O = SO_4^{2-} + 2H^+ + 2e$$

$$MnO_4^- + 8H^+ + 5e = Mn^{2+} + 4H_2O$$

④ 按照最小公倍数原则，对两个半反应乘以适当的系数，使电子得失数相等

$$5SO_3^{2-} + 5H_2O = 5SO_4^{2-} + 10H^+ + 10e$$

$$2MnO_4^- + 16H^+ + 10e = 2Mn^{2+} + 8H_2O$$

⑤ 相加两个半反应，并消去多余物质

$$2MnO_4^- + 5SO_3^{2-} + 6H^+ = 2Mn^{2+} + 5SO_4^{2-} + 3H_2O$$

将反应还原

$$2KMnO_4 + 5Na_2SO_3 + 3H_2SO_4 = 2MnSO_4 + 5Na_2SO_4 + 3H_2O + K_2SO_4$$

(2) 碱性介质中配平反应。

$$H_2O_2 + Cr(OH)_4^- \longrightarrow CrO_4{}^{2-} + H_2O$$

① 写出反应的离子方程式

$$H_2O_2 + Cr(OH)_4^- \longrightarrow CrO_4^{2-} + H_2O$$

② 将离子方程式拆分为两个半反应

氧化反应：$H_2O_2 \longrightarrow H_2O$

还原反应：$Cr(OH)_4^- \longrightarrow CrO_4^{2-}$

③ 配平原子和反应前后的电荷：在箭头两边多氧的一方加H_2O，少氧的一方加OH^-，或多氢的一方加OH^-，少氢的一方加H_2O，再用加电子的方法配平电荷，并将箭头改写成等号

$$H_2O_2 + H_2O + 2e = H_2O + 2OH^-$$

$$Cr(OH)_4^- + 4OH^- = CrO_4^{2-} + 4H_2O + 3e$$

④ 按最小公倍数原则，对两个半反应乘以适当的系数，使电子得失数相等

$$3H_2O_2 + 3H_2O + 6e = 3H_2O + 6OH^-$$

$$2Cr(OH)_4^- + 8OH^- = 2CrO_4^{2-} + 8H_2O + 6e$$

⑤ 相加两个半反应，并消去多余物质

$$3H_2O_2 + 2Cr(OH)_4^- + 2OH^- = 2CrO_4^{-2} + 8H_2O$$

(3) 中性介质中配平下列反应。

① 用离子反应式的形式写出基本反应

$$I_2 + S_2O_3^{2-} \longrightarrow I^- + S_4O_6^{2-}$$

② 将总反应式分为两个半反应式

氧化反应：　　$S_2O_3^{2-} \longrightarrow S_4O_6^{2-}$

还原反应：　　$I_2 \longrightarrow I^-$

③ 原子配平和电荷数的配平

$$2S_2O_3^{2-} = S_4O_6^{2-} + 2e$$

$$I_2 + 2e = 2I^-$$

④ 以上步骤合并之，就得到了配平的总反应式

$$2S_2O_3^{2-} + I_2 = S_4O_6^{2-} + 2I^-$$

氧化数法既适用于溶液中进行的氧化还原反应，也适用于气相和固相氧化还原反应。离子－电子法通常只适用于在溶液中进行的氧化还原反应，但离子－电子法更能反映氧化还原反应的本质。

7.2　原电池与电极

7.2.1　原电池的组成及工作原理

利用氧化还原反应，将化学能转变为电能的装置称为原电池。电池的设计证明了氧化还原反应确实发生了电子的转移。

一个原电池包括两个半电池，每个半电池又称为一个电极。其中放出电子的一极称为负极，是电子流出极，发生氧化反应；另一极是接受电子的一极称为正极，正极上发生还原反应。电极上分别发生的氧化还原反应，称为电极反应。一般说来，由两种金属电极构成的原电池，较活泼的金属做负极，另一金属做正极。负极金属失去电子成为离子而进入溶液，所以它总是逐渐溶解。

将反应 $Zn + CuSO_4 = ZnSO_4 + Cu$ 按图 7.1 装置，在左边的烧杯里盛有 $ZnSO_4$ 溶液，并插入 Zn 片；在右边的烧杯里盛有 $CuSO_4$ 溶液，并插入 Cu 片，将两个烧杯用盐桥（盐桥为一倒置的 U 形管，内部盛有被 KCl 饱和的琼脂，其作用是提供离子通道以维持两极溶液的电中性）连接起来，将锌片和铜片用导线连接，中间串联一个检流计。

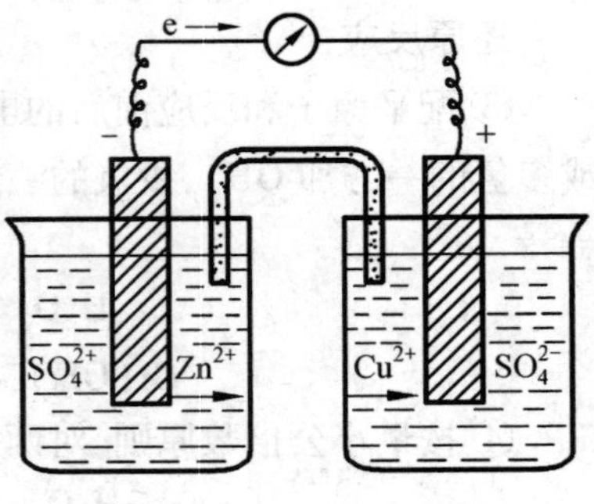

图 7.1　铜锌原电池

电极反应：

锌半电池：$Zn = Zn^{2+} + 2e$，氧化反应（电子通过外电路流向 Cu 板）负极；

铜半电池：$Cu^{2+} + 2e = Cu$，还原反应（Cu^{2+} 在 Cu 板上获得电子）正极；

电池（总）反应：$Zn + Cu^{2+} = Zn^{2+} + Cu$

原电池由两个半电池构成，Zn^{2+}/Zn 电对构成了锌半电池（锌电极），Cu^{2+}/Cu 电对构成了铜半电池（铜电极）。

7.2.2　原电池的表示方法

为表达方便通常将原电池的组成以规定的方式书写，称为电池符号表示式。其书写原则规定：

(1) 把负极写在电池符号表示式的左边，并以“(−)”表示；正极写在电池符号表示式的右边，并以“(+)”表示。

(2) 以化学式表示电池中各物质的组成，溶液要标上浓度或活度($mol \cdot L^{-1}$)，若为气体物质应注明其分压(Pa)。如不特殊指明，则温度为 298 K，气体分压为 101.325 kPa，溶液浓度为 $1.0\ mol \cdot L^{-1}$。

(3) 以符号“|”表示不同物相之间的接界，用“‖”表示盐桥。同一相中的不同物质之间用“,”表示。

(4) 非金属或气体不导电，因此非金属元素在不同价态时构成的氧化还原电对做半电池时，需外加惰性金属(如铂和石墨等)做电极导体。其中，惰性金属不参与反应，只起导电的作用。

(5) 如果电对都是离子，则氧化数高的离子靠近盐桥，对于有气体参与的电对，以离子靠近盐桥。比如 Fe^{3+}/Fe^{2+} 电极与 H^+/H_2 组成的原电池可表示为

$$(-)Pt \mid H_2(Pa) \mid H^+(c_1) \parallel Fe^{3+}(c_2), Fe^{2+}(c_3) \mid Pt(+)$$

(6) 在涉及氧的氧化数变化时，电池符号中应列入 H^+ 和 OH^-，但只涉及酸碱度时，则 H^+ 和 OH^- 可有可无，但最好表示出来，如：

$$3H_2O_2 + 2Au(s) + 6H^+ = 2Au^{3+} + 6H_2O$$

符号：　$(-)Au \mid Au^{3+}(c_1) \parallel H^+(c_2), H_2O_2(c_3), H_2O \mid Pt(+)$

$$2MnO_4^- + 16H^+ + 10Cl^- = 2Mn^{2+} + 5Cl_2 + 8H_2O$$

符号：$(-)Pt \mid Cl_2(g) \mid Cl^-(c_1) \parallel H^+(c_2), MnO_4^-(c_3), Mn^{2+}(c_4) \mid Pt(+)$

【例 7.2】　用电池符号表示下列氧化还原反应：

(1) $2Ag + 2HI \longrightarrow 2AgI + H_2$；(2) $Fe^{2+} + Ag^+ \longrightarrow Fe^{3+} + Ag$。

解　(1) 氧化反应：　$Ag + I^- = AgI + e$(负极)

还原反应：　$2H^+ + 2e = H_2$(正极)

电池符号：$(-)Ag \mid AgI(s) \mid I^-(c_1) \parallel H^+(c_2) \mid H_2(g, Pa) \mid Pt(+)$

(2) 氧化反应：　$Fe^{2+} = Fe^{3+} + e$　(负极)

还原反应：　$Ag^+ + e = Ag$　(正极)

电池符号：　$(-)Pt \mid Fe^{2+}(c_1), Fe^{3+}(c_2) \parallel Ag^+(c_3) \mid Ag(+)$

【例 7.3】　写出下列原电池的电极反应和电池反应：

$$(-)Pt \mid Cl_2(g) \mid Cl^-(c_1) \parallel H^+(c_2), MnO_4^-(c_3), Mn^{2+}(c_4) \mid Pt(+)$$

解　负极反应：　$2Cl^- = Cl_2 + 2e$

正极反应：　$MnO_4^- + 8H^+ + 5e = Mn^{2+} + 4H_2O$

电池反应：　$2MnO_4^- + 16H^+ + 10Cl^- = 2Mn^{2+} + 5Cl_2 + 8H_2O$

7.2.3 电极的种类

(1) 金属 - 金属离子电极。

将金属片插入含有同一金属离子的盐溶液中构成的电极。如 Zn^{2+}/Zn 电极。

电极符号: $Zn | Zn^{2+}(c_1)$

电极反应式: $Zn^{2+} + 2e = Zn$

(2) 金属 - 金属难溶盐 —— 阴离子电极。

将金属表面涂以该金属的难溶盐,浸入与其盐具有相同阴离子的溶液中组成的电极。如氯化银电极和甘汞电极。在一定温度下,它们电极的电势稳定,再现性好,装置简单,使用方便,广泛用做参比电极。

氯化银电极:

电极符号: $Ag(s) | AgCl(s) | Cl^-(c)$

电极反应式: $AgCl + e = Ag + Cl^-$

甘汞电极:

电极符号: $Hg(l) | Hg_2Cl_2(s) | KCl(c)$

电极反应式: $Hg_2Cl_2 + 2e = 2Hg + 2Cl^-$

(3) 气体 - 离子电极。

该类电极是将气体通入其相应离子溶液中,气体与其溶液中的阴离子成平衡体系。因气体不导电,需借助不参与电极反应的惰性金属铂组成电极。如 Cl_2/Cl^- 电极。

电极符号: $Pt(s) | Cl_2(Pa) | Cl^-(c)$

电极反应式: $Cl_2 + 2e = 2Cl^-$

(4) 氧化还原电极。

习惯上将其还原态不是金属态的电极称为氧化还原电极。它是将惰性电极(如铂或石墨)浸入含有同一种元素不同氧化态的两种离子的溶液中构成的。如 Fe^{3+}/Fe^{2+} 电极。

电极符号: $Pt(s) | Fe^{3+}(c_1), Fe^{2+}(c_2)$

电极反应式: $Fe^{3+} + e = Fe^{2+}$

原电池证明了氧化还原反应的本质是电子的转移。从理论上讲,任何一个氧化还原反应都可被设计在原电池中进行。

7.3 原电池的电动势和电极电势

7.3.1 原电池的电动势

电池正、负电极之间没有电流通过时的电势差称为电池的电动势(ε)。电池电动势是衡量氧化还原反应推动力大小的判据,这与热力学上使用反应体系的吉布斯自由能变化 ΔG 作为反应自发倾向的判据是一致的。

7.3.2 电极电势的产生

在电学中规定:正电荷流动方向为电流方向,电流由正极流向负极,正极的电位高,负极的电位低。下面介绍电位差产生的原因。

能斯特"双电层"的概念

按金属的自由电子理论,金属晶体中有金属、金属阳离子和自由电子,当将金属板 M 插入含有该金属离子 M^{n+} 的溶液中时,会有两种倾向:一种是金属原子 M 受到水分子的作用而溶解,形成 M^{n+} 离子进入溶液中,将电子留在了极板上;另一种是溶液中的金属离子 M^{n+} 受到金属板上电子的吸引而沉积到极板上,当沉积与溶解的速度相等时,达到平衡态,最终建立如下平衡:

$$M(s) \rightleftharpoons M^{n+}(aq) + ne$$

上述两种倾向以哪个为主,取决于金属的本质和溶液中金属离子的浓度。当金属的活泼性较强或溶液中金属离子的浓度较小时,则以溶解为主,平衡时极板上带有过多的负电荷,溶液中靠近极板附近带有过多的正电荷,既产生了"双电层",如图 7.2(a) 所示。相反,如果金属的活泼性较弱或溶液中金属离子的浓度较大时,则以沉积为主,平衡时极板上带有过多的正电荷,溶液中靠近极板附近带有过多的负电荷,也产生了"双电层",如图 7.2(b) 所示。

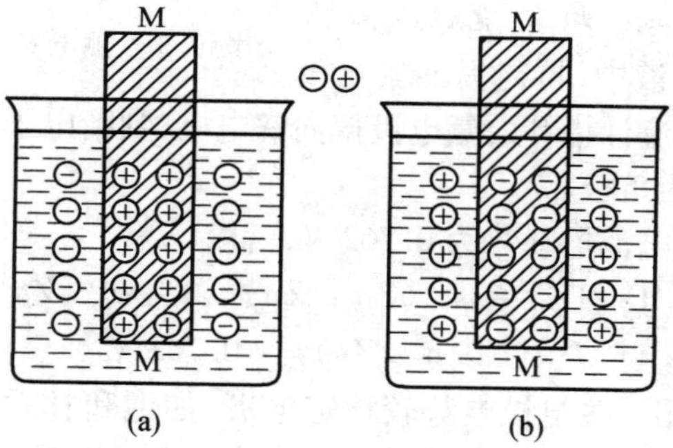

图 7.2　金属的电极电势（双电层示意）

双电层的产生使金属表面与含金属离子的溶液间产生一定的电位差,这个电位差称为"金属的平衡电势",又称金属的"电极电势"。它除了与金属的本质和溶液中金属离子的浓度有关外,还与温度等有关。当金属的活泼性越强或溶液中金属离子的浓度较小时,溶解的趋势越大,平衡时电极电势越低。金属越不活泼或溶液中金属离子的浓度较大时,沉积的趋势越大,平衡时电极电势越高。

由于原电池的两极间存在电势差,电路连通后电子由电势低的负极流向电势高的正极。原电池两极间的电势差称为"电池电动势(ε)",并规定:

$$\varepsilon = \varphi_{(+)} - \varphi_{(-)}$$

到目前为止,单个电极电势的绝对值还无法测量,但两个电极相连构成原电池的电池电动势则可以利用电位计测量。

7.3.3　标准氢电极和甘汞电极

电极电势的绝对值无法测量,但是两极间的电势差 - 电池电动势(ε) 可测。我们可选定一个电极作为参比标准 $\varphi^{\ominus}_{参比}$,将其他的电极与这个参比标准相对比,得到各种电极电

势 $\varphi^{\ominus}$ 的相对大小。选择"标准氢电极"作为参比标准。并规定"标准氢电极"的电极电势为0.000 V。

1. 标准氢电极

298 K、压力为101.325 kPa时的氢电极的电极反应如下：

$$2H^{+} + 2e \longrightarrow H_2$$

这时电极上的氢气与溶液之间产生的电势差称为"标准氢电极的电极电势"。

2. 标准电极电势的测定

在标准状态下，将待测电极与标准氢电极相连构成原电池。在测定时用检流计确定原电池的正负极，用电位计测定两极间的电势差，即电池电动势。因标准氢电极的电势规定为0，所以由 $\varepsilon = \varphi_{(+)} - \varphi_{(-)}$，即可求得待测电极的电极电势。如：欲测电对 Zn^{2+}/Zn 的标准电极电势，如图7.3所示，将纯Zn片浸入 $1\ mol \cdot L^{-1}$ 的 $ZnSO_4$ 溶液中，再与标准氢电极连接成原电池。观察检流计指针由氢电极偏向锌电极，判断电子从锌极流向氢电极，所以氢电极为正极，锌电极为负极。

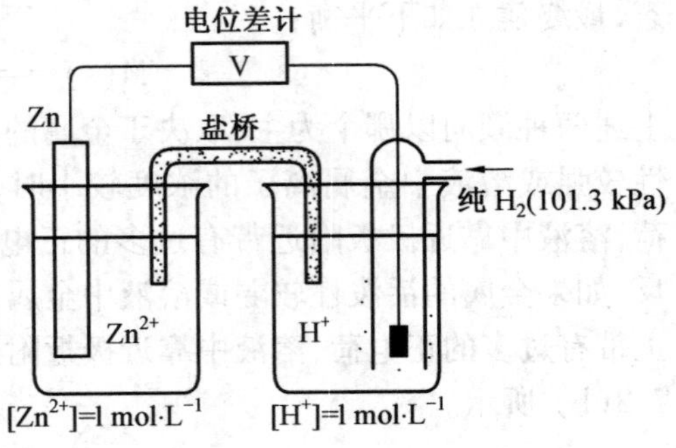

图7.3　测电对 Zn^{2+}/Zn 的电极电势装置

并在298 K时测得电池电动势为0.762 V，所以

$$\varepsilon^{\ominus}/V = \varphi^{\ominus}(H^{+}/H_2) - \varphi^{\ominus}(Zn^{2+}/Zn) = 0 - \varphi^{\ominus}(Zn^{2+}/Zn) = 0.762$$

$$\varphi^{\ominus}(Zn^{2+}/Zn) = -0.762\ V$$

实际应用中，常选用一些电极电势较稳定电极，如饱和甘汞电极和银-氯化银电极作为参比电极和其他待测电极构成电池，求得其他电极的电势。饱和甘汞电极的电极电势为0.241 2 V。银-氯化银电极的电极电势为0.222 3 V。

7.3.4　标准电极电势

(1) 电极反应按规定都写为氧化态 $+ ne \longrightarrow$ 还原态。$\varphi^{\ominus}$ 值的大小与符号与组成电极的物质种类有关，而与电极反应进行的方向无关。

(2) 电对 $\varphi^{\ominus}$ 值的大小决定了电对氧化还原能力的相对强弱：$\varphi^{\ominus}$ 值越大，电对中氧化态的氧化能力越强，还原态的还原能力越弱；$\varphi^{\ominus}$ 值越小，还原态的还原能力越强，氧化态的氧化能力越弱。氧化还原反应的自发方向总是强氧化剂与强还原剂作用生成弱氧化剂和弱还原剂的方向。

(3) $\varphi^{\ominus}$ 只适用于在标准状态下水溶液中进行的反应。

(4) 电极电势表分为酸性溶液中的标准电极电势表和碱性溶液中的标准电极电势表，介质表使用时应注意反应的条件。

(5) 电极电势的负值，表明当该电极与标准氢电极相连时，作负极。正值表明该电极与标准氢电极相连时，作正极。这里的正与负是相对于标准氢电极而言。

(6) $\varphi^{\ominus}$ 是强度性质，与反应方程式的书写无关。

如：电极反应

$$Zn^{2+} + 2e \rightleftharpoons Zn,\quad \varphi^{\ominus}(Zn^{2+}/Zn) = -0.762\ V$$
$$2Zn^{2+} + 4e \rightleftharpoons 2Zn,\quad \varphi^{\ominus}(Zn^{2+}/Zn) = -0.762\ V$$

7.3.5　影响电极电势的因素——能斯特方程

1. 能斯特方程

电极电势的大小除了取决于电对的本性外，还受到它们的浓度（或气体的分压）和温度的影响。标准电极电势是在标准状态下测定的，但是对于绝大多数的氧化还原反应来说，并非在标准状态下进行的，从而使电对的电极电势也随之发生改变。电极电势与浓度（或压力）、温度间定量关系可由能斯特（Nernst）方程表示。

对任一电极反应：a（氧化态）$+ ne \rightleftharpoons b$（还原态），其电极电势也可表示为

$$\varphi = \varphi^{\ominus} + \frac{RT}{nF}\ln\frac{[\text{氧化态}]^a}{[\text{还原态}]^b} \tag{7.1}$$

此式称为电极反应的能斯特（Nernst）方程，表明在一定温度下反应物浓度的变化对电极电势的影响。

式中　n——电极反应中电子转移数；

F——法拉第常数 96 485 $C \cdot mol^{-1}$；

T——热力学温度。

常设反应在 298 K 进行，将 F 和 T 代入能斯特方程，并将 ln 改成更为常用的 lg，则式（7.1）可改写为式（7.2）：

$$\varphi = \varphi^{\ominus} + \frac{0.059\ 2}{n}\lg\frac{[\text{氧化态}]^a}{[\text{还原态}]^b} \tag{7.2}$$

使用式（7.2）时应注意以下几点：

（1）若参加电极反应的物质是气体，则以其相对分压代入公式中的浓度项。如氢电极反应（$2H^+ + 2e \rightleftharpoons H_2$）的能斯特方程为

$$\varphi(H^+/H_2) = \varphi^{\ominus}(H^+/H_2) + \frac{0.059\ 2}{n}\lg\frac{[H^+]^2}{\frac{p(H_2)}{p^{\ominus}}}$$

（2）若参加电极反应的物质是固体或纯液体（如液态 Br_2），其浓度可视为常数。如锌电极反应（$Zn^{2+} + 2e \rightleftharpoons Zn$）的能斯特方程为

$$\varphi(Zn^{2+}/Zn) = \varphi^{\ominus}(Zn^{2+}/Zn) + \frac{0.059\ 2}{2}\lg[Zn^{2+}]$$

（3）若除氧化态、还原态物质外，还有 H^+ 或 OH^- 离子参加电极反应，则它们的浓度也要根据电极反应式代入能斯特方程，如 MnO_4^-/Mn^{2+} 电极反应的能斯特方程为

$$\varphi(MnO_4^-/Mn^{2+}) = \varphi^{\ominus}(MnO_4^-/Mn^{2+}) + \frac{0.059\ 2}{5}\lg\frac{[MnO_4^-][H^+]^8}{[Mn^{2+}]}$$

能斯特方程反映了电极电势随浓度和酸度的变化情况：可以采取改变物质的浓度，或通过调节溶液的 pH（当反应中有 H^+ 或 OH^- 参与时）来改变电极电势。

【例7.4】 试计算298 K时，$c(Fe^{3+})$为1.0 mol·L^{-1}，$c(Fe^{2+})$为1.0×10^{-4} mol·L^{-1}时，Fe^{3+}/Fe^{2+}的电极电势。

解 电对的电极反应

$$Fe^{3+} + e \rightleftharpoons Fe^{2+} \quad \varphi^{\ominus} = 0.771\ V$$

由能斯特方程

$$\varphi(Fe^{3+}/Fe^{2+}) = \varphi^{\ominus}(Fe^{3+}/Fe^{2+}) + \frac{0.059\ 2}{n}\lg\frac{[Fe]^{3+}}{[Fe]^{2+}} =$$

$$0.771 + \frac{0.059\ 2}{1}\lg\frac{1}{1.0\times10^{-4}} =$$

$$0.771 + 0.237 = 1.008\ V$$

结果表明，增大氧化态物质的浓度或降低还原态物质的浓度，电极电势将增大。

【例7.5】 计算当MnO_4^-浓度为1.0 mol·L^{-1}，Mn^{2+}浓度为1.0 mol·L^{-1}，H^+浓度为1.0×10^{-4} mol·L^{-1}(pH = 4)时，电对MnO_4^-/Mn^{2+}的电极电势。

解 电极反应：

$$MnO_4^- + 8H^+ + 5e \rightleftharpoons Mn^{2+} + 4H_2O \qquad \varphi^{\ominus} = 1.507\ V$$

代入能斯特方程：

$$\varphi(MnO_4^-/Mn^{2+}) = \varphi^{\ominus}(MnO_4^-/Mn^{2+}) + \frac{0.059\ 2}{5}\lg\frac{[MnO_4^-][H^+]^8}{[Mn^{2+}]} =$$

$$1.507 + \frac{0.059\ 2}{5}\lg[10^{-4}]^8 =$$

$$1.507 - 0.378 = 0.679\ V$$

结果表明，pH值对电极电势的影响非常大。有些时候，可以通过调节溶液的pH，使氧化还原反应的方向发生逆转。

例如氧化还原反应：

$$MnO_2 + 4HCl \rightleftharpoons MnCl_2 + Cl_2\uparrow + 2H_2O$$

正极 $MnO_2 + 4H^+ + 2e \rightleftharpoons Mn^{2+} + 2H_2O \quad \varphi^{\ominus}(MnO_2/Mn^{2+}) = 1.224\ V$

负极 $2Cl^- \rightleftharpoons Cl_2 + 2e \quad \varphi^{\ominus}(Cl_2/Cl^-) = 1.358\ 3\ V$

在标准状态下，$\varepsilon^{\ominus} < 0$，即上述反应在标准状态下不能正向进行。

实际上，我们知道实验室是用浓HCl与MnO_2反应制取Cl_2，就是因为当增大HCl的浓度时，$c(H^+)$浓度增大，$\varphi(MnO_2/Mn^{2+})$亦随之增大；同时溶液中的$c(Cl^-)$也随之增大，$\varphi(Cl_2/Cl^-)$的电极电势随HCl浓度增大而降低。

$\varepsilon = \varphi(MnO_2/Mn^{2+}) - \varphi(Cl_2/Cl^-) > 0$，反应能正向进行。

【例7.6】 计算25 ℃时，AgI/Ag电极的标准电极电势。(已知$\varphi^{\ominus}(Ag^+/Ag) = 0.799\ 6\ V$，$K_{sp}^{\ominus} = 1.5\times10^{-16}$)

解 AgI/Ag电极的电极反应为 $AgI + e \rightleftharpoons Ag(s) + I^-(aq)$

其本质是银电极(Ag^+/Ag)反应 $Ag^+ + e \rightleftharpoons Ag$

只是体系中存在沉淀平衡 $AgI \rightleftharpoons Ag^+ + I^-$

所以溶液中Ag^+的浓度由$[Ag^+][I^-] = K_{sp}^{\ominus}$确定，即

$$[Ag^+] = \frac{K_{sp}^{\ominus}}{[I^-]}$$

此时银电极(Ag^+/Ag)的电极电势为

$$\varphi(Ag^+/Ag) = \varphi^{\ominus}(Ag^+/Ag) + \frac{0.059\,2}{1}\lg[Ag^+] = \varphi^{\ominus}(Ag^+/Ag) + \frac{0.059\,2}{1}\lg\frac{K_{sp}^{\ominus}}{[I^-]}$$

标准状态下 $c(I^-) = 1.0\ mol \cdot L^{-1}$

$$\varphi(Ag^+/Ag) = \varphi^{\ominus}(Ag^+/Ag) + \frac{0.059\,2}{1}\lg K_{sp}^{\ominus}$$

$$\varphi(Ag^+/Ag) = \varphi^{\ominus}(AgI/Ag) = 0.137\ V$$

可见,当向溶液中加入某种离子,可以与氧化还原电对的离子生成沉淀时,也将使电极电势发生改变。利用这种方法,可通过求已知电对的非标准电极电势,来求未知电对的标准电极电势。

2. 影响电极电势的因素

(1) 离子浓度改变对电极电势的影响。

根据能斯特方程,在一定温度下,电极电势的代数值随着氧化态物质浓度的减小(或还原态物质浓度的增大)而减小;随着氧化态物质浓度的增大(或还原态物质浓度的减小)而增大。

(2) 离子浓度改变对氧化还原反应方向的影响。

通常情况下,组成原电池的两电极电势差值较大($\varepsilon^{\ominus} > 0.5\ V$),改变氧化剂或还原剂浓度,一般不会引起电动势正负符号改变。但当电池标准电动势较小($\varepsilon^{\ominus} < 0.2\ V$)时,氧化剂和还原剂浓度的变化,易使氧化还原反应方向发生改变。

(3) 酸度对电极电势的影响。

在有 H^+ 或 OH^- 离子参与的电极反应中,酸度的改变会影响电极电势。

例如重铬酸钾的氧化性会随着酸度的变化而改变。其电极反应为

$$K_2Cr_2O_7 + 14H^+ + 6e \rightleftharpoons 2Cr^{3+} + 2H_2O \qquad \varphi^{\ominus}(Cr_2O_7^{2-}/Cr^{3+}) = 1.33\ V$$

反应中含有 H^+,若将$[Cr_2O_7^{2-}]$和$[Cr^{3+}]$都定为 $1\ mol \cdot L^{-1}$ 时,由能斯特方程式可以看出介质的酸度对电极电势的影响。

$$\varphi(Cr_2O_7^{2-}/Cr^{3+}) = \varphi^{\ominus}(Cr_2O_7^{2-}/Cr^{3+}) + \frac{0.059\,2}{6}\lg[H^+]^{14}$$

$K_2Cr_2O_7$ 的氧化性随着酸度增强而显著增加;随着酸度的减弱而显著减弱。因为该电极反应氢离子浓度指数很高,溶液酸度变化对电极电势的影响,远远较氧化型和还原型物质本身浓度变化引起的影响大得多。故在使用 $K_2Cr_2O_7$、$KMnO_4$ 等含氧酸盐作为氧化剂时,总是要将溶液酸化,以保持酸性介质中充分发挥该类氧化剂的氧化性。

(4) 沉淀剂对电极电势的影响。

在反应中加入沉淀剂使氧化态物质或还原态物质转变成沉淀,可大大降低氧化态物质或还原态物质的浓度,从而导致电极电势发生很大的变化。

如在电极反应 $Ag^+(aq) + e \rightleftharpoons Ag$ 体系中加入氯化钠后,由于发生 $Ag^+(aq) + Cl^-(aq) \rightleftharpoons AgCl$ 沉淀反应,致使溶液中$[Ag^+]$离子浓度降低,根据沉淀溶度积原理,反

应达到平衡后,若$[Cl^-] = 1\ mol \cdot L^{-1}$,$[Ag^+]$离子浓度为

$$[Ag^+] = K_{sp}^{\ominus}/[Cl^-] = 1.8 \times 10^{-10}\ mol \cdot L^{-1}$$

这时 Ag^+/Ag 电对的电极电势为

$$\varphi(Ag^+/Ag)/V = \varphi^{\ominus}(Ag^+/Ag) + 0.059\,2\lg[Ag^+] = 0.799\,6 + 0.059\,2\lg[1.8 \times 10^{-10}] \approx 0.222\,7$$

所以,由于 AgCl 沉淀的形成,银电极电势从 0.799 6 V 显著地下降为 0.222 7 V,即 Ag^+ 的氧化性大大减弱了。

若在金属电极体系中形成配位化合物时,也将使电极电势降低,氧化态的氧化能力减弱,而金属的还原能力增强。我们将在第 10 章中学习。

7.4 电极电势的应用

7.4.1 判断氧化剂和还原剂的强弱

在标准状态下氧化剂和还原剂的相对强弱,可直接比较 $\varphi^{\ominus}$ 值的大小。

$\varphi^{\ominus}$ 值较小的电极其还原型物质越易失去电子,是越强的还原剂,对应的氧化型物质则越难得到电子,是越弱的氧化剂,$\varphi^{\ominus}$ 值愈大的电极其氧化型物质越易得到电子,是较强的氧化剂,对应的还原型物质则越难失去电子,是越弱的还原剂。

当溶液中存在多种还原剂,它们都能与同一种氧化剂作用,若不考虑反应速度的因素时,原则上还原性最强的还原剂首先被氧化。也就是电极电势值最小的先被氧化。即两电对电极电势相差最大的先反应。

【例 7.7】 试比较标准状态下,在酸性介质中,下列电对氧化能力及还原能力的相对强弱。

$$MnO_4^-/Mn^{2+}、Fe^{3+}/Fe^{2+}、I_2/I^-、O_2/H_2O、Cu^{2+}/Cu$$

解 查表得各电对的标准电极电势,并按由大到小顺序排列

$$\varphi^{\ominus}(MnO_4^-/Mn^{2+}) = 1.507\ V$$
$$\varphi^{\ominus}(O_2/H_2O) = 1.229\ V$$
$$\varphi^{\ominus}(Fe^{3+}/Fe^{2+}) = 0.771\ V$$
$$\varphi^{\ominus}(I_2/I^-) = 0.535\,5\ V$$
$$\varphi^{\ominus}(Cu^{2+}/Cu) = 0.341\,9\ V$$

氧化能力由大到小排列:

$$MnO_4^-、O_2、Fe^{3+}、I_2、Cu^{2+}$$

还原能力由大到小排列:

$$Cu、I^-、Fe^{2+}、H_2O、Mn^{2+}$$

7.4.2 判断氧化还原反应自发进行的方向

原电池是把化学能转变为电能的装置,其放电过程就是对外做电功的过程。若原电

池以极小的电流放电，电池的外电压可视等于其电动势ε，此时若外电路通过的电量为Q，则原电池对外所做的最大电功$W_{电}$为

$$W_{电}=Q\varepsilon$$

若原电池反应完成1 mol时，外电路通过了n mol电子，则

$$W_{电}=n\varepsilon F \tag{7.3}$$

原电池放电后，体系的自由能降低。根据化学热力学原理，在等温等压条件下原电池体系自由能的降低值等于其能对外所做的最大电功。故等温等压条件下原电池反应完成1 mol时

$$-\Delta G(原电池)=W_{电}=nF\varepsilon \tag{7.4a}$$

若原电池中各物质都处于标准状态下，即反应物浓度均为1.0 mol·L^{-1}，各气体分压均为1.013×10^5Pa，则

$$\Delta G^{\ominus}(原电池)=-nF\varepsilon^{\ominus} \tag{7.4b}$$

它不仅为人们提供了测定$\Delta G^{\ominus}$和$\varepsilon^{\ominus}$的方法，而且是判断氧化还原反应自发方向的理论依据。

【例7.8】　试由热力学数据计算298 K时$\varphi^{\ominus}(Cu^{2+}/Cu)$的值是多少？

解　电极电势$\varphi^{\ominus}(Cu^{2+}/Cu)$是电对$Cu^{2+}/Cu$相对于标准氢电极而言的，所以可以由$Cu^{2+}/Cu$与$H^+/H_2$在标准状态下构成标准原电池，且电池反应的方向为

$$Cu^{2+}(aq)+H_2(g)\longrightarrow Cu(s)+2H^+(aq)$$

查表得有关热力学数据

	$Cu^{2+}(aq)$	$+H_2(g)$	$=Cu(s)$	$+2H^+(aq)$
$\Delta_fG_m^{\ominus}$/kJ·mol^{-1}	65.57	0	0	0

$$\Delta_rG_m^{\ominus}=[\Delta_fG_m^{\ominus}(Cu,s)+2\times\Delta_fG_m^{\ominus}(H^+,aq)]-[\Delta_fG_m^{\ominus}(Cu^{2+},aq)+\Delta_fG_m^{\ominus}(H_2,g)]=-65.57\ kJ\cdot mol^{-1}$$

由
$$\Delta_rG_m^{\ominus}=-nF\varepsilon^{\ominus}$$

得
$$\varepsilon^{\ominus}/V=-\Delta_rG_m^{\ominus}/nF=-\frac{-65.57\times10^3}{2\times96\ 500}=0.350\ 1$$

$$\varepsilon^{\ominus}=\varphi^{\ominus}(Cu^{2+}/Cu)-\varphi^{\ominus}(H^+/H_2)$$

$$\varphi^{\ominus}(Cu^{2+}/Cu)/V=\varepsilon^{\ominus}+\varphi^{\ominus}(H^+/H_2)=0.350\ 1+0=0.350\ 1$$

查表的结果为0.341 9 V。

恒温恒压过程反应自发进行的方向是$\Delta G<0$。对氧化还原反应，体系吉布斯自由能的减少$(-\Delta G)$等于过程对外做的最大有用功，对电池反应等于原电池做的最大电功，即$\Delta G(原电池)=-W_{电}=-nF\varepsilon$。

当$\Delta G<0$时，则$\varepsilon>0$，即$\varphi_+>\varphi_-$，电池反应能自发进行；

当$\Delta G>0$时，则$\varepsilon<0$，即$\varphi_+<\varphi_-$，电池反应逆向自发；

当$\Delta G=0$时，则$\varepsilon=0$，即$\varphi_+=\varphi_-$，电池反应处于平衡态。

如果电池中的各物质处于标准状态时，应为$\Delta G^{\ominus}(原电池)=-nF\varepsilon^{\ominus}$。

这时反应自发的判据应为：

当 $\Delta G^{\ominus} < 0$ 时,则 $\varepsilon^{\ominus} > 0$,即 $\varphi_{+}^{\ominus} > \varphi_{-}^{\ominus}$,电池反应能自发进行;

当 $\Delta G^{\ominus} > 0$ 时,则 $\varepsilon^{\ominus} < 0$,即 $\varphi_{+}^{\ominus} < \varphi_{-}^{\ominus}$,电池反应逆向自发;

当 $\Delta G^{\ominus} = 0$ 时,则 $\varepsilon^{\ominus} = 0$,即 $\varphi_{+}^{\ominus} = \varphi_{-}^{\ominus}$,电池反应处于平衡态。

【例 7.9】 试判断氧化还原反应 $Pb^{2+} + Sn \xlongequal{} Pb + Sn^{2+}$ 在标准状态下,及 $c(Pb^{2+}) = 0.1 mol \cdot L^{-1}$,$c(Sn^{2+}) = 1.0\ mol \cdot L^{-1}$ 时,反应进行的方向。

解 查表知

正极 $Pb^{2+} + 2e \xlongequal{} Pb \quad \varphi^{\ominus}(Pb^{2+}/Pb) = -0.126\ V$

负极 $Sn^{2+} + 2e \xlongequal{} Sn \quad \varphi^{\ominus}(Sn^{2+}/Sn) = -0.140\ V$

在标准状态下: $\varepsilon^{\ominus}/V = \varphi^{\ominus}(Pb^{2+}/Pb) - \varphi^{\ominus}(Sn^{2+}/Sn) =$

$-0.126 - (-0.140) =$

0.014

所以反应正向进行。

非标准状态下:

$$\varphi(Pb^{2+}/Pb)/V = \varphi^{\ominus}(Pb^{2+}/Pb) + \frac{0.059\,2}{2}\lg[Pb^{2+}] =$$

$$-0.126 + \frac{0.059\,2}{2}\lg\frac{0.1}{1} =$$

$$-0.151$$

所以 $\varepsilon/V = \varphi(Pb^{2+}/Pb) - \varphi^{\ominus}(Sn^{2+}/Sn) = -0.151 - (-0.140) = -0.011$

$\varepsilon < 0$,反应逆向进行。

计算表明,改变物质的浓度,可以改变反应的方向。但这种情况只有在 $-0.2\ V < \varepsilon^{\ominus} < 0.2\ V$ 时,也就是两极间电极电势相差较小时才有可能实现。

7.4.3 求氧化还原反应的平衡常数

一个化学反应的完成程度可从该反应的平衡常数大小定量地判断。因此,把标准平衡常数 $K^{\ominus}$ 和热力学吉布斯自由能联系起来:氧化还原反应的平衡常数($K^{\ominus}$)与标准电动势($\varepsilon^{\ominus}$)之间的关系如式(7.5)所示:

因为 $\Delta G^{\ominus} = -RT\ln K^{\ominus} \qquad \Delta G^{\ominus} = -nF\varepsilon^{\ominus}$

所以 $-RT\ln K^{\ominus} = -nF\varepsilon^{\ominus}$

$$\ln K^{\ominus} = \frac{nF\varepsilon^{\ominus}}{RT} \quad 或 \quad \lg K^{\ominus} = \frac{nF\varepsilon^{\ominus}}{2.303RT} \tag{7.5}$$

当 $T = 298.15$ K 时,式(7.5)可写成:

$$\lg K^{\ominus} = \frac{n\varepsilon^{\ominus}}{0.059\,2} \tag{7.6}$$

【例 7.10】 试计算下面氧化还原反应的平衡常数

$$Cr_2O_7^{2-} + 6Fe^{2+} + 14H^{+} \xlongequal{} 6Fe^{3+} + 2Cr^{3+} + 7H_2O$$

解 反应中的电子转移计量数 $n = 6$

正极 $Cr_2O_7^{2-} + 14H^{+} + 6e \xlongequal{} 2Cr^{3+} + 7H_2O \quad \varphi^{\ominus}(Cr_2O_7^{2-}/Cr^{3+}) = 1.33\ V$

负极　　　$Fe^{2+} \rightleftharpoons Fe^{3+} + e$　　$\varphi^{\ominus}(Fe^{3+}/Fe^{2+}) = 0.771\ V$

由　　$$\lg K^{\ominus} = \frac{n\varepsilon^{\ominus}}{0.059\,2} = \frac{6 \times (1.33 - 0.77)}{0.0592} = 56.8$$

得　　$$K^{\ominus} = 6 \times 10^{56}$$

在应用电极电势判断氧化还原反应的自发方向和完成程度时，需注意：

(1)ε 值只能判断水溶液中发生的氧化还原反应的方向和程度。

(2) 利用 ε 判断反应方向，只是从热力学角度判断过程自发的可能性。

(3) 不能把 ε 值的大小与反应速度的快慢混为一谈。

7.4.4　元素电势图

元素电势图是了解一种元素的多种氧化态的物质之间变化关系的一种表示方法。将某元素各种氧化态按氧化数由高向低顺序排列，各氧化态之间用短线连接，在短线上注明该氧化还原电对的标准电极电势，元素电势图又可分为酸性溶液电势图和碱性溶液电势图。

如下图为氯元素在酸性条件下的电势图：

$$\varphi^{\ominus}/V \quad ClO_4^- \xrightarrow{+1.189} ClO_3^- \xrightarrow{+1.214} HClO_2 \xrightarrow{+1.645} HClO \xrightarrow{+1.611} Cl_2 \xrightarrow{+1.356} Cl^-$$

(ClO_3^-—Cl_2：1.47；ClO_3^-—$HClO$：1.430；$HClO$—Cl^-：1.483)

用相同的方法，可构成氯元素在碱性条件下的电势图：

$$\varphi^{\ominus}/V \quad ClO_4^- \xrightarrow{+0.36} ClO_3^- \xrightarrow{+0.33} ClO_2^- \xrightarrow{+0.66} ClO^- \xrightarrow{+0.81} Cl_2 \xrightarrow{+1.356} Cl^-$$

(ClO_3^-—Cl_2：1.62；ClO_3^-—ClO^-：0.50；ClO^-—Cl^-：0.90)

1. 由已知 $\varphi^{\ominus}$ 求未知任意电对的电极电势 $\varphi_x^{\ominus}$。

【例 7.11】　已知铜元素的电势图为

$$Cu^{2+} \xrightarrow{+0.158\ V} Cu^{+} \xrightarrow{+0.522\ V} Cu$$

(Cu^{2+}—Cu：$\varphi_x^{\ominus}$=?)

求 $\varphi^{\ominus}(Cu^{2+}/Cu)$。

解　根据电势图就可求出 $\varphi^{\ominus}(Cu^{2+}/Cu)$，方法如下：

电极反应　　　$Cu^{2+} + 2e \rightleftharpoons Cu$　　$\Delta_r G^{\ominus}$

此电极反应可分为两步进行：

电极反应①：$Cu^{2+} + e \rightleftharpoons Cu^{+}$　$\Delta_r G_1^{\ominus}$　　$\varphi_1^{\ominus}(Cu^{2+}/Cu^{+}) = 0.158\ V$

电极反应②：$Cu^{+} + e \rightleftharpoons Cu$　　$\Delta_r G_2^{\ominus}$　　$\varphi_2^{\ominus}(Cu^{+}/Cu) = 0.522\ V$

所以　　$$\Delta_r G^{\ominus} = \Delta_r G_1^{\ominus} + \Delta_r G_2^{\ominus}$$

即　　$$-nF\varphi_x^{\ominus} = (-n_1 F\varphi_1^{\ominus}) + (-n_2 F\varphi_2^{\ominus})$$

$$\varphi_x^{\ominus} = \frac{n_1\varphi_1^{\ominus} + n_2\varphi_2^{\ominus}}{n} = \frac{0.522 + 0.158}{2} = 0.340\ V$$

可见，任意电对的电极电势 $\varphi_x^{\ominus}$ 的通式为

$$\varphi_x^{\ominus} = \frac{n_1\varphi_1^{\ominus} + n_2\varphi_2^{\ominus} + \cdots}{n}, \quad n = n_1 + n_2 + \cdots \tag{7.7}$$

2. 判断歧化反应能否发生

在铜元素的标准电极电势图中，

$Cu^{2+} \xrightarrow{+0.158\ V} Cu^{+} \xrightarrow{+0.522\ V} Cu$

Cu^+ 位于 Cu^{2+} 和 Cu 之间，Cu^+ 离子分别作为氧化态物质和还原态物质。

从电势图可知：$Cu^+ + e \rightleftharpoons Cu$，$\varphi_+^{\ominus}(Cu^+/Cu) = 0.522\ V$ 可作为电池的正极；

$Cu^{2+} + e \rightleftharpoons Cu^+$，$\varphi_-^{\ominus}(Cu^{2+}/Cu^+) = 0.158\ V$ 可作为电池的负极。

正极减负极得电池反应：　　$2Cu^+ \rightleftharpoons Cu^{2+} + Cu$

$\varepsilon^{\ominus} = \varphi_+^{\ominus}(Cu^+/Cu) - \varphi_-^{\ominus}(Cu^{2+}/Cu^+) = 0.522\ V - 0.158\ V = 0.364\ V > 0$

说明反应能自动发生，Cu^+ 在水溶液中很不稳定极易歧化为 Cu^{2+} 和 Cu。这也是说 $\varphi_+^{\ominus}(Cu^+/Cu) > \varphi_-^{\ominus}(Cu^{2+}/Cu^+)$，$Cu^+$ 可以发生歧化。

判断原则：在元素电势图中，若 $\varphi_{右}^{\ominus} > \varphi_{左}^{\ominus}$，则中间价态物质在溶液中可发生歧化反应；若 $\varphi_{右}^{\ominus} < \varphi_{左}^{\ominus}$，则两端的高低价态物质在溶液中可发生反歧化反应。

7.5　氧化还原反应的应用

7.5.1　氧化还原反应在环境方面的应用

化学氧化处理技术是处理各种形态污染物的有效方法，利用化学氧化剂来分解破坏污染物的结构，达到转化或分解污染物的目的，已经在饮用水、废水、环境消毒方面得以广泛应用。使用化学氧化剂净化水有许多优点，比如反应时间短，占地少，基建投资省，一般情况下受温度的影响较小。水处理中常用的氧化剂包括氯、过氧化氢、二氧化氯、高锰酸钾、高铁酸钾。常规化学氧化法的缺点是：① 氧化过程有选择性，生成的产物不一定是 CO_2、水或其他矿物盐，可能还会产生二次污染；② 有机物在这些过程降解速率较慢，故处理成本较高。

高级化学氧化技术（AOPs），是在传统常规化学氧化法革新的基础上应运而生的一种新技术方法，是指通过化学或物理化学的方法，使水中的污染物直接矿化为 CO_2 和 H_2O 及其他无机物，或将污染物转化为低毒、易生物降解的小分子物质。AOPs 通常被认为是利用其过程中产生的化学活性极强的羟基自由基（·OH）将污染物氧化的，由于这一技术具有高效、彻底、操作简便适用范围广、无二次污染等优点而备受关注，对水体中有毒有害难降解的污染物具有较强的应用优势。AOPs 工艺的发展历程就是不断提高·OH 生成率与利用率的过程。目前主要高级氧化技术包括光催化氧化、催化湿式氧化、超临界水氧化、超声等。

光催化氧化技术是近 30 年才出现的水处理新技术。1976 年 John. H. Carey 首先将光催化技术应用于多氯联苯的脱氯，从此光催化氧化有机物技术的研究工作取得了很大进展。20 世纪 80 年代后期，随着对环境污染控制研究的日益重视，光催化氧化法被应用于气相和液相中一些难降解污染物的治理研究，并取得了显著的效果。光催化氧化技术对多种有机物（如4－氯酚、三氯乙酸、对苯二酚、p－氨基酸、乙醇）和无机物以及染料、硝基化合物、取代苯胺、多环芳烃、杂环化合物、烃类和酚类等进行有效脱色、降解和矿化，很多情况下可以将有机物彻底无机化，从而达到污染物无害化处理的要求，消除其对环境的污染及对人体健康的危害，并作为一种能量的利用率高、费用相对较低的新型污染处理技术逐渐受到人们的重视。

催化湿式氧化技术（CWAO）是一种治理高浓度有机废水的新技术。它指在高温、高压下，在液相中用氧气或空气作为氧化剂，在催化剂作用下，氧化水中溶解态或悬浮态的有机物或还原态的无机物的一种处理方法。它使污水中的有机物、氨氮等分别氧化分解成 CO_2、H_2O 及 N_2 等无害物质，达到净化目的。在传统的湿式氧化处理工艺中，加入适宜的催化剂，以降低反应所需的温度与压力，使氧化反应能在更温和的条件下进行，提高氧化分解能力，缩短反应时间，减轻设备腐蚀和降低生产成本。

超临界水氧化技术（SCWO）是麻省理工学院的Modell教授在20世纪80年代提出的一种新型的有机废水废物处理技术，它以超临界水为介质，均相氧化分解有机物。在此过程中，有机碳转化成 CO_2，而硫、磷和氮原子分别转化成硫酸盐、磷酸盐、硝酸根和亚硝酸根离子或氮气。SCWO 技术作为一种针对高浓度难降解有害物质的处理方法，因其具有效率高、反应器结构简单，适用范围广，产物清洁等特点已受到广泛重视，是目前国内外的一个研究热点。

7.5.2　氧化还原在生物方面的应用

在生物学中，植物的光合作用、呼吸作用是典型的氧化还原反应。人和动物的呼吸，把葡萄糖氧化为二氧化碳和水。通过呼吸把贮藏在食物中的分子内能，转变为存在于三磷酸腺苷（ATP）的高能磷酸键的化学能，这种化学能再供给人和动物进行机械运动、维持体温、合成代谢、细胞的主动运输等所需要的能量在氧化还原反应当中。植物的光合作用以及呼吸作用可以算是比较复杂的一类，化学方程式为：$6H_2O + 6CO_2 = C_6H_{12}O_6 + 6O_2$。光合作用可以说是一个非常大的绿色工厂，它的过程主要是通过叶绿体的作用，绿色植物能够充分利用光能将水以及二氧化碳转化成有机物质，用以储存能量，同时还可以释放出一定的氧气，有利于生态稳定。

医学界在针对疾病和老化的系列研究中，发现了自由基—抗氧化物质的理论。人体内的自由基有许多种，较活泼、不成对电子的自由基性质不稳定，具有抢夺其他物质的电子，使自己原本不成对的电子变得较稳定的特性。而被抢走电子的物质也可能变得不稳定，可再去抢夺其他物质的电子，于是就产生了连锁反应，造成这些被抢夺的物质遭到破坏。人体的老化和疾病，可能就是从这个时候开始的。经常食用富含维生素C的水果、蔬菜可以保持年轻，因为维生素C是一种可以克制自由基的东西，是一种很好的抗氧化剂，能抵制细胞基本成分的氧化，可以帮助减少自由基对皮肤的伤害，加速自由基消除，减缓皮肤的衰老，维生素C还可以使难以吸收的3价铁离子还原为2价铁离子，促进人体对2价铁离子的吸收，使得皮肤健康红润。

7.5.3　氧化还原反应在食品方面的应用

食物变质多半是因为食物和空气中的各种物质发生了氧化还原反应才变质。食品常利用适当的保鲜方法以降低食物变质速度。

呼吸作用是植物性食品变质的主要原因。变质过程主要发生了呼吸作用和耐藏性(延缓呼吸作用消耗营养的能力)的问题。果蔬保鲜的关键是抑制呼吸作用,维持新鲜品质。果蔬在采摘后仍然进行着水分蒸发、呼吸作用、氧化反应等一系列代谢活动,而且这些代谢活动不可避免地会消耗自身营养成分并导致新鲜品质的降低。要长期贮藏植物性食品,就必须维持它们的活体状态,同时又要减弱它们的呼吸作用。动物性食品变质的主要原因是微生物和酶的作用。要解决这个主要问题,需控制微生物的活动和酶对食品的作用。在低温条件下,水分结晶成冰,使微生物的活力丧失而不能繁殖,酶的反应受到严重抑制,其对食品的作用就微小了,食品就可以较长时间的贮藏。

辐照保鲜食品是利用射线辐照食品,引起食品中的微生物等发生一系列物理、化学反应,使有生命物质的新陈代谢、生长发育受到抑制或破坏,达到抑制芽、杀虫、灭菌、调解熟度、保持食品鲜度和卫生、延长货架期和贮存期。

臭氧是一种强氧化剂,在常温常压下臭氧分子结构很不稳定,很快自行分解为氧气和单个氧原子,其在保鲜过程中主要起到以下作用:① 臭氧能够彻底杀灭细菌和病毒,抑制霉菌的生长;② 臭氧可以刺激果实使果实进入休眠状态,钝化果蔬的代谢活动:③ 臭氧还可以消除果蔬释放的乙醇和乙醛等有害气体,延缓果蔬的腐败。

本章小结

掌握氧化 - 还原反应式的配平方法。

掌握有关原电池、电极电势的基本概念并了解其物理意义。

理解原电池电动势与反应的摩尔吉布斯自由能的关系,掌握判断氧化 - 还原反应自发方向的方法。

掌握能斯特方程的应用。

掌握氧化 - 还原反应标准平衡常数与标准电极电势的关系。

理解元素电势图的意义及应用。

习　题

1. 选择题

(1) 影响电极电势的因素是(　　)。

A. 温度　　B. 氧化态或还原态的浓度

C. 酸度(有介质参加的反应)　　D. 以上全对

(2) 将一个氧化还原半反应方程式乘以 2,则新方程式的标准电极电势将(　　)。

A. 增大 1 倍　　B. 不变　　C. 减少到 1/2　　D. 不能计算

(3) 已知 $\varphi^{\ominus}(Fe^{3+}/Fe^{2+}) = 0.771\ V$,$Fe(CN)_6^{3-}$ 与 $Fe(CN)_6^{4-}$ 的稳定常数分别为 1.0×10^{42} 与 1.0×10^{35},则 $\varphi^{\ominus}(Fe(CN)_6^{3-}/Fe(CN)_6^{4-})$ 将(　　)。

A. 大于 0.771 V　　B. 等于 0.771 V　　C. 小于 0.771 V　　D. 不能确定

(4) 电极电势与 pH 无关的电对是(　　)。

A. H_2O_2/H_2O　　B. IO_3^-/I^-　　C. MnO_2/Mn^{2+}　　D. MnO_4^-/MnO_4^{2-}

(5) 在下列氧化还原电对中,标准电极电势最大的是(　　)。

A. Ag^+/Ag　　B. AgCl/Ag　　C. AgBr/Ag　　D. AgI/Ag

(6) 将氢电极($p(H_2)$ = 100 kPa) 插入纯水中与标准氢电极组成原电池,则 ε 为(　　)。

A. 大于0　　B. 等于0　　C. 小于0　　D. 不能确定

(7) 对于电对 $Cr_2O_7^{2-}/Cr^{3+}$,溶液 pH 值上升,则其 $\varphi^\ominus$ 将(　　)。

A. 上升　　B. 不变　　C. 下降　　D. 不能确定

(8) 已知 $MnO_2 + 2e + 4H^+ = Mn^{2+} + 2H_2O(\varphi^\ominus = 1.23\ V)$, $Cl_2 + 2e = 2Cl^-$ $(\varphi^\ominus = 1.36\ V)$,但可以用 MnO_2 和浓盐酸制备 Cl_2,其原因是(　　)。

A. 两个 $\varphi^\ominus$ 值相差不大　　B. 酸度增加锰的 $\varphi^\ominus(MnO_2/Mn^{2+})$ 值也增大

C. $[Cl^-]$ 增加 $\varphi^\ominus(Cl_2/Cl^-)$ 值减小　　D. 上面三个因素都有

(9) 下列各物质能够共存的为(　　)。

A. $Cu^{2+}, Fe^{2+}, Sn^{4+}$, Ag　　B. Cu^{2+}, Ag^+, Fe^{2+}, Fe

C. Fe^{3+}, Fe, Cu^{2+}, Ag　　D. $Fe^{3+}, I^-, Sn^{4+}, Fe^{2+}$

(10) 铁在酸性溶液中比在纯水中易腐蚀是由于(　　)。

A. 在酸中 $\varphi^\ominus(Fe^{2+}/Fe)$ 值减小　　B. 在酸中 $\varphi^\ominus(Fe^{3+}/Fe^{2+})$ 值增大

C. 在酸中 $\varphi(H^+/H_2)$ 值增大　　D. 在酸中 $\varphi^\ominus(H^+/H_2)$ 值增大

2. 填空题

(1) 现有下列氧化剂:$KMnO_4$, Cl_2,当增大溶液的 H^+ 浓度时,氧化性增强的是________,不变的是________。

(2) 将下述反应设计成电池:$Ag^+(aq) + Fe^{2+}(aq) = Ag(s) + Fe^{3+}(aq)$,其电池符号为________,若往 $Ag^+(aq)$ 溶液中加入少量 NaCl 溶液,则电池的电动势将________。

(3) 在 Ag^+/Ag 的半反应电池中加入盐酸,则电极电势________;加入少量硝酸,则电极电势________。

(4) 在 Fe^{3+}/Fe^{2+} 的半反应电池中加入少量盐酸,则电极电势________;加入 KSCN 则电极电势________。

(5) 将下述反应设计成电池:$Zn(s) + Fe^{2+}(aq) = Zn^{2+}(aq) + Fe(s)$,其电池符号为________,其中符号________表示盐桥。

(6) 在原电池中,$\varphi^\ominus$ 值越大其电对氧化型的________越强,$\varphi^\ominus$ 值越小,其电对还原型的________越强。

(7) 在原电池中,$\varphi^\ominus$ 值大的电对为________极,$\varphi^\ominus$ 值小的电对为________极。

(8) $3ClO^- = ClO_3^- + 2Cl^-$ 属于氧化还原反应中的________反应,此类反应的特点是________。

(9) 某电对的标准电极电势是将其与________电极组成原电池并测其电动势而得到的,而后一电极的电极电势规定为________ V。

(10) 由 A－B－C 组成元素电势图,它们的电极电势从左到右分别为 $\varphi_1^\ominus$ 与 $\varphi_2^\ominus$,若 $\varphi_1^\ominus$

________ $\varphi_2^\ominus$ 时，则 B 可发生歧化反应，若 $\varphi_1^\ominus$ ________ $\varphi_2^\ominus$ 时，可发生反歧化反应。

3. 判断题

(1) 电对的标准电极电势越大，则该电对中的氧化态的氧化能力就越强。

(2) 将半电池的电极反应的左右两边都乘以2，则该电极电势等于2倍的标准电极电势。

(3) 标准氢电极的电极电势为零，是实际测定的结果。

(4) Ag^+/Ag 的标准电极电势大于 $AgCl/Ag$ 的标准电极电势。

(5) 溶液的酸度改变一定会对电对的电极电势有影响。

(6) 原电池的电动势越高，其自发进行的倾向就越大，反应速度就越快。

(7) 若 $\varphi^\ominus(A^+/A) > \varphi^\ominus(B^+/B)$，则在标准状态下 $A + B^+$ 生成 $A^+ + B$ 为自发。

(8) 向含 Ag^+ 和 Ag 的溶液中加入少量硝酸，则电极电势会升高。

(9) 从标准电极电势上看，$\varphi^\ominus(Cu^{2+}/Cu^+) < \varphi^\ominus(I_2/I^-)$，所以 Cu^{2+} 与 I^- 不能反应。

(10) 元素电势图可判定哪种离子在溶液中能歧化。

4. 简答题

(1) 已知 $\varphi^\ominus(MnO_2/Mn^{2+}) = 1.23\ V$，$\varphi^\ominus(Cl_2/Cl^-) = 1.36\ V$，解释可以用二氧化锰氧化浓 HCl 制备 Cl_2？

(2) 举例说明酸度对含氧酸氧化能力的影响。

(3) 从标准电极电势上看，$\varphi^\ominus(Cu^{2+}/Cu) < \varphi^\ominus(I_2/I^-)$，为什么 Cu^{2+} 与 I^- 的反应还相当充分？并请写出反应的方程式。

(4) 什么叫元素电势图？如何从该图上判断某种离子在水溶液中能否发生歧化反应？

(5) 如何求一个氧化还原反应的标准电动势？

5. 计算题

(1) 将反应 $Ce^{4+} + Fe^{2+} = Fe^{3+} + Ce^{3+}$ 设计成原电池：

① 若 Ce^{4+} 离子浓度变为 $0.1\ mol \cdot L^{-1}$，其他离子浓度仍为标准态，此时电池电动势 ε 为多少？($\varphi^\ominus(Ce^{4+}/Ce^{3+}) = 1.61\ V$，$\varphi^\ominus(Fe^{3+}/Fe^{2+}) = 0.771\ V$)

② 计算标准状态时此氧化还原反应的平衡常数 $K^\ominus$。

(2) 分别判断反应 $Pb^{2+} + Sn = Pb + Sn^{2+}$ 在标准状态下及 $c(Pb^{2+}) = 0.01\ mol \cdot L^{-1}$，$c(Sn^{2+}) = 2.00\ mol \cdot L^{-1}$ 时的反应方向。已知 $\varphi^\ominus(Sn^{2+}/Sn) = -0.136\ 4\ V$，$\varphi^\ominus(Pb^{2+}/Pb) = -0.126\ 2\ V$

(3) 已知 Zn^{2+}/Zn 与 Fe^{2+}/Fe 的标准电极电势分别为 $-0.763\ V$ 和 $-0.44\ V$，求 $Zn + Fe^{2+} \longrightarrow Zn^{2+} + Fe$ 反应的平衡常数。

(4) 已知：$\varphi^\ominus(PbO_2/Pb^{2+}) = 1.455\ V$，$\varphi^\ominus(Cl_2/Cl^-) = 1.36\ V$，$K_{sp}^\ominus(PbCl_2) = 1.6 \times 10^{-5}$；写出 PbO_2 与 HCl(aq) 反应的离子方程式，求该反应的标准平衡常数；当 $p(Cl_2) = 100\ kPa$，平衡时，$[H^+]$ 和 $[Cl^-]$ 各为多少？

(5) 已知 $\varphi^\ominus(Fe^{3+}/Fe^{2+}) = 0.771\ V$，$\varphi^\ominus(I_2/I) = 0.535\ V$，下面反应

$$2Fe^{3+} + 2I^- = 2Fe^{2+} + I_2$$

① 计算此反应的平衡常数。

② 通过计算说明当[Fe^{3+}] = 1.0×10^{-5} mol · L^{-1},[Fe^{2+}] = [I^-] = 1.0 mol · L^{-1} 时,反应进行的方向。

(6) 在0.10 mol · L^{-1} 的 $CuSO_4$ 溶液中投入锌粒,求反应的平衡常数及反应达平衡时溶液中的 Cu^{2+} 的浓度。(已知 Cu^{2+}/Cu,Zn^{2+}/Zn 的标准电极电势分别为 0.341 9 V 和 −0.763 V)

(7) 已知电极反应 $Cr_2O_7^{2-} + 14H^+ + 6e \rightleftharpoons 2Cr^{3+} + 7H_2O$ 的 $\varphi^\ominus(Cr_2O_7^{2-}/Cr^{3+})$ = 1.23 V,求:

① 在 pH = 3 时的电极电势。

② 如果当 pH = 3 时和 $Fe^{3+} + e \rightarrow Fe^{2+}$ 组成原电池,求电动势和标准平衡常数,$\varphi^\ominus(Fe^{3+}/Fe^{2+})$ =0.771 V。

第 8 章

原子结构与元素周期系

物质世界种类繁多、性质各异。不同的物质之所以表现出不同的性质,其根本原因在于物质内部结构的差异。随着科学技术的进步和化学实验工作的发展,人们对原子结构的研究日渐深化。从原子论到玻尔理论再到现代物质结构学说,人们对原子结构的认识已经取得了突破性的进展。了解和掌握原子结构以及核外电子的运动状态,对认识物质的化学性质及其变化规律至关重要。

8.1 微观粒子的特征

自从 19 世纪初,英国化学家道尔顿提出物质由原子构成、原子不可再分的学说以后,人们几乎都认为原子是不可再分的。直到 19 世纪末,物理学上一系列新的发现,才让人们敲开了原子结构的大门。20 世纪初,理论上的一些重大突破,使人们逐步加深了对微观粒子运动特性的认识。

8.1.1 物理量变化的不连续性 —— 量子化

1. 氢原子光谱

当一束白光通过棱镜时,不同频率的光由于折射率不同,形成红、橙、黄、绿、青、蓝、紫连续分布的带状光谱,称为连续光谱。而气态原子被电火花或电弧等激发后,得到的是一条条离散的谱线,被称为线状光谱,即原子光谱。

氢原子光谱是最简单的一种原子光谱。到 1885 年,人们已在可见光区和近紫外光区发现了氢原子光谱的 14 条谱线,其光谱图如图 8.1 所示,其中可见光区有 4 条分立的谱线,分别用 H_α、H_β、H_γ、H_δ 表示,相应的波长分别为 656.3 nm、486.1 nm、434.0 nm 和 410.2 nm。

1889 年,瑞典物理学家 J. R. Ryberg 提出了表示氢原子谱线的经验公式:

$$\frac{1}{\lambda} = R\left(\frac{1}{n_1^2} - \frac{1}{n_2^2}\right) \tag{8.1}$$

式中,$n_1 = 1,2,3\cdots$;$n_2 = n_1 + 1, n_1 + 2, n_1 + 3\cdots$;$\lambda$ 是谱线的波长;$R = 4/B$,为里德伯常数。

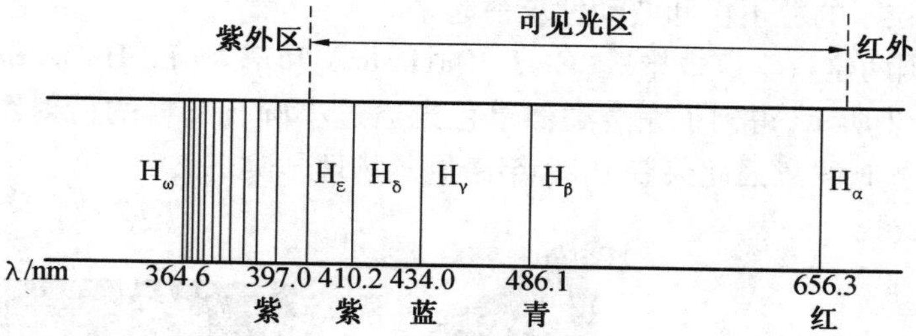

图 8.1　氢原子的光谱图

这一经验公式在一定程度上反映了原子光谱的规律性，但是经典物理学无法解释氢原子光谱的实验事实与经验公式。按照经典电磁理论，原子发射的光谱应该是连续光谱，这与实验得到的线性光谱是矛盾的。

2. 玻尔理论

1913 年，丹麦物理学家 N. Bohr 在前人工作的基础上，引用了 M. Planck 提出的能量量子化的概念，提出了原子结构理论，其基本假设有三点：

(1) 核外电子运动有一定的轨道，在此轨道上运动的电子既不放出能量也不吸收能量，原子处于稳定的状态，称为定态。能量最低的定态称为基态，能量高于基态的定态称为激发态。

(2) 在一定轨道上运动的电子有一定的能量，该能量只能取某些由量子化条件决定的正整数值，而不能处于两个相邻轨道之间。

(3) 激发态不稳定，电子回到较低能量的状态时，能量差以光的形式发射出来，两个轨道能量差决定光量子的能量，即 $\Delta E = E_2 - E_1 = h\nu$。

所谓量子化，是指表征微观粒子运动状态的某些物理量只能是不连续的变化。核外电子运动能量的量子化，是指电子运动的能量只能取一些不连续的能量状态，又称为电子的能级。

玻尔根据以上假设，应用经典力学的方法，计算了氢原子各个定态的轨道和能量，成功地解释了氢原子光谱的不连续性，推动了原子结构理论的发展。但是玻尔理论也有其局限性，它不能解释多电子原子光谱，也不能说明氢原子光谱的精细结构。

8.1.2　微观粒子的波粒二象性

微观粒子的波粒二象性是指微观粒子既具有微粒性又具有波动性。波粒二象性是微观粒子运动的基本特征。17 ~ 18 世纪光的微粒说与光的波动说一直是争论的焦点，直至 20 世纪初，才公认光有“二象性”，即既有波动性又有粒子性。德布罗意(L. de Broglie) 在光的波粒二象性启发下，于 1924 年大胆地提出了所有微观粒子如电子、原子、分子等也具有波粒二象性。他将反映光的二象性的公式应用到微粒上，提出了“物质波” 公式或称为德布罗意关系式，即

$$\lambda = \frac{h}{p} = \frac{h}{m\nu} \tag{8.2}$$

式中，p 为微粒的动量；m 为微粒的质量；v 为微粒的运动速度；λ 为微粒波的波长。德布罗

意关系式把微观粒子的粒子性和波动性统一起来。

1927 年,美国两位科学家戴维逊(C. J. Davisson) 和革末(L. H. Germer) 通过电子衍射实验,如图8.2 所示,得到了完全类似单色光通过小圆孔那样的衍射图像,证实了德布罗意的假设。德布罗意因此荣获 1929 年诺贝尔物理学奖。

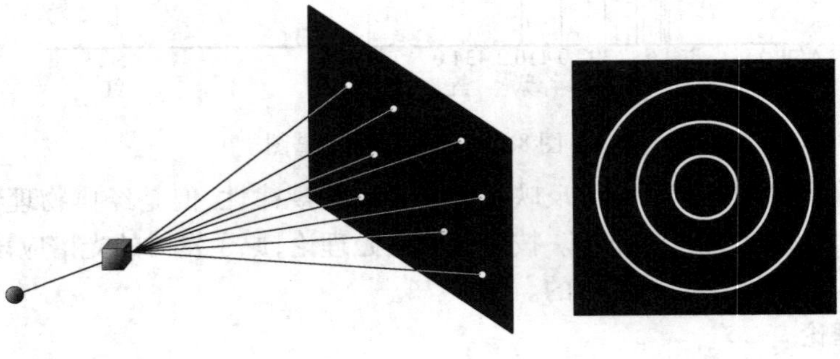

(a) (b)

图 8.2　电子衍射图像形成示意图

一切实物粒子都具有波粒二象性。微粒的质量越大,波长越短。宏观物体的波长小到难以测量,以致其波动性难以察觉,仅表现出粒子性。而高速运动的质量很小的微观物体,其波动性是不可忽略的。

8.1.3　微观粒子的波粒二象性的统计解释

从衍射实验来看,不仅用较强的电子流可以在极短的时间内得到电子衍射图,而且用很弱的电子流,只要时间足够长,也可以得到同样的衍射图。开始,一个个电子分别随机到达底板的一个个点上,不能一下得到衍射图。我们不能预测某个电子到达底板上的位置。但是,电子落在底板上的点不是都重合在一起,经过足够长的时间,通过了大量的电子,则看出规律,得到衍射图,显示了波动性。在电子出现概率大的地方,出现亮的环纹,即衍射强度大的地方。反之,电子出现少的地方,出现暗的环纹,衍射强度就小。说明电子的波动性是和电子运动的统计性规律联系在一起。个别电子虽然没有确定的运动轨道,但它在空间任一点衍射波的强度与它出现的概率密度成正比。所以,电子波是概率波。

8.2　核外电子运动状态的描述——量子力学原子模型

8.2.1　波 函 数

为了描述具有波粒二象性的微观粒子的运动状态,奥地利物理学家薛定谔(E. Schrödinger) 在 1926 年提出了微观粒子运动的波动方程,即薛定谔方程,其基本形式为

$$\frac{\partial^2\psi}{\partial x^2}+\frac{\partial^2\psi}{\partial y^2}+\frac{\partial^2\psi}{\partial z^2}+\frac{8\pi^2 m}{h^2}(E-V)\psi=0 \tag{8.3}$$

式中,x,y,z 是电子在空间的坐标;m 是电子的质量;E 是电子的总能量;V 是电子的势能;h

是普朗克常量。方程式中 ψ 称为波函数，是这个方程的解，它可以是空间直角坐标(x,y,z)或球极坐标(r,θ,ϕ)的函数。

量子力学用波函数 $\psi(x,y,z)$ 和其相应的能量 E 来描述电子的运动状态和能量的高低。但是求解薛定谔方程涉及较深的数理知识，超出了本课程的要求，因此不做详细介绍，只是定性地介绍用量子力学讨论原子结构的思路。

为了求解方便，要把直角坐标表示的 $\psi(x,y,z)$ 改换成球极坐标表示的 $\psi(r,\theta,\phi)$，二者的关系如图 8.3 所示。

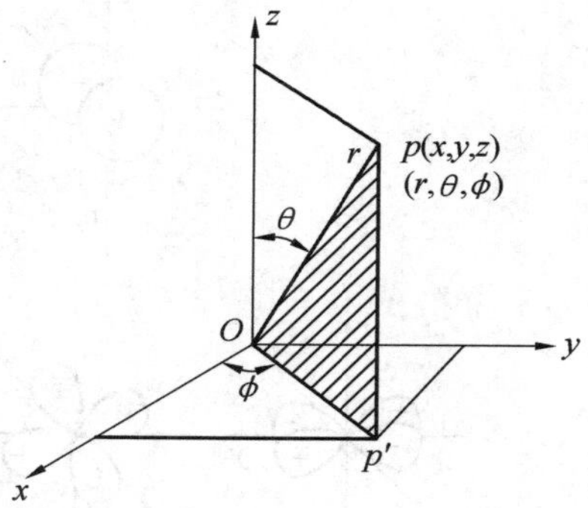

图 8.3　直角坐标与球极坐标的关系

r 表示 p 点与原点的距离，θ、ϕ 称为方位角。直角坐标与球极坐标的变换关系为

$$x = r\sin\theta\cos\phi \tag{8.4a}$$

$$y = r\sin\theta\sin\phi \tag{8.4b}$$

$$z = r\cos\theta \tag{8.4c}$$

$$r = \sqrt{x^2 + y^2 + z^2} \tag{8.4d}$$

将式(8.4)中的变换关系式代入薛定谔方程，再经过变量分离，最终将 $\psi(r,\theta,\phi)$ 表示为两个函数的乘积：

$$\Psi_{n,l,m}(r,\theta,\phi) = R_{n,l}(r) \cdot Y_{l,m}(\theta,m) \tag{8.5}$$

式中，$R(r)$ 是波函数的径向部分，它表示 θ、ϕ 一定时波函数 ψ 随 r 的变化关系；$Y(\theta,\phi)$ 是波函数的角度部分，它表示 r 一定时波函数 ψ 随 θ、ϕ 的变化关系。

波函数 ψ 是描述核外电子在空间运动状态的数学函数式，一定的波函数表示一种电子的运动状态。波函数也称原子轨道函数，简称原子轨道。需要注意的是，这里的原子轨道和宏观物体的运动轨道是有根本区别的，它只是描述核外电子的一种运动状态，并没有确定的运动轨迹。波函数 ψ 本身的物理意义并不明确，但波函数绝对值的平方却有明确的物理意义，$|\psi|^2$ 表示电子在核外空间单位体积内出现的概率。$|\psi|^2$ 的空间图像就是电子云的空间分布图像。

将波函数中的角度部分 Y 随 θ、ϕ 的变化作图，可以得到波函数的角度分布图，也称原子轨道的角度分布图，图 8.4 给出了 s、p、d 原子轨道的角度分布图。s 轨道的角度分布呈球形；p 轨道的角度分布呈哑铃形，有正值和负值部分；d 轨道的角度分布呈花瓣形，也有正值和负值部分。

8.2.2　四个量子数

原子中电子在核外的运动状态，是指电子所在的电子层和原子轨道的能级、形状、伸展方向等，可用主量子数(n)、角量子数(l)、磁量子数(m)、自旋量子数(m_s)来描述。

1. 主量子数(n)

主量子数 n 是用来描述原子中电子出现概率最大区域离核的远近，或者说它是决定电子层数的。主量子数也是决定电子能量的主要因素。主量子数 n 的取值为 1,2,3,⋯等正整数。例如，$n=1$ 代表电子离核的平均距离最近、能量最低的第一电子层；$n=2$ 代表

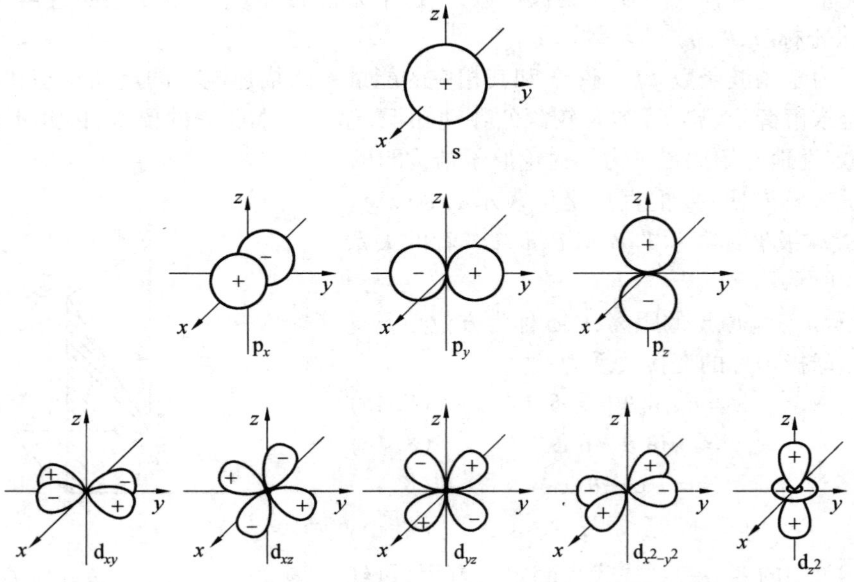

图 8.4　原子轨道角度分布图

电子离核的平均距离次近、能量次低的第二电子层，依此类推。可见 n 越大，电子离核的平均距离越远，能量越高。在光谱学上常用K，L，M，N，O，P，Q等符号分别表示 $n=1,2,3,4,5,6,7$ 电子层。

2. 角量子数(l)

角量子数 l 决定原子轨道的角动量，以及原子轨道或电子云的形状，在多电子原子中与主量子数 n 共同决定电子能量高低。对于一定的 n 值，l 可取 $0,1,2,3,4,\cdots,n-1$ 等共 n 个值，用光谱学上的符号相应表示为 s，p，d，f，g 等。角量子数 l 表示电子的亚层或能级。一个 n 值可以有多个 l 值，如 $n=3$ 表示第三电子层，l 值可有 0，1，2，分别表示 3s，3p，3d 亚层，相应的电子分别称为 3s，3p，3d 电子。它们的原子轨道和电子云的形状分别为球形对称、哑铃形和花瓣形，对于多电子原子来说，这三个亚层能量为 $E_{3s} < E_{3p} < E_{3d}$，即 n 值一定时，l 值越大，亚层能级越高。在描述多电子原子系统的能量状态时，需要用 n 和 l 两个量子数。但是对于单电子系统，如氢原子，其能量 E 不受 l 的影响，只与 n 有关，即 $E_{ns}=E_{np}=E_{nd}$。

3. 磁量子数(m)

磁量子数 m 决定原子轨道或电子云在空间的伸展方向。当 l 给定时，m 的取值为从 $-l$ 到 $+l$ 之间的一切整数(包括0在内)，即0，±1，±2，±3，…，$\pm l$，共有 $2l+1$ 个取值。即原子轨道或电子云在空间有 $2l+1$ 个伸展方向。原子轨道或电子云在空间的每一个伸展方向称做一个轨道。例如，$l=0$ 时，$m=0$，说明 s 亚层只有一个轨道为 s 轨道。s 电子云呈球形对称分布，没有方向性。当 $l=1$ 时，m 可有 $-1,0,+1$ 三个取值，说明 p 电子云在空间有三种取向，即 p 亚层中有三个以 x,y,z 轴为对称轴的 p_x,p_y,p_z 轨道。当 $l=2$ 时，m 可有 $-2,-1,0,+1,+2$ 五个取值，即 d 电子云在空间有五种取向，d 亚层中有五个不同

伸展方向的 d_{xy},d_{yz},d_{xz},d_z^2,d_{x-y}^2 轨道。

4. 自旋量子数(m_s)

自旋量子数 m_s 用来描述核外电子的自旋状态。m_s 的取值有两个，+ 1/2 和 - 1/2。说明电子的自旋只有两个方向，即顺时针方向和逆时针方向。通常用“↑”和“↓”表示。自旋只有两个方向，因此决定了每个轨道最多只能容纳 2 个电子，且自旋方向相反。

综上所述，四个量子数确定后，电子在核外的运动状态就确定了。表 8.1 列出了四个量子数的取值及状态总数。

表 8.1　四个量子数和电子运动状态

主量子数 n		角量子数 l		磁量子数 m			自旋量子数 m_s		电子运动状态数
					原子轨道				
取值	电子层符号	取值	能级符号	取值	符号	总数	取值	符号	
1	K	0	1s	0	1s	1	±1/2	↑↓	2
2	L	0	2s	0	2s	4	±1/2	↑↓	8
		1	2p	0 ±1	$2p_z$		±1/2	↑↓	
					$2p_x$		±1/2	↑↓	
					$2p_y$		±1/2	↑↓	
3	M	0	3s	0	3s	9	±1/2	↑↓	18
		1	3p	0 ±1	$3p_z$		±1/2	↑↓	
					$3p_x$		±1/2	↑↓	
					$3p_y$		±1/2	↑↓	
		2	3d	0 ±1 ±2	$3d_z{}^2$		±1/2	↑↓	
					$3d_{xz}$		±1/2	↑↓	
					$3d_{yz}$		±1/2	↑↓	
					$3d_{x^2-y^2}$		±1/2	↑↓	
					$3d_{xy}$		±1/2	↑↓	

8.2.3　概率密度和电子云

概率密度是电子在核外空间单位体积内出现的概率，用 $|\psi|^2$ 表示。电子在核外空间某区域内出现的概率等于概率密度与该区域体积的乘积。

如果用小黑点的疏密来表示电子在核外各处的概率密度大小，黑点密的地方，是电子出现概率密度大的地方；黑点疏的地方，是电子出现概率密度小的地方，如图 8.5 所示。像这样用小黑点的疏密形象地描述电子在原子核外空间的概率密度分布图像称为电子云。所以电子云是电子在核外运动具有统计性的一种形象表示法。为了方便，通常用电子云的界面图表示原子中电子云的分布情况。所谓界面，是指电子在这个界面内出现的概率很大(95% 以上)，而在界面外出现的概率很小(5% 以下)，如图 8.6 所示。

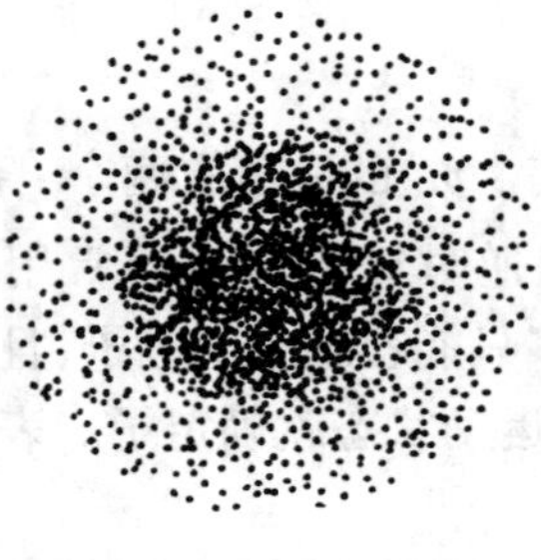

图 8.5　氢原子的 1s 电子云图

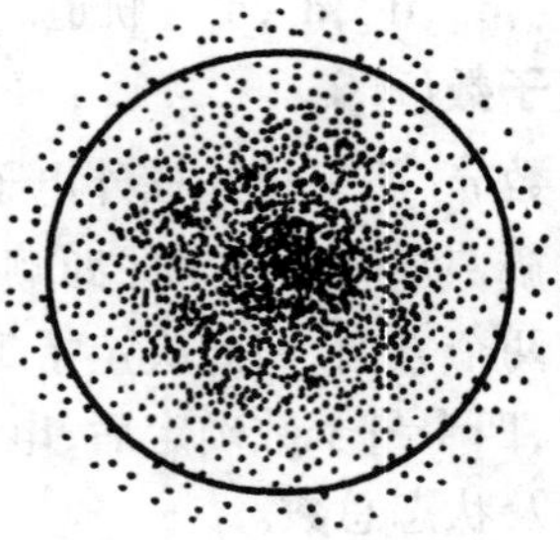

图 8.6　1s 电子云界面图

将 $|\psi|^2$ 的角度部分 Y^2 的值随 θ、ϕ 的变化作图，可得到电子云的角度分布图，如图 8.7 所示。从图中可以看到，电子云的角度分布图与原子轨道的角度分布图相似，但是也有区别，电子云的角度分布图比原子轨道的角度分布图要“瘦”一些，原子轨道的角度分布图有正、负，而电子云的角度分布图均为正值，因为 Y^2 为正值。

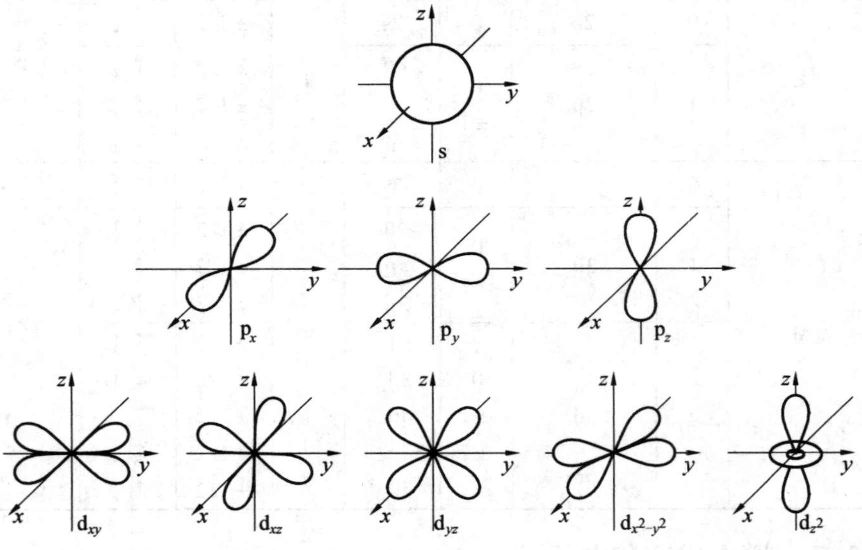

图 8.7　电子云的角度分布图

8.3　原子核外电子排布和元素周期系

多电子原子中不止一个电子，于是就有这些电子在不同的可能状态中如何排布的问题，即核外电子排布。整个多电子原子的状态应当用所有电子运动状态的总和来描述。

8.3.1　多电子原子轨道能级

1. 屏蔽效应

对于氢原子，核外只有一个电子，电子仅受到原子核的吸引，电子运动的能量主要取决于主量子数 n，其能量为

$$E = -13.6 \times \frac{Z^2}{n^2} \tag{8.6}$$

对于多电子原子，由于其他电子对某一电子的排斥而抵消或屏蔽了核电荷对该电子的作用，相当于使该电子受到的有效核电荷数减少了。于是有 $Z^* = Z - \sigma$，其能量为

$$E = -13.6 \times \frac{Z^{*2}}{n^2} = -13.6 \times \frac{(Z - \sigma)^2}{n^2} \tag{8.7}$$

式(8.7)中，Z 为核电荷数；Z^* 为有效核电荷数；σ 为屏蔽常数，代表由于电子间的斥力而使原核电荷减少的部分。

这种由于其他电子对某一电子的排斥作用而抵消了一部分核电荷，从而引起有效核电荷的降低，削弱了核电荷对该电子的吸引作用称为屏蔽作用或屏蔽效应。屏蔽效应使得原子核对电子的吸引力减小，因而电子具有的能量增大。一般，内层电子对外层电子的屏蔽作用较大，同层电子的屏蔽作用较小，外层电子对较内层电子几乎不产生屏蔽作用。所以原子轨道的能量不仅取决于主量子数 n，而且与角量子数 l 有关。n 相同时，l 不同的原子轨道，有

$$E_{nf} > E_{nd} > E_{np} > E_{ns}$$

2. 钻穿效应

外层电子钻到内层空间而靠近原子核的现象，通常称为钻穿作用。钻穿作用的大小对轨道的能量有明显的影响。电子钻得越深，它受其他电子的屏蔽作用就越小，而受核的吸引力越大，因而本身能量也就越低。所以，钻穿作用越大的电子能量越低。这种由于电子钻穿作用的不同而使其能量发生变化的现象称为钻穿效应。当主量子数 n 相同时，角量子数 l 越小，钻穿效应越明显，能级也越低，即

钻穿能力　$ns > np > nd > nf$

轨道能级　$E_{nf} > E_{nd} > E_{np} > E_{ns}$

由于钻穿效应的存在，会使得一些能量相近的能级发生交错现象，如 K 和 Ca 原子 $E_{3d} > E_{4s}$，这是因为它们的 4s 对 K,L 内层原子芯的钻穿比 3d 大得多(见图 8.8)。

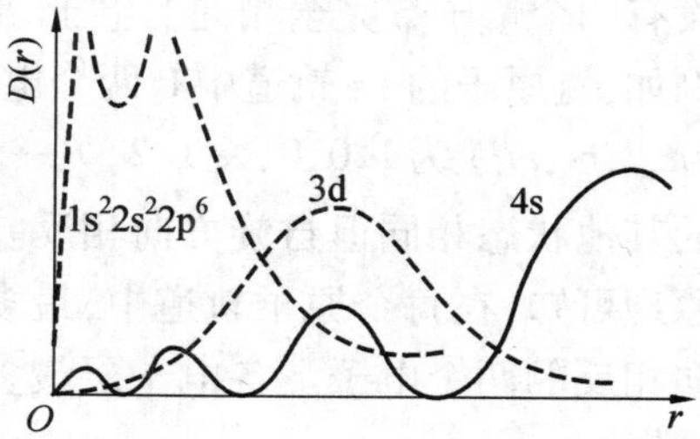

图 8.8　3d 和 4s 对 K,L 原子芯的钻穿

3. 鲍林(Pauling)近似能级图

鲍林根据光谱实验结果并结合理论计算提出了多电子原子的近似能级图，如图 8.9 所示。其中，一个小圆圈代表一个原子轨道，能量相近的能级划成一组，称为能级组。能级组之间能量相差较大。

由图 8.9 可知，角量子数 l 相同，主量子数 n 不同时，n 越大，轨道能量越高，如 $E_{4s} > E_{3s} > E_{2s} > E_{1s}$；主量子数 n 相同，角量子数 l 不同时，l 越大，轨道能量越高，如 $E_{nf} > E_{nd} > E_{np} > E_{ns}$，这种现象称为"能级分裂"；当主量子数 n 和角量子数 l 均不相同时，有时会出现"能级交错"现象，如 $E_{3d} > E_{4s}$，$E_{4d} > E_{5s}$，$E_{4f} > E_{6s}$，可用屏蔽效应和钻穿效应来解释。

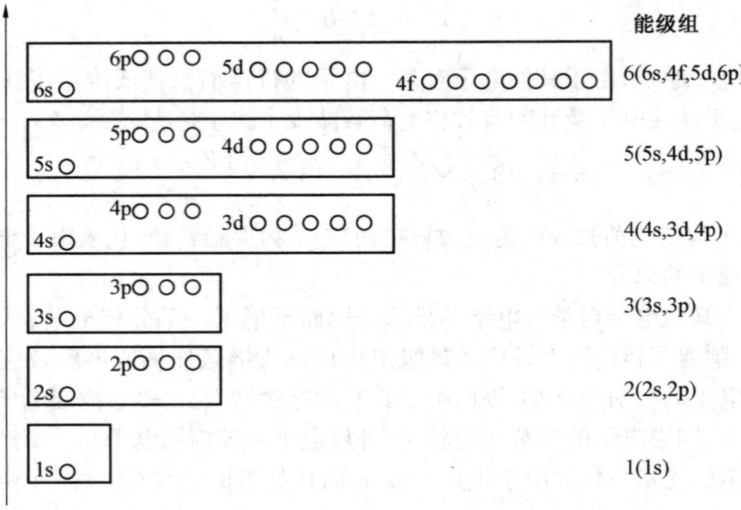

图 8.9　鲍林近似能级图

8.3.2　基态原子的核外电子排布规律

原子核外的电子都有各自的运动状态,它们的排布应遵循三个原则:泡利(Pauli)不相容原理、能量最低原理和洪德(Hund)规则。

1. 泡利不相容原理

1925 年,奥地利物理学家 W. Pauli 提出了泡利不相容原理,其内容是:在同一原子中没有四个量子数完全相同的电子,或者说在同一原子中没有运动状态完全相同的电子。例如,氦原子的 1s 轨道中有两个电子,描述其中一个原子中没有运动状态的一组量子数(n,l,m,m_s)为 1,0,0,+1/2,另一个电子的一组量子数必然是 1,0,0,-1/2,即两个电子的其他状态相同但自旋方向相反。根据泡利不相容原理可知,在每个原子轨道中,最多只能容纳自旋方向相反的两个电子。各电子层最多容纳的电子数为 $2n^2$ 个。

2. 能量最低原理

所谓能量最低原理,是在不违背泡利原理的前提下,核外电子的排布尽可能使整个原子的能量最低,即电子总是优先占有能量最低的原子轨道。只有当能量较低的原子轨道被占满后,电子才依次进入能量较高的轨道,以使原子处于能量最低的稳定状态。

核外电子按图 8.10 所示的顺序进行填充。

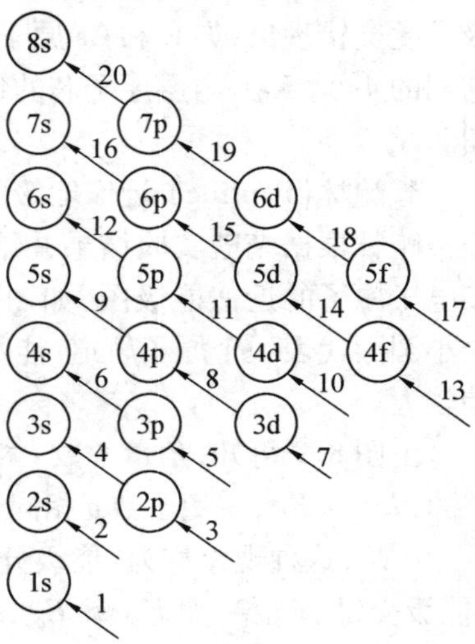

图 8.10　基态原子电子排布的顺序

3. 洪德规则

能量相等而空间取向不同的轨道称为等价轨道

或简并轨道。如 p 亚层中的 p_x,p_y,p_z 轨道即为等价轨道。

德国物理学家 F. H. Hund 提出,在等价轨道中,电子尽可能分占不同的轨道,且自旋方向相同,这就是洪德规则。洪德规则实际上是能量最低原理的补充。因为两个电子同占一个轨道时,电子间的排斥作用会使体系能量升高,只有分占等价轨道,才有利于降低体系的能量。例如,碳原子核外有 6 个电子,电子排布式为 $1s^2 2s^2 2p^2$,除了有 2 个电子分布在 1s 轨道,2 个电子分布在2s 轨道外,另外2 个电子不是占1 个2p 轨道,而是以自旋相同的方向分占能量相同,但伸展方向不同的两个 2p 轨道。碳原子核外 6 个电子的排布情况如图 8.11 所示。

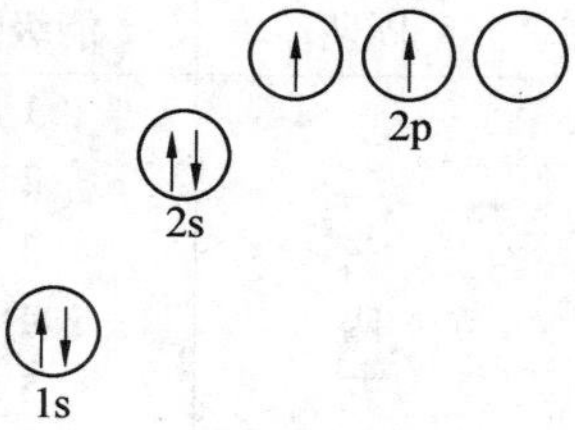

图 8.11　碳原子的电子排布图

碳原子的电子排布式也可以写为:[He] $2s^2 2p^2$,式中[He] 表示碳原子的原子芯。原子芯是指某原子的原子核及电子排布同某稀有气体原子里的电子排布相同的那部分实体。

作为洪德规则的特例,等价轨道全充满,半充满或全空的状态是比较稳定的。全充满、半充满和全空的结构分别表示如下:

全充满:　p^6,d^{10},f^{14}

半充满:　p^3,d^5,f^7

全　空:　p^0,d^0,f^0

用洪德规则可以解释为什么 Cr 原子的外层电子排布为 $3d^5 4s^1$ 而不是 $3d^4 4s^2$,Cu 原子的外层电子排布为 $3d^{10} 4s^1$ 而不是 $3d^9 4s^2$。

根据以上三个原则,可以写出某元素的电子排布式,例如 Zn 的电子排布式为 $1s^2 2s^2 2p^6 3s^2 3p^6 3d^{10} 4s^2$,也可以写为[Ar] $3d^{10} 4s^2$。

8.3.3　原子结构与元素周期律

元素周期律是指元素的性质随着元素的原子序数(即原子核外电子数或核电荷数)的增加呈周期性变化的规律。元素周期律由门捷列夫首先发现,并根据此规律创制了元素周期表。周期律的发现是化学系统化过程中的一个重要里程碑。

1. 元素的周期

元素周期表有 7 行,即 7 个周期。从各元素原子的电子层结构可知,当主量子数 n 依次增加时,n 每增加 1 个数值就增加一个新的电子层,周期表上就增加一个周期。因此,元素在周期表中所处的周期数就等于它的最外电子层数 n。

每个周期所含元素数目与对应能级组最多能容纳的电子数目一致。第一能级组为 1s 亚层,有 1 个轨道,只能容纳 2 个电子,所以第一周期只有两种元素,为特短周期;第二能级组为2s,2p 亚层,有 4 个轨道,可容纳 8 个电子,所以第二周期有八种元素,为短周期;第三周期也有八种元素,为短周期;第四、五周期各有 18 种元素,为长周期;第六周期有 32 种元素,为特长周期;第七周期预计应有32 种元素,但是现在只有26 种元素,尚未填满,所以为不完全周期。能级组与周期的关系列于表 8.2。

表 8.2　能级组与周期的关系

周期	能级组	对应的能级	原子轨道数	元素数	特点
一	1	1s	1	2	特短周期
二	2	2s 2p	4	8	短周期
三	3	3s 3p	4	8	短周期
四	4	4s 3d 4p	9	18	长周期
五	5	5s 4d 5p	9	18	长周期
六	6	6s 4f 5d 6p	16	32	特长周期
七	7	7s 5f 6d 7p	16	应有 32	不完全周期

2. 元素的族

元素周期表中共18列,包括7个主族、7个副族、1个零族和1个Ⅷ族,其中第Ⅷ族包括3列。

主族:周期表中有7个主族,用ⅠA ~ ⅦA表示,凡内层轨道全充满,最后1个电子填入ns或np亚层上的,都是主族元素,价层电子的总数等于族数,即等于ns、np两个亚层上电子数目的总和。例如元素Si,核外电子排布是$1s^22s^22p^63s^23p^2$,电子最后填入3p亚层,价层电子构型为$3s^23p^2$,价层电子数为4,故为ⅣA族。

零族元素:也称为ⅧA族,是稀有气体,其最外层也已填满,呈稳定结构。

副族元素:周期表中有7个副族,用ⅠB ~ ⅦB表示。副族全是金属元素。凡最后一个电子填入$(n-1)$d或$(n-2)$f亚层上的都属于副族,也称过渡元素,其中镧系和锕系称为内过渡元素。ⅢB ~ ⅦB族元素,价电子总数等于$(n-1)$d、ns两个亚层电子数目的总和,也等于其族数。例如元素Mn的填充次序是$1s^22s^22p^63s^23p^63d^54s^2$,价层电子构型是$3d^54s^2$,所以是ⅦB族。ⅠB、ⅡB族由于其$(n-1)$d亚层已经填满,所以最外层$ns$亚层上电子数等于其族数。

Ⅷ族:它处在周期表的中间,共有三列。最后1个电子填在$(n-1)$d亚层上,也属于过渡元素。但它们外层电子的构型是$(n-1)d^{6\sim10}ns^{0\sim2}$,电子总数是8 ~ 10。此族多数元素在化学反应中的价数并不等于族数。

3. 元素的分区

元素周期表的主表从左到右分为s区、d区、ds区和p区4个区,副表为f区,如图8.12所示。

s区元素:最后1个电子填充在ns轨道上,价层电子的构型是ns^1或ns^2,位于周期表的左侧,包括ⅠA和ⅡA族,它们都是活泼金属,容易失去电子形成+1或+2价离子。

p区元素:最后1个电子填充在np轨道上,价层电子构型是$ns^2np^{1\sim6}$,位于长周期表右侧,包括ⅢA ~ ⅦA族元素。大部分为非金属。零族稀有气体也属于p区。s区和p区的共同特点是,最后1个电子都排布在最外层,最外层电子的总数等于该元素的族数。s区和p区就是按族划分的周期表中的主族。

d区元素:它们的价层电子构型是$(n-1)d^{1\sim9}ns^{1\sim2}$,最后1个电子基本都是填充在倒数的第二层$(n-1)$层d轨道上的元素,位于长周期的中部。这些元素都是金属,常有可变化的氧化态,称为过渡元素。它包括ⅢB ~ Ⅷ族元素。

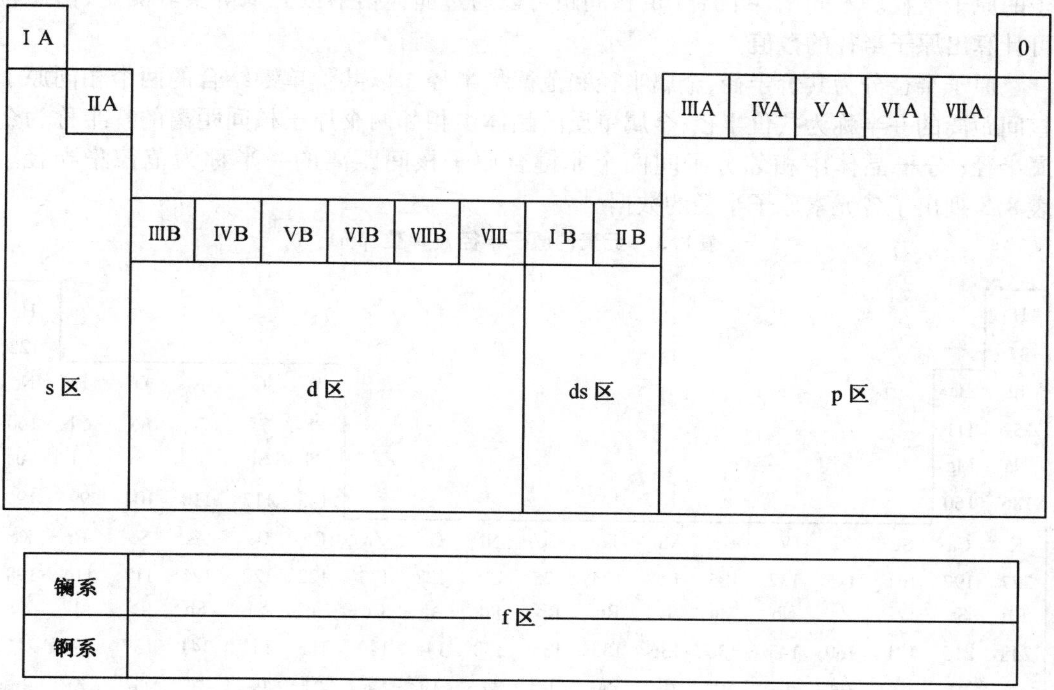

图8.12 周期表中元素的分区

ds区元素:价层电子构型是$(n-1)d^{10}ns^{1\sim2}$,即次外层d轨道是充满的,最外层轨道上有1 ~2个电子。它包括ⅠB和ⅡB族,处于周期表d区和p区之间。它们都是金属,也属过渡元素。

f区元素:最后1个电子填充在f轨道上,价层电子构型是$(n-2)f^{0\sim14}(n-1)d^{0\sim2}ns^2$,它包括镧系和锕系元素。它们的最外层电子数目相同,次外层电子数目也大部分相同,只有倒数第三层的电子数目不同,所以每个系内各元素的化学性质极为相似,都为金属,将它们称为内过渡元素。

8.4 元素某些性质的周期性

原子的电子层结构具有周期性变化规律,因此与原子结构有关的原子的一些基本性质,如原子半径、电离势、电子亲和势、电负性等也随之呈现显著的周期变化。下面我们将对这些变化规律分别讨论。

8.4.1 原子半径

由于原子核外电子的运动具有波动性,电子可以在离核相当远的区域出现,孤立的原子没有明确的界面,因此原子的真实半径是很难被测得的。实际人们是借助相邻原子的核间距来确定原子半径的。在单质分子或晶体中相邻的原子核间距离的一半定义为该原子的原子半径。不同条件下原子的核间距可以通过晶体衍射或光谱等实验测定，由此就可计算出原子半径的数值。

原子半径分为共价半径、金属半径和范德华半径。以共价单键结合的两个相同原子核间距离的一半称为共价半径；金属单质的晶体中相邻两个原子核间距离的一半称为金属半径；分子晶体中相邻分子间两个非键合原子核间距离的一半称为范德华半径。表 8.3 列出了各元素原子半径的数据。

表 8.3　元素的原子半径 r（单位：pm）

H																	He
37																	122
Li	Be											B	C	N	O	F	Ne
152	111											88	77	70	66	64	160
Na	Mg											Al	Si	P	S	Cl	Ar
186	160											143	117	110	104	99	191
K	Ca	Sc	Ti	V	Cr	Mn	Fe	Co	Ni	Cu	Zn	Ga	Ge	As	Se	Br	Kr
227	197	161	145	132	125	124	124	125	125	128	133	122	122	121	117	114	198
Rb	Sr	Y	Zr	Nb	Mo	Tc	Ru	Rh	Pd	Ag	Cd	In	Sn	Sb	Te	I	Xe
248	215	181	160	143	136	136	133	135	138	144	149	163	141	141	137	133	217
Cs	Ba	Lu	Hf	Ta	W	Re	Os	Ir	Pt	Au	Hg	Tl	Pb	Bi	Po	At	Rn
265	217	173	159	143	137	137	134	136	136	144	160	170	175	155	153		

La	Ce	Pr	Nd	Pm	Sm	Eu	Gd	Tb	Dy	Ho	Er	Tm	Yb
188	183	183	182	181	180	204	180	178	177	177	176	175	194

原子半径的大小呈周期性的变化。在同一周期中，从左到右核电荷和核外电子同时增加，但是增加的电子不足以完全屏蔽所增加的核电荷，因此有效核电荷逐渐增加，使得从左到右原子半径逐渐减小。在短周期中，由于有效核电荷数递增较多，所以原子半径显著递减。但是稀有气体原子半径大幅度增大，是因为它们是范德华半径。

在长周期中，前半部ⅠA到ⅡA主族以及后半部ⅢA到ⅦA主族，与短周期递变情况一致，原子半径明显递减。但在中部ⅢB到Ⅷ族的过渡元素原子半径减少得很缓慢，这是因为从左到右递增的一个电子填入次外层上，它的屏蔽作用较大，使有效核电荷数递增比短周期少得多，因此原子半径缓慢递减。ⅠB及ⅡB副族元素，由于这些原子的次外层达到18电子层结构，对外层电子的屏蔽效应显著，超过了核电荷增加的影响，以致原子半径反而略有增大。

镧系元素的原子半径也是随着原子序数的递增而减小，但是减小的幅度很小，这个现象叫做镧系收缩。这是因为从左到右递增的电子填入$(n-2)$f亚层即外数第三层上，对外层电子的屏蔽作用较大。镧系元素彼此间不仅电子层结构相似，原子半径也很接近，所以镧系元素彼此间性质极为相似，难以分离。

同一主族元素，从上到下，有效核电荷数增加不多甚至相同，但电子层数递增，故原子半径显著增大。同一副族元素，从上到下，第五周期元素的原子半径明显大于第四周期元素的原子半径，原因同主族一样。但第五、六周期元素中同一副族的元素由于镧系收缩的结果它们的原子半径十分接近，例如 Zr 与 Hf、Nb 与 Ta、Mo 与 W，这也造成了它们彼此性质上的相似，分离困难。

8.4.2　电离势

使某元素基态的气态原子失去一个电子，变成带一个正电荷的气态离子所需的能量，称为该元素的第一电离势，用 I_1 表示；使气态的正一价离子失去一个电子，变成气态正二价离子所需的能量，称为第二电离势，用 I_2 表示；依此类推，还有第三电离势 I_3、第四电离势 I_4 等，电离势的单位常用 kJ · mol^{-1}。例如：

$$Na(g) - e^- \longrightarrow Na^+(g) \qquad I_1 = 498\ \mathrm{kJ \cdot mol^{-1}} \tag{8.8a}$$

$$Na^+(g) - e^- \longrightarrow Na^{2+}(g) \qquad I_2 = 4\,562\ \mathrm{kJ \cdot mol^{-1}} \tag{8.8b}$$

如果没有特殊说明，一般说的电离势是指第一电离势。电离势的数据可用真空紫外光谱法、表面电离质谱法等准确测定。

电离势的大小反映了原子在气态时失去电子的难易程度，可以用于衡量元素金属活泼性的强弱。电离势越小，越易失去电子，金属活泼性越强，反之，电离势越大，越难失去电子，金属活泼性越弱。表 8.4 列出了各元素的第一电离势。

表 8.4　元素的第一电离势 I_1（单位：kJ · mol^{-1}）

H																	He
1 312.0																	2372.3
Li	Be											B	C	N	O	F	Ne
520.2	899.5											800.6	1 086.5	1 402.3	1 313.9	1 681.0	2 080.7
Na	Mg											Al	Si	P	S	Cl	Ar
495.8	737.7											577.5	786.5	1 011.8	999.6	1 251.2	1 520.6
K	Ca	Sc	Ti	V	Cr	Mn	Fe	Co	Ni	Cu	Zn	Ga	Ge	As	Se	Br	Kr
418.8	589.8	633.0	658.8	650.9	652.9	717.3	762.5	760.4	737.1	745.5	906.4	578.8	762.6	944.4	941.0	1 139.9	1 350.8
Rb	Sr	Y	Zr	Nb	Mo	Tc	Ru	Rh	Pd	Ag	Cd	In	Sn	Sb	Te	I	Xe
403.0	549.5	599.9	640.1	652.1	684.3	702.4	710.2	719.7	804.4	731.0	867.8	558.3	708.6	830.6	869.3	1 008.4	1 170.4
Cs	Ba	Lu	Hf	Ta	W	Re	Os	Ir	Pt	Au	Hg	Tl	Pb	Bi	Po	At	Rn
375.7	502.9	523.5	659.0	728.4	758.8	755.8	814.2	865.2	864.4	890.1	1 007.1	589.4	715.6	703.0	812.1		1 037.1
Fr	Ra	Lr															
392.0	509.3																

La	Ce	Pr	Nd	Pm	Sm	Eu	Gd	Tb	Dy	Ho	Er	Tm	Yb
538.1	534.4	527.2	533.1	538.4	544.5	547.1	593.4	565.8	573.0	581.0	589.3	596.7	603.4
Ac	Th	Pa	U	Np	Pu	Am	Cm	Bk	Cf	Es	Fm	Md	No
498.8	608.5	568.3	597.6	604.5	581.4	576.4	586.8	601.1	607.9	619.4	627.1	634.9	641.6

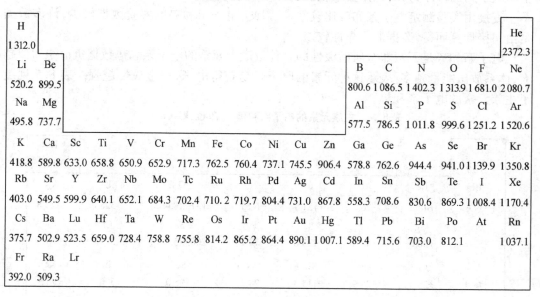

同一周期的主族元素，从左到右有效核电荷增加较多，原子半径减小，故总的趋势是电离势递增，金属活泼性减弱，稀有气体的电离势最大，其部分原因是稀有气体元素的原子具有相对稳定的8电子结构。但也有反常，硼的第一电离势反而比铍小，氧的电离势又比氮小，这是由于硼失去一个p电子达到$2s^2$的稳定结构，氧失去一个p电子达到$2p^3$的半充满的稳定结构。

同一主族元素，从上到下有效核电荷增加很少，甚至基本相同，但原子半径增大，故电离势依次递减，金属活泼性依次增强。

副族元素电离势的变化幅度不大，且规律性较差。一般同一周期从左到右或同一副族从上到下，电离势略有增加。同一周期副族元素的电离势总比s区元素的电离势大。

8.4.3　电子亲和势

某元素基态的气态原子获得一个电子变成气态的负一价离子时所放出的能量，称为该元素的第一电子亲和势，用E_1表示。与电离势类似，也有第二、第三……电子亲和势$E_2, E_3, \cdots$，电子亲和势的单位常用$kJ \cdot mol^{-1}$。例如：

$$O(g) + e^- \longrightarrow O^-(g) \qquad E_1 = -142\ kJ \cdot mol^{-1} \tag{8.9a}$$

$$O^-(g) + e^- \longrightarrow O^{2-}(g) \qquad E_2 = 844\ kJ \cdot mol^{-1} \tag{8.9b}$$

大多数情况下，中性原子吸收一个电子时要放出能量，$E_1 < 0$；但是因为要克服负离子与电子间的排斥力，所以需要吸收能量，E_2总是大于零。

直接用实验测定电子亲和势比较困难，因此，电子亲和势的实验数据较少，许多数据是由间接计算而得，数据的可靠性较差。

电子亲和势是元素非金属活泼性的一种量度。元素的电子亲和势数据负值绝对值越大，体系放出能量越多，表示这种元素的原子越易获得电子，非金属性越强。表8.5列出了主族元素的电子亲和势。

表8.5　主族元素的电子亲和势A(单位：$kJ \cdot mol^{-1}$)

H −72.7							He +48.2
Li −59.6	Be +48.2	B −26.7	C −121.9	N +6.75	O −141.0(844.2)	F −328.0	Ne +115.8
Na −52.9	Mg +38.6	Al −42.5	Si −133.6	P −72.1	S −200.4(531.6)	Cl −349.0	Ar +96.5
K −48.4	Ca +28.9	Ga −28.9	Ge −115.8	As −78.2	Se −195.0	Br −324.7	Kr −96.5
Rb −46.9	Sr +28.9	In −28.9	Sn −115.8	Sb −103.2	Te −190.2	I −295.1	Xe +77.2

注：括号内的数据为第二电子亲和势。

一般，电子亲和势的负值随着原子半径的减小而增大，因为半径小时，核电荷对电子的引力增大。所以，同一周期从左到右元素的电子亲和势的负值总趋势是逐渐增加的，同一主族从上到下大部分呈现负值逐渐减小的趋势。需要注意的是,从电子亲和势的数据看氧和氟的电子亲和势分别比硫和氯的负值少,但氧和氟的氧化性仍然比硫和氯强。这是因为电子亲和势只涉及气态原子和气态负离子,实际的化学反应过程是由这种分子或晶体生成另外的分子或晶体,整个过程是由许多因素共同决定的。

8.4.4　元素的电负性

元素的电离势和电子亲和势在一定程度上反映了某元素的原子得失电子的能力,但是在形成化合物时,元素的原子经常既不得到电子,也不失去电子,电子只是在原子间发生偏移。也就是说二者在衡量原子的得失电子能力时存在一定的局限性。

为了综合表示元素的原子得失电子的能力,美国科学家鲍林提出了电负性的概念。原子在分子中吸引电子的能力称为元素的电负性。原子吸引成键电子的能力越强,其电负性就越大;原子吸引成键电子的能力越弱,电负性就越小。电负性通常用 χ 表示,鲍林指定 F 的电负性为 4.0,所以电负性是相对的数值。一般金属元素的电负性小于 2.0,非金属元素的电负性大于 2.0。但是 2.0 不能作为划分金属与非金属的绝对界限。F 的电负性最大,非金属性最强;Cs 的电负性最小,金属性最强。表 8.6 给出了元素的电负性。

表 8.6　元素的电负性 χ

H																
2.18																
Li	Be											B	C	N	O	F
0.98	1.57											2.04	2.55	3.04	3.44	3.98
Na	Mg											Al	Si	P	S	Cl
0.93	1.31											1.61	1.90	2.19	2.58	3.16
K	Ca	Sc	Ti	V	Cr	Mn	Fe	Co	Ni	Cu	Zn	Ga	Ge	As	Se	Br
0.82	1.00	1.36	1.54	1.63	1.66	1.55	1.80	1.88	1.91	1.90	1.65	1.81	2.01	2.18	2.55	2.96
Rb	Sr	Y	Zr	Nb	Mo	Tc	Ru	Rh	Pd	Ag	Cd	In	Sn	Sb	Te	I
0.82	0.95	1.22	1.33	1.60	2.16	1.90	2.28	2.20	2.20	1.93	1.69	1.78	1.96	2.05	2.10	2.66
Cs	Ba	Lu	Hf	Ta	W	Re	Os	Ir	Pt	Au	Hg	Tl	Pb	Bi	Po	At
0.79	0.89	1.20	1.30	1.50	2.36	1.90	2.20	2.20	2.28	2.54	2.00	2.04	2.33	2.02	2.00	2.20

在周期表中,元素的电负性呈明显的周期性变化。同一周期的元素从左到右,由于有效核电荷递增、原子半径递减,原子吸引成键电子的能力逐渐增强,电负性逐渐增大。同一主族中,从上到下,有效核电荷基本相同,但原子半径增加较多,故原子吸引成键电子的能力减弱,电负性递减。但是副族元素电负性的变化较复杂。ⅢB 族电负性的变化与主族相似,镧系元素的电负性很小,一般为 1.0 ~ 1.2,它们是很活泼的金属。由于镧系收缩,使同一副族第五、六周期元素的电负性很接近。

本 章 小 结

了解微观粒子运动的特征以及波函数、原子轨道、概率、概率密度、电子云等基本概念。

理解屏蔽效应和钻穿效应，并会解释“能级分裂”和“能级交错”现象。

掌握描述核外电子运动状态的四个量子数的物理意义和可能的取值。

掌握核外电子排布的三个原则：泡利不相容原理、能量最低原理和洪德规则以及核外电子排布与元素周期律的关系。能写出给定原子或离子的电子排布式，并根据电子排布式判断元素所在的周期、族和分区。

理解原子半径、电离势、电子亲和势、电负性等性质随原子的电子层结构的变化规律。

习　题

1. 简答题

(1) 概率和概率密度有什么区别和联系？

(2) 什么是屏蔽效应和钻穿效应？如何解释 K 原子的 $E_{3d} > E_{4s}$？

(3) 描述原子中核外电子运动状态的四个量子数是什么？它们的物理意义和可能取值是什么？

(4) 将 H 原子核外电子从基态激发到 2s 或 2p 轨道，所需要的能量是否相同？如果是 He 原子呢？

(5) 原子轨道的角度分布图和电子云的角度分布图有何异同点？

(6) 核外电子排布的三个原则是什么？

(7) 同周期、同主族元素的电负性变化有何规律？

(8) 为什么从矿物中分离 Cr 与 Mo 容易，而分离 W 和 Mo 却很难？

(9) 下列轨道中哪些是等价轨道？

① 2s；② $2p_x$；③ $2p_y$；④ $2p_z$；⑤ 3s；⑥ $3p_x$；⑦ $4p_x$。

(10) 为什么 Cr 原子的价层电子构型为 $3d^5 4s^1$，而不是 $3d^4 4s^2$？

(11) 为什么 C 原子的价层电子是 $2s^2 2p^2$，而不是 $2s^1 2p^3$？

(12) 多电子原子中，当量子数 $n = 3$ 时，有几个能级？各能级有几个轨道？最多能容纳几个电子？

(13) 写出第 13、19、27 和 33 号元素原子的电子排布式，并指出它们属于哪一族、哪一周期？

(14) 以下 +3 价离子哪些具有 8 电子构型？

① Al^{3+}；② Ga^{3+}；③ Fe^{3+}；④ Bi^{3+}；⑤ Sc^{3+}。

(15) 具有下列价电子构型的元素，在周期表中属于哪一族、哪一周期？

① $4s^2$；② $3d^6 4s^2$；③ $5d^{10} 6s^1$；④ $3s^2 3p^5$；⑤ $2s^2 2p^6$；⑥ $3d^5 4s^2$。

(16) 写出下列离子的电子排布式。

①Fe^{3+}；② Cr^{3+}；③ Co^{3+}；④ V^{3+}；⑤ K^+；⑥ S^{2-}；⑦ I^-；⑧ Ag^+。

(17) 比较下列各组元素的性质并说明理由。

① K 和 Ca 的原子半径；

②Mo 和 W 的原子半径；

③Al 和 Mg 的第一电离势；

④As 和 P 的第一电离势；

⑤Si 和 Al 的电负性。

2. 判断题

(1) 判断下列各量子数(n,l,m) 是否合理并解释原因。

① 2,3,0;② 3,2, -1;③ 2,0, -1;④ 3,1, +1;⑤ 3,0,0。

(2)"电子云图中黑点越密的地方电子越多",此说法是否正确,为什么?

(3)"主量子数为 3 时,有 3s,3p,3d 三条轨道",此说法是否正确,为什么?

(4)"p 轨道的角度分布为'∞'形,所以 p 电子沿'∞'字形轨道运动",此说法是否正确? 为什么?

第 9 章

化学键和分子结构

物质的化学性质主要取决于分子的性质,而分子的性质又是由分子的内部结构决定的。通常把分子内相邻的原子间强烈的相互作用称为化学键。按照形成化学键的原子之间作用力的不同,化学键可分为离子键、共价键和金属键。此外,分子间还存在着较弱的作用力,即分子间力和氢键。尽管它们的强度比化学键小得多,但是它们对物质的物理性质有着重要影响。了解化学键和分子结构的基本理论,有助于进一步认识物质的性质及其变化规律。

9.1 离子键和离子晶体

电化学研究发现,NaCl、KCl 等晶体,在熔融状态或溶于水后,可以导电。这种现象说明在这些物质内部存在带有正、负电荷的粒子。1913 年,德国化学家柯塞尔(W. Kossel)提出的离子键理论,对这类化合物的形成及性质作出了科学解释。

9.1.1 离子键的形成和特点

1916 年,德国科学家 W. Kossel 首次提出了离子键理论。该理论认为,当电负性较小的活泼金属元素的原子与电负性较大的活泼非金属元素的原子相互接近时,金属原子失去最外层电子,形成具有稳定电子层结构的带正电荷的离子;而非金属原子得到电子,形成具有稳定电子层结构的带负电荷的离子。正、负离子之间由于静电引力而相互吸引,同时在电子与电子、原子核与原子核间还存在着相互排斥作用。当正、负离子接近到一定程度时,吸引力和排斥力达到平衡,系统能量降到最低,正、负离子间就形成了稳定的化学键。这种由正、负离子间的静电作用而形成的化学键称为离子键。含有离子键的化合物称为离子化合物,相应的晶体称为离子晶体。

以 NaCl 为例,离子键形成的过程可表示如下:

$$Na - e^- \longrightarrow Na^+, \quad Cl + e^- \longrightarrow Cl^-$$

相应的电子构型变化为

$$2s^22p^63s^1 \longrightarrow 2s^22p^6, 3s^23p^5 \longrightarrow 3s^23p^6$$

分别达到 Ne 和 Ar 的稀有气体原子的结构,形成稳定离子。

离子键的特征是没有方向性和饱和性。在离子键的模型中,可以近似地把正、负离子视为球形电荷,某离子在空间各个方向与带相反电荷的离子的静电作用都是相同的,所以离子键是没有方向性的。在形成离子键时,只要空间条件允许,每个离子总是尽可能多地吸引带相反电荷的离子,并不受离子本身所带电荷的限制,因此离子键是没有饱和性的。

形成离子键的条件是相互化合的元素原子间的电负性差足够大。一般来说,电负性差值大于 1.7 时,可形成离子键。而实验表明,化合物中不存在百分之百的离子键,即使是 NaF 的化学键之中,也有共价键的成分,即除了离子间的静电作用外,正负离子的原子轨道也会有部分重叠。

9.1.2　离子的特征

离子化合物由正负离子组成,因此离子的特征对离子化合物的性质有显著影响。

1. 离子半径

离子半径是离子的重要特征之一。与原子一样,单个离子也不存在明确的界面。所谓离子半径,是根据离子晶体中正、负离子的核间距(d)测出的,并假定正、负离子的核间距为正、负离子的半径之和。可利用 X 射线衍射法分析测定正、负离子的平均核间距。1927 年,鲍林根据原子核对外层电子的作用推算出一套离子半径数据,目前较为常用,鲍林离子半径数据列于表 9.1。

表 9.1　鲍林离子半径　　pm

离子	离子半径	离子	离子半径	离子	离子半径
H^-	208	NH_4^+	148	Sc^{3+}	81
F^-	136	Be^{2+}	31	Y^{3+}	93
Cl^-	181	Mg^{2+}	65	La^{3+}	115
Br^-	195	Ca^{2+}	99	Ga^{3+}	62
I^-	216	Sr^{2+}	113	In^{3+}	81
O^{2-}	140	Ba^{2+}	135	Tl^{3+}	95
S^{2-}	184	Ra^{2+}	140	Fe^{3+}	64
Se^{2-}	198	Zn^{2+}	74	Cr^{3+}	63
Te^{2-}	221	Cd^{2+}	97	C^{4+}	15
Li^+	60	Hg^{2+}	110	Si^{4+}	41
Na^+	95	Pb^{2+}	121	Ti^{4+}	68
K^+	133	Mn^{2+}	80	Zr^{4+}	80
Rb^+	148	Fe^{2+}	76	Ce^{4+}	101
Cs^+	169	Co^{2+}	74	Ge^{4+}	53
Cu^+	96	Ni^{2+}	69	Sn^{4+}	71
Ag^+	126	Cu^{2+}	72	Pb^{4+}	84
Au^+	137	B^{3+}	20		
Tl^+	140	Al^{3+}	50		

离子半径大致有如下的变化规律:

(1) 同一周期中,正离子半径随离子电荷的增加而减小,负离子半径随离子电荷的增加而增大。如,Na^+ 离子半径大于 Mg^{2+} 离子半径,Mg^{2+} 离子半径大于 Al^{3+} 离子半径,F^-

离子半径小于 O^{2-} 离子半径。

(2) 各主族元素中,由于自上而下电子层数依次增多,所以具有相同电荷数的同族离子的半径依次增大。例如,离子半径从小到大依次为 Li^+、Na^+、K^+、Rb^+、Cs^+,又如,离子半径从小到大依次为 F^-、Cl^-、Br^-、I^-。

(3) 正离子的半径比其原子半径小,负离子半径比其原子半径大。

(4) 同种元素离子的半径随离子电荷代数值增大而减小。例如,S^{2-} 的离子半径为(184 pm) 大于 S^{4+} 的离子半径(37 pm),S^{4+} 的离子半径大于 S^{6+} 的离子半径(29 pm)。

(5) 周期表中处于相邻族的左上方和右下方斜对角线上的正离子半径近似相等。例如,Li^+ 的离子半径为60 pm约等于 Mg^{2+} 的离子半径(65 pm);Sc^{3+} 的离子半径为81pm约等于 Zr^{4+} 的离子半径(80 pm);Na^+ 的离子半径为 95pm 约等于 Ca^{2+} 的离子半径(99 pm)。

2. 离子的电荷

从离子键的形成过程可知,正离子的电荷就是相应原子失去的电子数;负离子的电荷就是相应原子得到的电子数。

离子电荷也是影响离子键强度的重要因素。离子电荷越多,对相反电荷的离子的吸引力越强,形成的离子化合物的熔点也越高。例如,大多数碱土金属离子 M^{2+} 的盐类的熔点比碱金属离子 M^+ 的盐类高。

3. 离子的电子构型

离子的电子构型是指离子的外层电子结构。原子形成离子时,所失去或者得到的电子数和原子的电子层结构有关。一般是原子得到或失去电子之后,使离子的电子层达到较稳定的结构,就是使亚层充满的电子构型。

简单负离子(如 Cl^-、F^-、S^{2-} 等) 的最外电子层都是8个电子的稀有气体结构,称为8电子构型。但是,简单正离子的电子构型比较复杂,其电子构型有以下几种:

(1) 2 电子构型:最外层电子构型为 $1s^2$,如 Li^+、Be^{2+} 等。

(2) 8 电子构型:最外层电子构型为 ns^2np^6,如 Na^+、Ca^{2+} 等。

(3) 18 电子构型:最外层电子构型为 $ns^2np^6nd^{10}$,如 Ag^+、Zn^{2+} 等。

(4) 18 + 2 电子构型:次外层有 18 个电子,最外层有 2 个电子,电子构型为 $(n-1)s^2(n-1)p^6(n-1)d^{10}ns^2$,如 Sn^{2+}、Pb^{2+} 等。

(5) 9 ~ 17 电子构型:属于不规则电子组态,最外层有 9 ~ 17 个电子,电子构型为 $ns^2np^6nd^{1\sim9}$,如 Fe^{2+}、Cr^{3+} 等。

离子的外层电子构型对于离子之间的相互作用有影响,从而影响化合物的性质。例如 Na^+ 和 Cu^+ 的电荷相同,离子半径也十分接近,但 NaCl 易溶于水,而 CuCl 难溶于水。这是由于 Na^+ 和 Cu^+ 具有不同的电子构型所造成的。

9.1.3 离子晶体

由正离子与负离子通过离子键结合而成的晶体,统称为离子晶体。由于离子键没有方向性和饱和性,在成键时每个离子总是尽可能多地吸引带相反电荷的离子,所以在离子晶体中没有单个分子存在。因此,离子晶体的化学式实际上是其组成式而不是分子式。

1. 离子晶体的结构特征

在离子晶体中，组成晶体的正、负离子在空间呈有规则的排列，且呈明显的周期性，这种排列称为结晶格子，简称为晶格。晶体中最小的重复单位叫晶胞。通常把晶体内（或分子内）某一粒子周围最接近的粒子数目，称为该粒子的配位数。

在离子晶体中，由于正、负离子在空间的排布情况不同，导致离子晶体的空间结构多种多样。下面主要介绍三种典型的 AB 型离子晶体的结构。

（1）CsCl 型晶体。

它的晶胞形状是正立方体，属简单立方晶格，如图 9.1(a) 所示。晶胞的大小完全由一个边长来确定，组成晶体的质点（离子）被分布在正立方体的八个顶点和中心上。其中每个正离子周围有 8 个负离子，每个负离子周围同样也有 8 个正离子，即每个离子的配位数为8。此类晶体的正、负离子的半径比一般介于0.732 ~ 1之间。TlCl、CsBr、CsI 等晶体均属 CsCl 型。

（2）NaCl 型晶体。

它是 AB 型离子化合物中最常见的晶体构型。它的晶胞形状也是立方体，属立方面心晶格，如图 9.1(b) 所示。每个离子被6个带相反电荷的离子所包围，即正、负离子的配位数均为 6。此类晶体的正、负离子的半径比一般介于 0.414 ~ 0.432 之间。KI、LiF、NaBr、MgO、CaS 等晶体均属 NaCl 型。

（3）立方 ZnS 型（闪锌矿型）。

它的晶胞形状也是立方体，属立方面心晶格，但质点的分布更复杂些，如图9.1(c) 所示。在立方体内，每个 S^{2-} 与最邻近的4 个 Zn^{2+} 呈四面体，每个 Zn^{2+} 同时与最邻近的4 个 S^{2-} 呈四面体，所以正、负离子的配位数都为4。此类晶体的正、负离子的半径比一般介于 0.225 ~ 0.414 之间。BeO、ZnSe 等晶体属立方 ZnS 型。

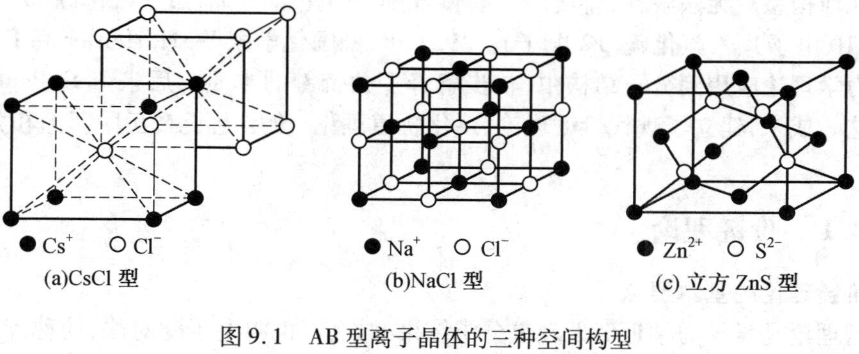

图 9.1　AB 型离子晶体的三种空间构型

2. 晶格能与离子晶体的性质

晶格能是指在标准状态下，气态正离子和气态负离子结合生成 1 mol 离子晶体时所释放的能量，符号是 U，单位是 $kJ \cdot mol^{-1}$。例如：

$$Na^+(g) + Cl^-(g) \xlongequal{\quad} NaCl(s) \qquad \Delta H = -786\ kJ \cdot mol^{-1}$$

表示由气态 Na^+ 和气态 Cl^- 结合成 1 mol NaCl 晶体，释放 786 kJ 的能量。

晶格能的数值不是直接测得的，而是利用“玻恩 - 哈伯循环”法间接测定的。一些离子晶体物质的晶格能和对应的物理性质列于表 9.2。

表 9.2　晶格能与物理性质

NaCl 型晶体	NaI	NaBr	NaCl	NaF	BaO	SrO	CaO	MgO
离子电荷	1	1	1	1	2	2	2	2
核间距/pm	318	294	279	231	277	257	240	210
晶格能/$(kJ \cdot mol^{-1})$	704	747	785	923	3054	3223	3401	3791
熔点/℃	661	747	801	993	1918	2430	2614	2852
硬度(金刚石 = 10)	—	—	2.5	2 ~ 2.5	3.3	3.5	4.5	5.5

表9.2中的数据表明,对于晶体结构相同的离子化合物,离子电荷越多、核间距越小,晶格能就越大,相应的熔点较高,硬度也较大。利用晶格能的数据可以解释和预测许多典型的离子型晶体物质的物理和化学性质的变化规律。

离子晶体的熔、沸点较高,硬度较大,一般比较脆,延展性差,且难以挥发。离子晶体一般易溶于水。离子晶体不导电,但其水溶液或熔融态可以导电,这是因为发生了正、负离子的自由迁移。

9.2　共价键和共价化合物

1916 年,美国化学家 G. N. Lewis 提出了最早的共价键理论,该理论认为分子中每个原子应具有稳定的稀有气体原子的电子层结构,这种结构通过原子间共用一对或若干对电子来实现,即“八隅体规则”。这种分子中原子间通过共用电子对的方式形成的化学键称为共价键。

路易斯的共价键理论成功地解释了一些简单共价分子的形成,为价键理论的发展奠定了基础。值得注意的是,路易斯理论尚不完善,它无法说明电子配对的原因和实质以及分子的几何构型。无法解释不符合“八隅体规则”的化合物,例如三氟化硼(6 电子)、五氯化磷(10 电子)、六氟化硫(12 电子)。1927 年,德国化学家 W. H. Heitler 和 F. London 把量子力学理论应用到分子结构中,初步解释了共价键的本质。后来 L. C. Pauling 等人发展了这一成果,建立了现代价键理论、杂化轨道理论、价层电子对互斥理论和分子轨道理论。

9.2.1　价键理论

1. 价键理论的基本要点

价键理论是量子力学近似处理氢分子结果的推广,也叫电子配对法,简称 VB 法。该方法与路易斯的共价键理论不同,它是以量子力学为基础的。价键理论的基本要点如下:

(1) 原子中自旋相反的成单电子相互接近时,单电子可以配对,形成稳定的化学键(单键、双键或三键)。

(2) 原子中如果没有成单电子或有成单电子但自旋方向相同,都不能形成共价键。例如氦原子有 2 个 1s 电子,它不能形成 He_2 分子。

(3) 成键电子的原子轨道重叠越多,其核间概率密度就越大,形成的共价键越牢固,分子越稳定,由此可知共价键的形成在可能范围内将沿着原子轨道最大重叠的方向,此即原子轨道最大重叠原理。

2. 共价键的特征

根据价键理论的基本要点可知，共价键具有饱和性和方向性的特征。

(1) 饱和性。

饱和性是指每个成键原子成键的总数是一定的。这是因为每个成键原子所提供的轨道和成单电子数目是一定的，故也决定着分子中原子化合的数量关系。例如H原子只有一个未成对电子，它只能与另一个H原子结合成H_2，形成一个单键，不可能再与第三个H原子结合生成H_3。

(2) 方向性。

根据原子轨道最大重叠原理，在形成共价键时，原子间总是沿着原子轨道最大重叠的方向成键。而除s轨道呈球形对称外，p、d、f轨道在空间都有一定的伸展方向，因此p、d、f轨道的重叠，只有沿着特定的方向才能达到最大限度的重叠，故共价键是有方向性的。例如在形成HCl分子时，H原子的1s轨道与Cl原子的$3p_x$轨道沿着x轴方向靠近，以实现它们之间的最大限度重叠，形成稳定的共价键，如图9.2(a)所示。其他方向如图9.2(b)和图9.2(c)所示，因原子轨道没有重叠和很少重叠，故不能成键。

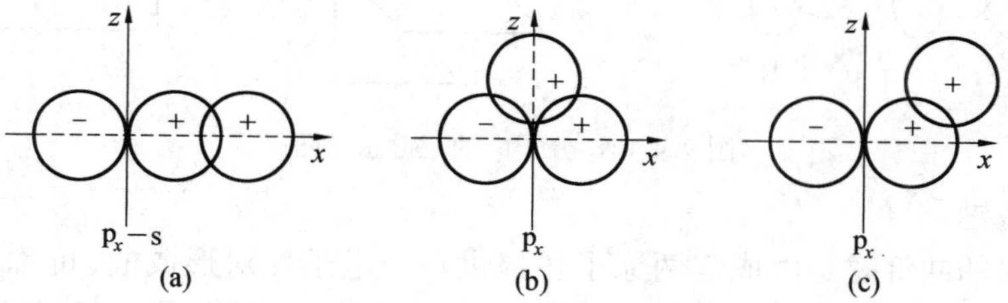

图9.2　HCl分子中的共价键

3. 共价键的键型

(1) σ键。

沿着键轴的方向，以“头碰头”方式进行重叠形成的共价键称为σ键，轨道的重叠部分沿键轴呈圆柱形对称分布。由于成键轨道在轴向上重叠，原子轨道重叠程度达到最大，故σ键的键能大，稳定性高。参与成键的轨道为s和p_x，通过s—s(H_2分子中的键)、s—p_x(HCl分子中的键)、p_x—p_x(Cl_2分子中的键)方式形成σ键，如图9.3(a)～(c)所示。

(2) π键。

原子轨道中两个互相平行的轨道以“肩并肩”的方式进行重叠形成的共价键称为π键，轨道的重叠部分垂直于键轴并呈镜面反对称分布。由于π键重叠程度比σ键要小，故π键的键能要小于σ键，稳定性低于σ键，化学活性较高。参与成键的轨道为p_y或p_z，通过p_y—p_y、p_z—p_z方式形成π键，如图9.3(d)所示。

一般，π键是与σ键共存于具有双键或叁键的分子中。共价单键是一个σ键，双键是一个σ键和一个π键，三键是一个σ键和两个π键。例如N_2分子，N原子的电子构型为$1s^22s^22p_x^12p_y^12p_z^1$，其中3个单电子分别占据3个互相垂直的p轨道。当两个N原子结合成

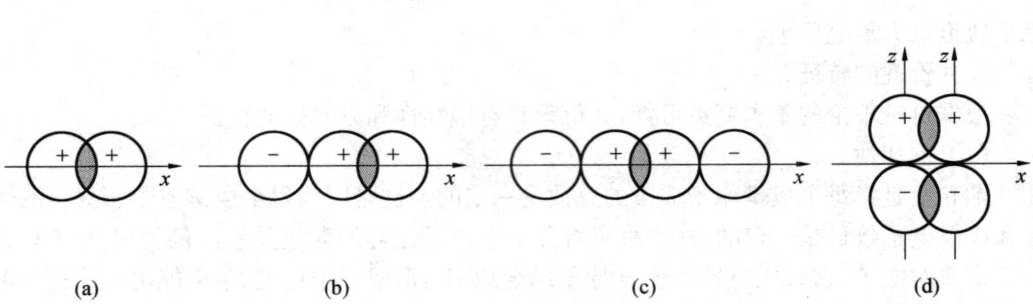

图 9.3　σ 键和 π 键示意图

N_2 分子时，各以 1 个 p_x 轨道沿键轴以"头碰头"方式重叠形成 1 个 σ 键后，余下的 2 个 $2p_y$ 和 2 个 $2p_z$ 轨道只能以"肩并肩"方式进行重叠，形成 2 个 π 键，如图 9.4 所示。所以，N_2 分子中有 1 个 σ 键和 2 个 π 键，其分子结构式可用 N ≡ N 表示。

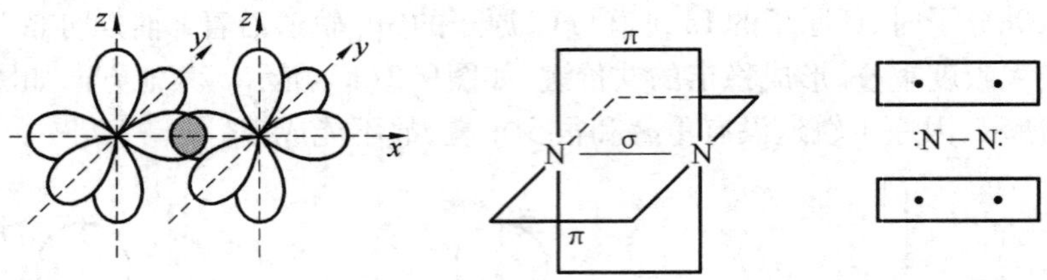

图 9.4　N_2 分子中的三键示意图

（3）配位键。

以上所讲的共价键是由成键两原子各提供一个电子配对形成的，可称为正常共价键。此外，还有一类共价键，是由成键两原子中的一个原子单独提供电子对进入另一个原子的空轨道共用而成键，这种共价键称为配位共价键，简称配位键。为区别于正常共价键，配位键用"→"表示，箭头从提供电子对的原子指向接受电子对的原子。

例如在 CO 分子中，O 原子除了以 2 个单的 2p 电子与 C 原子的 2 个单的 2p 电子形成 1 个 σ 键和 1 个 π 键外，还单独提供一孤对电子进入 C 原子的 1 个 2p 空轨道共用，形成 1 个配位键，其结构式可写为

$$C \Lleftarrow O$$

9.2.2　杂化轨道理论

价键理论较简明地阐明了共价键的形成过程和本质，初步解释了共价键的饱和性和方向性，随着化学和物理学技术的发展，人们已能测出许多分子的几何构型，可是测定结果很多都不能用价键理论加以说明。为了解决这类矛盾，1931 年 L. Pauling 在电子配对理论的基础上，提出了杂化轨道理论，进一步发展了价键理论。

1. 杂化轨道理论的基本要点

（1）在成键过程中，由于原子间的相互影响，同一原子中几个能量相近的不同类型的原子轨道（即波函数），可以进行线性组合，重新分配能量和确定空间方向，组成数目相等的新的原子轨道，这种轨道重新组合的过程称为杂化，杂化后形成的新轨道称为杂化轨

道。

（2）杂化轨道的数目与参加杂化的原子轨道的数目相等。

（3）杂化轨道成键时，要满足原子轨道最大重叠原理。为此杂化轨道的角度波函数在某个方向的值比杂化前的大得多，因而杂化轨道比杂化前原子轨道的成键能力强。不同类型杂化轨道的成键能力从小到大排序为

$$sp、sp^2、sp^3、dsp^2、sp^3d、sp^3d^2$$

（4）杂化轨道成键时，要满足化学键间最小排斥原理。键与键间排斥力的大小决定于键的方向，即决定于杂化轨道间的夹角。故杂化轨道的类型与分子的空间构型有关。

2. 杂化轨道的类型

按参加杂化的原子轨道种类，轨道的杂化主要有sp和spd两种类型。只有s轨道和p轨道参与的杂化称为sp型杂化。s轨道、p轨道和d轨道共同参与的杂化称为spd型杂化。杂化轨道类型与分子空间构型的关系见表9.3。按杂化后形成的几个杂化轨道的能量是否相同，轨道的杂化可分为等性杂化和不等性杂化。凡是由不同类型的原子轨道混合起来，重新组合成一组完全等同（能量相等、成分相同）的杂化轨道称为等性杂化。凡是由于杂化轨道中有不参加成键的孤对电子对的存在，而造成不完全等同的杂化轨道，这种杂化称为不等性杂化。

表9.3　杂化轨道类型与分子空间构型的关系

杂化类型	sp	sp^2	sp^3	dsp^2	sp^3d	sp^3d^2
用于杂化的原子轨道数目	2	3	4	4	5	6
杂化轨道数目	2	3	4	4	5	6
杂化轨道间夹角	180°	120°	109.5°	90°，180°	120°，90°，180°	90°，180°
空间构型	直线	平面三角形	四面体	平面四方形	三角双锥	八面体
实例	$BeCl_2$ CO_2 $HgCl_2$ $Ag(NH_3)_2^+$	BF_3 BCl_3 $COCl_2$ NO_3^- CO_3^{2-}	CH_4 CCl_4 $CHCl_3$ SO_4^{2-} ClO_4^- PO_4^{3-}	$Ni(H_2O)_4^{2+}$ $Ni(NH_3)_4^{2+}$ $Cu(NH_3)_4^{2+}$ $CuCl_4^{2-}$	PCl_5	SF_6 SiF_6^{2-}

（1）sp杂化。

由1个s轨道和1个p轨道组合成2个sp杂化轨道的过程称为sp杂化，所形成的轨道称为sp杂化轨道。每个sp杂化轨道均含有1/2的s轨道成分和1/2的p轨道成分。为使相互间的排斥能最小，轨道间的夹角为180°。2个sp杂化轨道与其他原子轨道重叠成键后形成直线型分子。

例如气态$BeCl_2$分子的形成。Be原子的价层电子结构为$2s^2$。在形成$BeCl_2$分子的过程中，Be原子的1个2s电子被激发到2p空轨道，价层电子结构为$2s^12p_x^1$，含有单电子的2s轨道和$2p_x$轨道进行杂化，组成2个能量相同的sp杂化轨道，夹角为180°。当它们分别与2个Cl原子中含有单电子的3p轨道重叠时，就形成2个p—p的σ键，所以$BeCl_2$分子的空间构型为直线，其形成过程如图9.5所示。

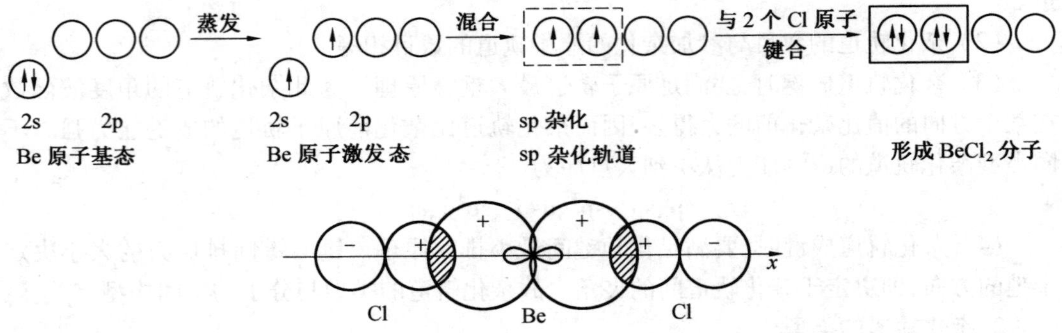

图 9.5　$BeCl_2$ 分子的形成示意图

（2）sp^2 杂化。

由 1 个 s 轨道与 2 个 p 轨道组合成 3 个 sp^2 杂化轨道的过程称为 sp^2 杂化，所形成的 3 个杂化轨道称为 sp^2 杂化轨道。每个 sp^2 杂化轨道含有 1/3 的 s 轨道成分和 2/3 的 p 轨道成分，为使轨道间的排斥能最小，3 个 sp^2 杂化轨道呈正三角形分布，夹角为 120°。当 3 个 sp^2 杂化轨道分别与其他 3 个相同原子的轨道重叠成键后，就形成正三角形构型的分子。

例如 BF_3 分子的形成。BF_3 分子的中心原子是 B，其价层电子结构为 $2s^22p_x^1$。在形成 BF_3 分子的过程中，B 原子的 2s 轨道上的 1 个电子被激发到 2p 空轨道，价层电子结构为 $2s^12p_x^12p_y^1$，1 个 2s 轨道和 2 个 2p 轨道进行杂化，形成 3 个完全等同的 sp^2 杂化轨道。3 个 sp^2 杂化轨道在同一平面上，且夹角均为 120°。当它们分别与 3 个 F 原子的含有单电子的 2p 轨道重叠时，就形成 3 个 sp^2—p 的 σ 键。故 BF_3 分子的空间构型是正三角形，其形成过程如图 9.6 所示。

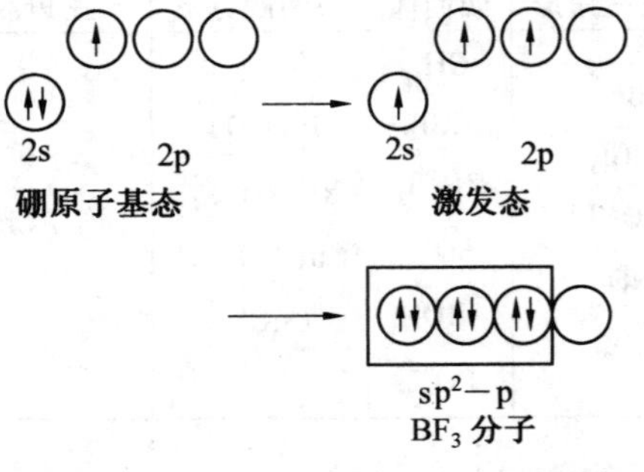

(a)BF_3 分子的形成示意图

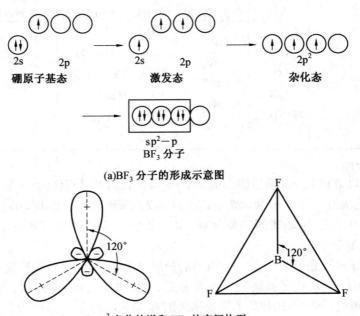

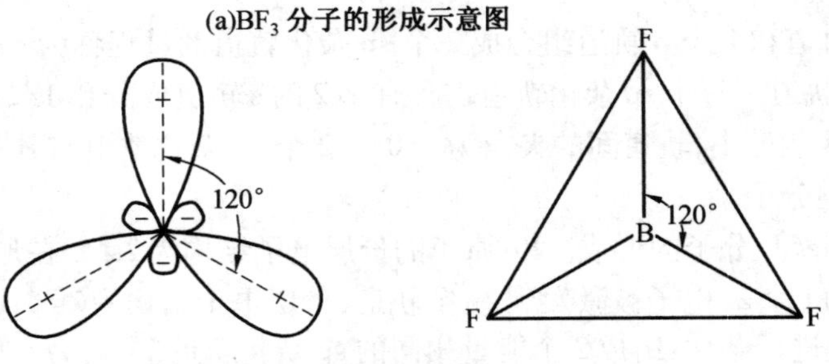

(b)sp^2 杂化轨道和 BF_3 的空间构型

图 9.6　BF_3 分子的形成及其空间构型

（3）sp^3 杂化。

由1个s轨道和3个p轨道组合成4个 sp^3 杂化轨道的过程称为 sp^3 杂化，所形成的4个杂化轨道称为 sp^3 杂化轨道。每个 sp^3 杂化轨道含有1/4的s轨道成分和3/4的p轨道成分。为使轨道间的排斥能最小，4个顶角的 sp^3 杂化轨道间的夹角均为109°28′。当它们分别与其他4个相同原子的轨道重叠成键后，就形成正四面体构型的分子。

例如 CH_4 分子的形成。C原子的价层电子结构为 $2s^22p_x^12p_y^1$。在形成 CH_4 分子时，C原子的2s轨道上的1个电子被激发到2p空轨道，价层电子结构为 $2s^12p_x^12p_y^12p_z^1$，1个2s轨道和3个2p轨道进行杂化，组成4个完全等同的 sp^3 杂化轨道。4个 sp^3 杂化轨道分别指向正四面体的四个顶角，杂化轨道间夹角为109°28′。当它们分别与4个H原子的含有单电子的1s轨道重叠时，就形成4个 sp^3—s的σ键。故 CH_4 分子具有正四面体的空间构型，其形成过程如图9.7所示。

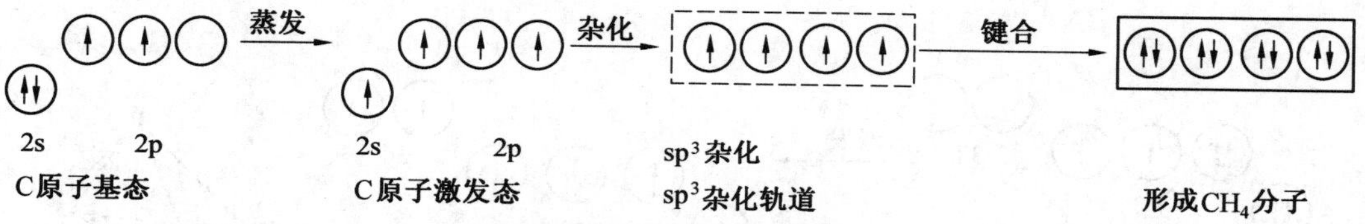

(a)CH_4 分子的形成及其空间构型

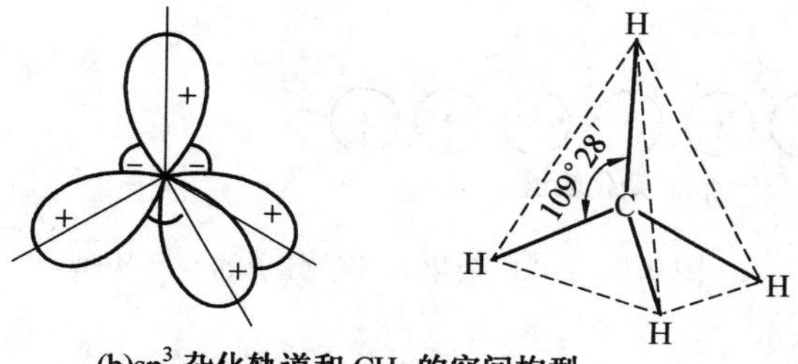

(b)sp^3 杂化轨道和 CH_4 的空间构型

图9.7　CH_4 分子的形成及其空间构型

（4）spd型杂化。

spd型杂化的常见类型有 sp^3d 杂化和 sp^3d^2 杂化。

属于 sp^3d 杂化的有 PCl_5 分子，属于 sp^3d^2 杂化的有 SF_6 和 SiF_6^{2-}，它们的杂化过程如图9.8和图9.9所示。

（5）不等性杂化。

前面介绍的sp型杂化和spd型杂化都属于等性杂化，而 NH_3、H_2O 和 PCl_3 分子则属于 sp^3 不等性杂化。下面我们以 H_2O 分子为例来说明不等性杂化。

在 H_2O 分子中，中心原子O的价层电子组态为 $2s^22p_x^22p_y^12p_z^1$。在形成 H_2O 分子的过程中，O原子以 sp^3 不等性杂化形成4个 sp^3 不等性杂化轨道，其中有单电子的2个 sp^3 杂化轨道含有较多的2p轨道成分，它们各与1个H原子的1s轨道重叠，形成2个 sp^3—s的σ键，而余下的2个含有较多2s轨道成分的 sp^3 杂化轨道各被1对孤对电子占据，它们对成键电子对有排斥作用，使 O—H 键夹角压缩至 104°45′，故 H_2O 分子具有 V 形空间构型，如图 9.10 所示。

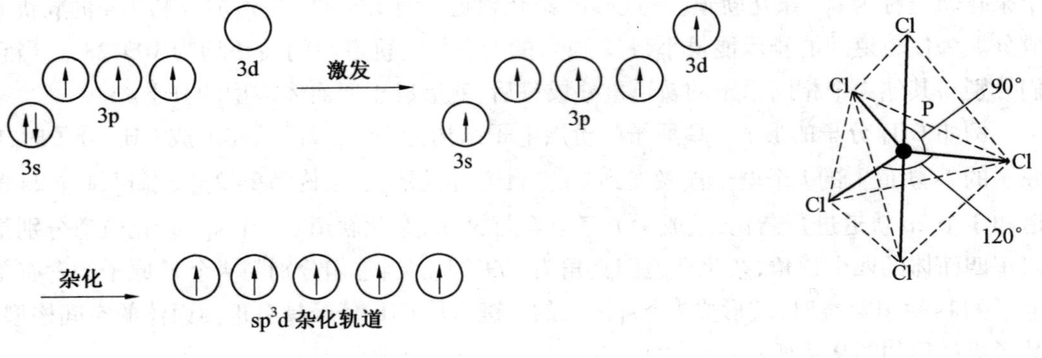

图 9.8　sp^3d 杂化与 PCl_5 分子的空间构型

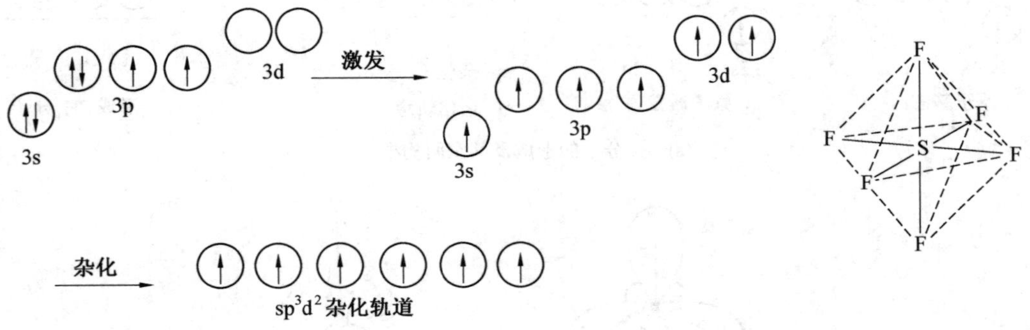

图 9.9　sp^3d^2 杂化与 SF_6 分子的空间构型

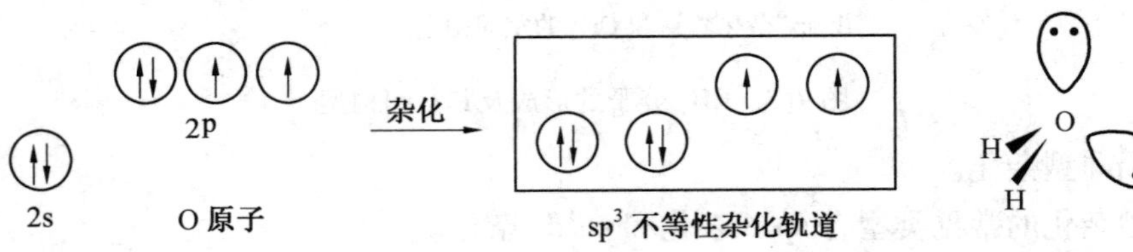

图 9.10　H_2O 分子的不等性杂化及分子构型

9.2.3　价层电子对互斥理论

价键理论和杂化轨道理论都可以解释共价键的方向性，尤其是杂化轨道理论成功地解释了部分共价分子杂化与空间构型的关系，但是有些分子用这两个理论预测有时也是难以确定的。1940 年美国的 N. V. Sidgwick 等人相继提出了价层电子对互斥理论，简称 VSEPR 法，该法适用于主族元素间形成的 AB_n 型分子或离子。

1. 价层电子对互斥理论的基本要点

（1）在共价分子中，中心原子周围配置的原子或原子团的几何构型，主要决定于中心原子价层电子对的相互排斥作用，分子的几何构型总是采取电子对相互排斥最小的那种结构。价层电子对包括成键电子对和孤对电子。

（2）对于共价分子来说，其分子的几何构型主要决定于中心原子的价层电子对的数目和类型。分子的几何构型同价层电子对的数目和类型的关系见表9.4。

表9.4　价层电子对的排列方式与分子的几何构型

A 的价层电子对数	成键电子对数	孤电子对数	A 的价层电子对排列方式	几何构型	实例
2	2	0		直线形	$BeCl_2$，CO_2
3	3	0	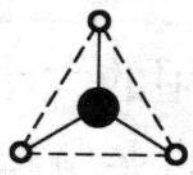	平面三角形	BF_3，SO_3，NO_3^-
	2	1		V 形	$SnCl_2$，O_3，NO_2，NO_2^-
4	4	0	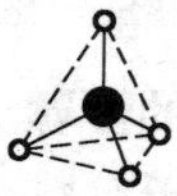	四面体	CH_4，CCl_4，SO_4^{2-}，PO_4^{2-}
	3	1	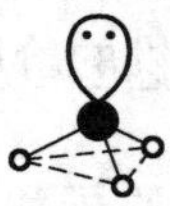	三角锥	NH_3，NF_3，ClO_3^-
	2	2		V 形	H_2O，H_2S，SCl_2
5	5	0	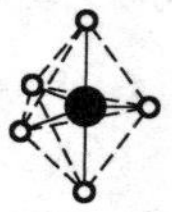	三角双锥	PCl_5，AsF_5
	4	1	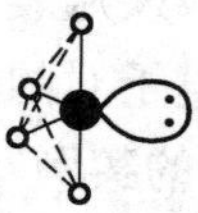	变形四面体	SF_4，$TeCl_4$
	3	2	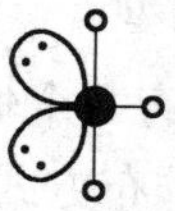	T 形	ClF_3，BrF_3
	2	3	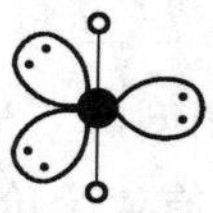	直线形	XeF_2，I_3^-

续表 9.4

A 的价层电子对数	成键电子对数	孤电子对数	A 的价层电子对排列方式	几何构型	实例
6	6	0		八面体	SF_6, AlF_6^{3-}
	5	1	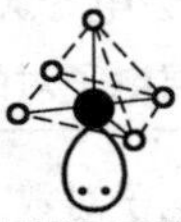	四方锥	ClF_5, IF_5
	4	2	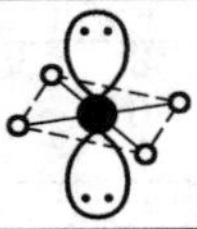	平面正方形	XeF_4, ICl_4^-

(3) 价层电子对相互排斥作用的大小，决定于电子对之间的夹角和电子对的成键情况。一般规律为：① 电子对之间的夹角越小排斥力越大；② 价层电子对之间静电斥力从大到小的顺序是：孤对电子 - 孤对电子、孤对电子 - 成键电子对、成键电子对 - 成键电子对；③ 斥力从大到小的顺序是：叁键、双键、单键。

(4) 在共价分子中如果存在双键或叁键，价层电子对互斥理论仍然适用，可把双键或三键当成一对电子处理。

2. 预测分子或离子几何构型的步骤

(1) 确定中心原子中价层电子对数。

$$价层电子对数=\frac{中心原子提供的价层电子数+配体提供的公用电子数}{2}$$

并有以下规定：① 作为配体，卤素原子和 H 原子提供 1 个电子，氧族元素的原子不提供电子；② 作为中心原子，卤素原子提供 7 个电子，氧族元素的原子提供 6 个电子；③ 对于复杂离子，在计算价层电子对数时，还应加上负离子的电荷数或减去正离子的电荷数；④ 计算电子对数时，若剩余 1 个电子，亦当做 1 对电子处理；⑤ 双键、叁键等多重键作为 1 对电子看待。

(2) 判断分子的几何构型。

根据中心原子的价层电子对数，从表 9.4 中找出相应的价层电子对构型后，再根据价层电子对中的孤对电子数，确定电子对的排布方式和分子的几何构型。

3. 预测分子或离子几何构型的实例

(1) 判断 PCl_5 分子的几何构型。

在 PCl_5 分子中，中心原子 P 有 5 个价电子，Cl 原子各提供 1 个电子，所以 P 原子的价层电子对数为 $(5+5)/2=5$，其排布方式为三角双锥。因价层电子对中无孤对电子，所以 PCl_5 为三角双锥构型。

(2) 判断 CCl_4 分子的几何构型。

在 CCl_4 分子中，中心原子 C 有 4 个价电子，4 个氯原子提供 4 个电子。因此中心原子 C 原子的价层电子对数为 $(4+4)/2=4$。C 原子的价层电子对排布为正四面体。由于价层电子对全部是成键电子对,因此 CCl_4 分子的空间构型为正四面体。

(3) 判断 H_2O 分子的几何构型。

O 是 H_2O 分子的中心原子,它有 6 个价电子,与 O 化合的 2 个 H 原子各提供 1 个电子,所以 O 原子的价层电子对数为 $(6+2)/2=4$,其排布方式为四面体,因价层电子对中有 2 对孤对电子,所以 H_2O 分子的空间构型为 V 形。

(4) 判断 ClO_3^- 离子的几何构型。

在 ClO_3^- 离子中,中心原子 Cl 有 7 个价电子,O 原子不提供电子,再加上得到的 1 个电子,价层电子对数为 $(7+1)/2=4$。Cl 原子的价层电子对的排布为正四面体,正四面体的 3 个顶角被 3 个 O 原子占据,余下的一个顶角被孤对电子占据,这种排布只有一种形式,因此 ClO_3^- 离子为三角锥形。

(5) 判断 HCHO 分子和 HCN 分子的几何构型。

HCHO 分子中有 1 个 C═O 双键,看做 1 对成键电子,2 个 C—H 单键为 2 对成键电子,C 原子的价层电子对数为 3,且无孤对电子,所以 HCHO 分子的空间构型为平面三角形。

HCN 分子的结构式为 H—C ≡ N,含有 1 个 C ≡ N 叁键,看做 1 对成键电子,1 个 C—H 单键为 1 对成键电子,故 C 原子的价层电子对数为 2,且无孤对电子,所以 HCN 分子的空间构型为直线。

9.2.4　分子轨道理论

1932 年,美国化学家 R. S. Mulliken 和德国化学家 F. Hund 提出了一种新的共价键理论 —— 分子轨道理论,即 MO 法。该理论注意了分子的整体性,因此较好地说明了多原子分子的结构。目前,该理论在现代共价键理论中占有很重要的地位。

1. 分子轨道理论的基本要点

(1) 在多原子分子中,组成分子的电子不再从属于某个特定的原子,而是在整个分子空间范围内运动。分子中电子的空间运动状态可用波函数 ψ 来描述,ψ 称为分子轨道,简称 MO。

(2) 分子轨道可以由分子中原子轨道波函数的线性组合得到,有几个原子轨道就可以组合成几个分子轨道。通常由两个符号相同的波函数(原子轨道) 叠加所形成的分子轨道,由于两核间的概率密度增大,其能量较原来的原子轨道能量低,称为成键分子轨道;而由两个符号相反的波函数(原子轨道) 叠加所形成的分子轨道,由于两核间的概率密度减小,其能量较原来的原子轨道能量高,称为反键分子轨道。

(3) 为了有效地组合成分子轨道,要求成键的各原子轨道必须符合以下三个原则:

① 对称性匹配原则。

只有对称性匹配的原子轨道才能组合成分子轨道,这称为对称性匹配原则。对称性匹配是指重叠部分的原子轨道的正、负号相同。在图 9.11 中,(c)、(d)、(e) 属于对称性匹配,而(a) 和(b) 则属于对称性不匹配,因为在(a) 和(b) 中有一半区域是异号重叠。

② 能量近似原则。

在对称性匹配的原子轨道中,只有能量相近的原子轨道才能组合成有效的分子轨道,而且能量越相近越好,这称为能量近似原则。

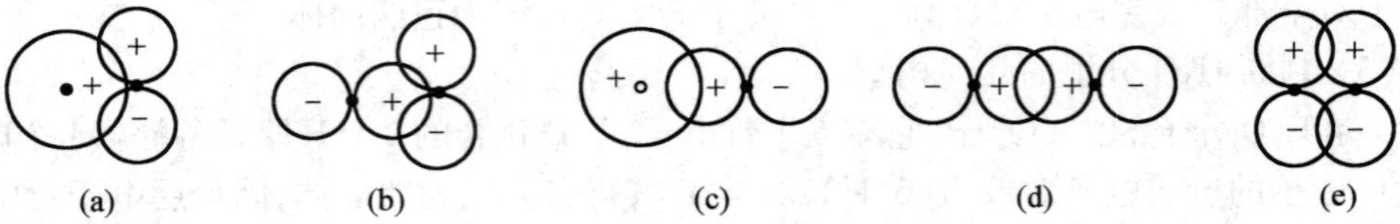

图 9.11　原子轨道对称性匹配和不对称性匹配

③ 轨道最大重叠原则。

对称性匹配的两个原子轨道进行线性组合时,其重叠程度越大,则组合成的分子轨道的能量越低,所形成的化学键越牢固,这称为轨道最大重叠原则。

在上述三条原则中,对称性匹配原则是首要的,它决定原子轨道有无组合成分子轨道的可能性。能量近似原则和轨道最大重叠原则是在符合对称性匹配原则的前提下,决定分子轨道组合效率的问题。

(4) 电子在分子轨道中排布时,仍遵循能量最低原理、泡利不相容原理和洪德规则。

(5) 在分子轨道理论中,引入键级的概念以表示键的强弱,其定义为

$$键级 = \frac{成键电子数 - 反键电子数}{2}$$

2. 分子轨道的类型

原子轨道以"头碰头"的形式重叠产生的分子轨道为 σ 分子轨道,简称 σ 轨道,分别用 σ 和 σ^* 表示成键 σ 轨道和反键 σ 轨道。s—s、s—p_x、p_x—p_x 重叠产生 σ_{ns}、σ_{ns}^*、σ_{sp_x}、$\sigma_{sp_x}^*$、σ_{np_x}、$\sigma_{np_x}^*$ 分子轨道。以"肩并肩"的形式重叠产生的分子轨道为 π 分子轨道,简称 π 轨道,分别用 π 和 π^* 表示成键 π 轨道和反键 π 轨道。p_y—p_y、p_z—p_z 重叠产生 π_{np_y}、$\pi_{np_y}^*$、π_{np_z}、$\pi_{np_z}^*$ 分子轨道。

3. 分子轨道能级图

把分子中各分子轨道按能级高低顺序排列起来,可得到分子轨道能级图。下面以第二周期元素形成的同核双原子分子为例予以说明。

在第二周期元素中,如果组成原子的 2s 和 2p 轨道的能量相差较大,在组合成分子轨道时,不会发生 2s 和 2p 轨道的相互作用,只是两原子的 2s—2s 和 2p—2p 轨道的线性组合,如 O_2 和 F_2,其分子轨道能级图如图 9.12(a) 所示。如果组成原子的 2s 和 2p 轨道的能量相差较小,在组合成分子轨道时,除了 2s—2s 和 2p—2p 轨道的线性组合,还会发生 2s—2p 轨道重叠,因而改变了能级的顺序,其分子轨道能级图如图 9.12(b) 所示。除 O_2、F_2 外,Li_2、Be_2、B_2、C_2、N_2 等分子的分子轨道能级排列均符合此顺序。

4. 应用举例

(1) H_2 分子的结构。

H_2 分子由 2 个 H 原子组成,H 原子的电子构型为 $1s^1$,即 H_2 分子中有 2 个电子。2 个电子填入能量最低的 σ_{1s} 成键分子轨道,如图 9.13 所示。所以 H_2 分子的分子轨道式为

$$H_2[(\sigma_{1s})^2]$$

其键级为 2/2 = 1。

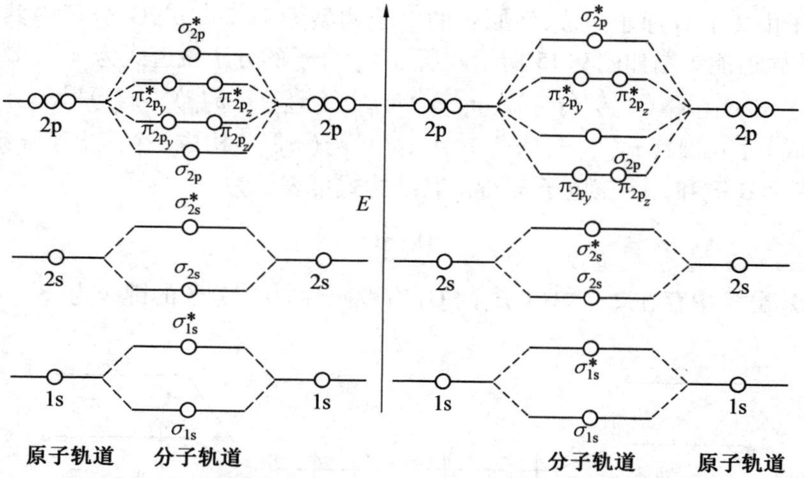

(a)2s 和 2p 能级相差较大　　(b)2s 和 2p 能级相差较小

图 9.12　同核双原子分子的分子轨道能级图

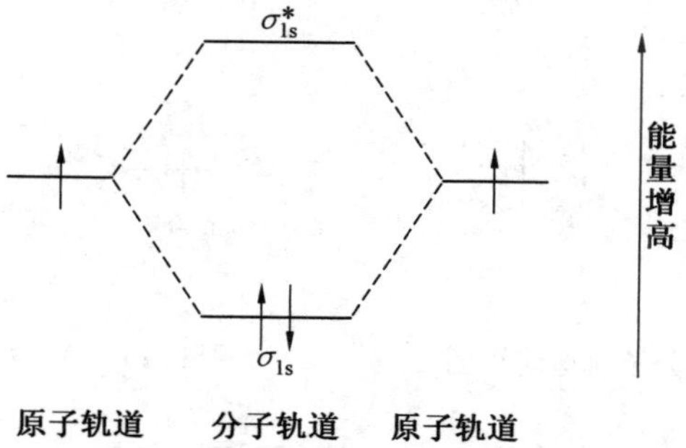

图 9.13　H_2 分子的分子轨道能级图

(2) N_2 分子的结构及其稳定性。

N_2 分子由 2 个 N 原子组成，N 原子的电子构型为 $1s^2 2s^2 2p^3$，N_2 分子中有 14 个电子，这些电子按图 9.12(b) 所示的能级顺序依次填入相应的分子轨道，所以 N_2 分子的分子轨道式为

$$N_2[(\sigma_{1s})^2(\sigma_{1s}^*)^2(\sigma_{2s})^2(\sigma_{2s}^*)^2(\pi_{2p_y})^2(\pi_{2p_z})^2(\pi_{2p_x})^2]$$

因为 σ_{1s} 和 σ_{1s}^* 轨道上的电子是内层电子，可以用 KK 代替，式中每个 K 字表示 K 层原子轨道上的 2 个电子。所以 N_2 分子的分子轨道式还可以写成：

$$N_2[KK(\sigma_{2s})^2(\sigma_{2s}^*)^2(\pi_{2p_y})^2(\pi_{2p_z})^2(\pi_{2p_x})^2]$$

其分子轨道能级图如图 9.14 所示。$(\sigma_{2s})^2$ 与 $(\sigma_{2s}^*)^2$ 的作用相互抵消，对成键没有贡献；实际起成键作用的是 $(\pi_{2p_y})^2(\pi_{2p_z})^2(\pi_{2p_x})^2$ 这三对电子，它们分别形成 1 个 σ 键和 2 个 π 键。由于电子都填入成键轨道，而且分子中 π 轨道的能量较低，使系统的能量大为降低，故 N_2 分子特别稳定。其键级为 $(8-2)/2=3$。

(3) O_2 分子的结构及其顺磁性。

O_2 分子由 2 个 O 原子组成,O 原子的电子构型为 $1s^22s^22p^4$,O_2分子中共有 16 个电子。其分子轨道能级图如图 9.15 所示。所以 O_2 分子的分子轨道式为

$$O_2[KK(\sigma_{2s})^2(\sigma_{2s}^*)^2(\pi_{2p_x})^2(\pi_{2p_y})^2(\pi_{2p_z})^2(\pi_{2p_y}^*)^1(\pi_{2p_z}^*)^1]$$

$(\pi_{2p_x})^2$ 构成1个σ键;$(\pi_{2p_y})^2$ 与$(\pi_{2p_y}^*)^1$,$(\pi_{2p_z})^2$ 与$(\pi_{2p_z}^*)^1$ 构成2个三电子π键。所以O_2分子中有 1 个σ键和 2 个三电子π键。其结构式可表示为

$$O \overset{\cdots}{\underset{\cdots}{—}} O$$

由于 O_2 分子中存在 2 个单电子,故 O_2 有顺磁性。O_2 分子的键级为(8 - 4)/2 = 2。

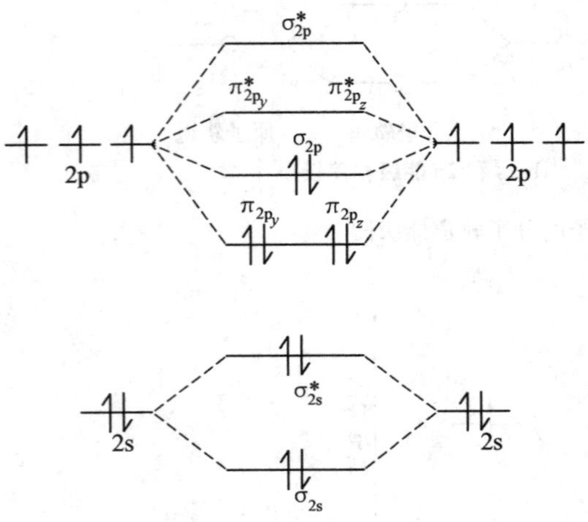

图 9.14 N_2 分子的分子轨道能级图

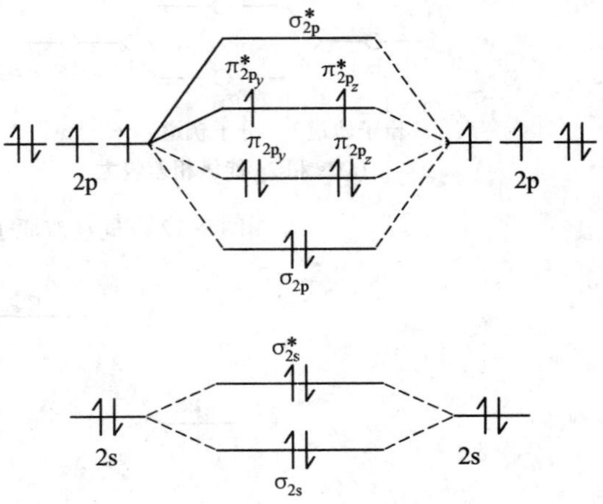

图 9.15 O_2 分子的分子轨道能级图

9.3 分子间力

分子间作用力简称分子间力,早在 1873 年荷兰物理学家范德华(van der waals) 就注意到这种作用力的存在,并进行了卓有成效的研究,所以人们称分子间力为范德瓦耳斯力。

相对化学键力来说,分子间力相当微弱,一般在几到几十 $kJ \cdot mol^{-1}$,而通常共价键能量约为 150 ~ 500 $kJ \cdot mol^{-1}$。然而就是分子间这种微弱的作用力对物质的熔点、沸点、表面张力和稳定性等都有相当大的影响。为了更好地理解分子间力,首先介绍极性分子与非极性分子。

9.3.1 极性分子与非极性分子

在任何分子中都有带正电荷的原子核和带负电荷的电子,由于正、负电荷的数目相等,所以分子呈电中性。但是对于不同的分子,正、负电荷在分子中的分布有所不同。对于每种电荷都可以设想其集中于一点,此点称为电荷重心。正、负电荷重心重合的分子称为非极性分子,如 H_2、F_2 等,如图 9.16(a) 所示;正、负电荷重心不重合的分子称为极性分子,如 HF 分子,如图 9.16(b) 所示,由于氟的电负性(4.0) 大于氢的电负性(2.1),故在分

子中电子偏向 F,F 端带负电,分子的正负电荷重心不重合。离子型分子可以看成是它的极端情况。

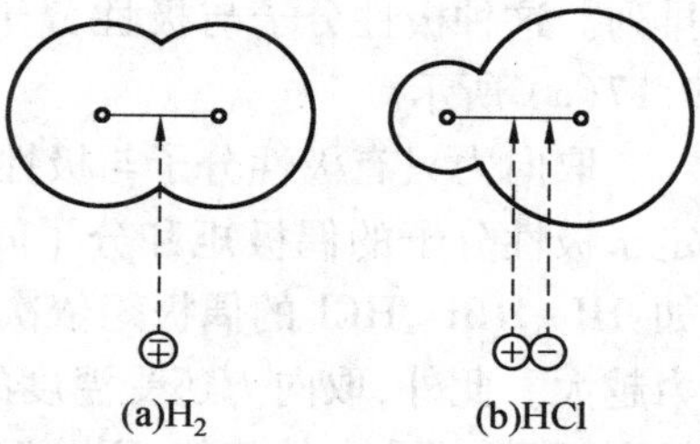

图 9.16　H_2 分子和 HF 分子的电荷分布示意图

分子极性的大小常用偶极矩来衡量,偶极矩的概念是由 Debye 在 1912 年提出来的,他将偶极矩 P 定义为分子中电荷重心(正电荷重心 δ^+ 或负电荷重心 δ^-)上的电荷量 δ 与正负电荷中心距离 d 的乘积:

$$P = \delta \times d \tag{9.1}$$

式中,δ 是偶极上的电荷,单位为 C(库仑);d 又称偶极长度,单位为 m(米),则偶极矩的单位就是 C · m(库 · 米)。

偶极矩是矢量,其方向规定为从正到负。P 的数值一般在 10^{-30}C · m 数量级。$P=0$ 的分子是非极性分子,P 越大,分子极性越大。

要注意的是,分子的极性和键的极性并不一定相同。键的极性决定于成键原子的电负性,电负性不同的原子成键时有极性。而分子的极性除了与键的极性有关外,还决定于分子的空间结构。如果分子具有某些对称性时,由于各键的极性互相抵消,则分子无极性,如 CO_2、CH_4 等。而属于另一些对称性的分子,由于键的极性不能互相抵消,因此分子有极性,如 H_2O、NH_3、反式丁二烯等。表 9.5 列出了一些分子的偶极矩和几何构型。

表 9.5　一些分子的偶极矩和分子几何构型

分子	偶极矩 / $\times 10^{-30}$C · m	分子几何构型	分子	偶极矩 / $\times 10^{-30}$C · m	分子几何构型
H_2	0	直线形	SO_2	5.28	V 形
N_2	0	直线形	$CHCl_3$	3.63	四面体形
CO_2	0	直线形	CO	0.33	直线形
CS_2	0	直线形	O_3	1.67	V 形
CCl_4	0	正四面体形	HF	6.47	直线形
CH_4	0	正四面体形	HCl	3.60	直线形
H_2S	3.63	V 形	HBr	2.60	直线形
H_2O	6.17	V 形	HI	1.27	直线形
NH_3	4.29	三角锥形	BF_3	0	平面三角形

从表中可以看出,几何构型为对称的直线形、平面正三角形、正四面体形的多原子分子的偶极矩为零,为非极性分子;而几何构型为 V 形、四面体、三角锥形的多原子分子的偶极矩不为零,为极性分子。

9.3.2　分子间力

1. 取向力

极性分子本身存在的正、负两极称为固有偶极。当两个极性分子相互靠近时,固有偶极就会发生同极相斥、异极相吸,使得分子发生相对位移而产生定向相互吸引呈有秩序的排列。这种极性分子与极性分子之间的固有偶极之间的相互作用力称为取向力，如图9.17(a) 所示。

取向力只有极性分子与极性分子之间才存在。取向力的本质是静电引力，其大小决定于极性分子的偶极矩和分子间的距离。分子的极性越强，偶极矩越大，取向力越大。如：HI、HBr、HCl 的偶极矩依次增大，因而其取向力依次增大。分子间的距离越小，取向力越大。此外，取向力还受温度的影响，温度升高，分子的热运动加剧，破坏了分子的有序排列，降低了取向的趋势，因此温度越高，取向力越弱。

2. 诱导力

在极性分子和非极性分子之间，由于极性分子偶极所产生的电场对非极性分子发生影响，使非极性分子电子云变形（即电子云被吸向极性分子偶极的正电的一极），结果使非极性分子的电子云与原子核发生相对位移，极性分子中的正、负电荷重心不相重合，产生了诱导偶极。这种电荷重心的相对位移称为“变形”，因变形而产生的偶极，称为诱导偶极，以区别于极性分子中原有的固有偶极。这种由于极性分子的固有偶极与诱导偶极产生的相互作用力，称为诱导力，如图 9.17(b) 所示。

诱导力随分子极性和变形性的增大而增大，当分子间的距离增大时，诱导力迅速减弱。

在极性分子和极性分子之间，除了取向力外，由于极性分子的相互影响，每个分子也会发生变形，产生诱导偶极。其结果使分子的偶极矩增大，既具有取向力又具有诱导力。在阳离子和阴离子之间也会出现诱导力。

3. 色散力

在非极性分子中，本身没有偶极，不存在取向力，也不产生诱导力。由于分子中电子和原子核都在不停地运动，在某一瞬间，分子中原子核和电子之间出现瞬时相对位移，使正、负电荷重心发生瞬时不重合，从而产生了瞬时偶极。这些瞬时偶极保持异极相邻的状态，如图 9.17(c) 所示。这种由于瞬时偶极的作用而产生的分子间作用力为色散力。虽然瞬时偶极存在短暂，但异极相邻状态却此起彼伏，不断重复，因此分子间始终存在着色散力。

色散力不仅存在于非极性分子间，也存在于极性分子间以及极性与非极性分子间。

色散力与分子的变形性有关，变形性越强越易被极化，色散力也越强。稀有气体分子间并不生成化学键，但当它们相互接近时，可以液化并放出能量，就是色散力存在的证明。

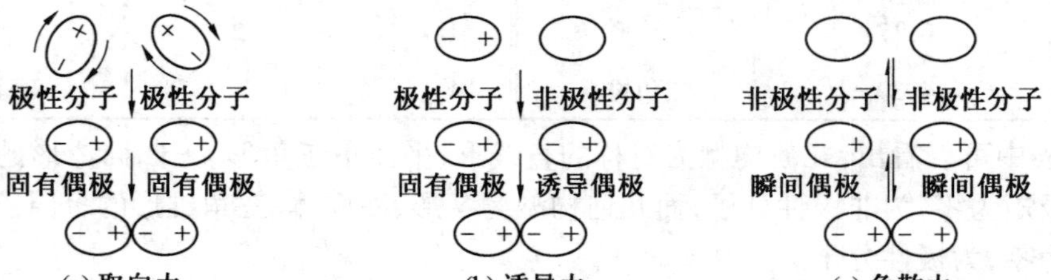

图 9.17　分子间作用力

综上所述，分子间力包括取向力、诱导力和色散力。它们既无方向性又无饱和性。作用范围小，只有几百 pm。对于大多数分子而言，色散力起主要作用，只有极性很大的分子，取向力才占主要地位，如 H_2O、NH_3 等。诱导力一般是很小的。

4. 分子间力对物质性质的影响

（1）对熔、沸点的影响。

除了个别极性很强的分子（如 H_2O）以其取向力为主外，一般分子都是以色散力为主。而色散力又与分子的相对分子质量大小有关，相对分子质量越大，分子变形性越大，色散力也就越大，所以稀有气体、卤素等其沸点和熔点都随相对分子质量的增大而升高。

（2）对硬度的影响。

极性小的聚乙烯、聚异丁烯等物质，由于分子间力较小，因而硬度也不大；含有极性基团的有机玻璃等物质，分子间力较大，因此具有一定的硬度。

（3）对溶解度的影响。

溶质和溶剂的分子间力越大，则其在溶剂中的溶解度也越大。

溶解过程是物质分子互相分散的过程，其所能达到的分散程度显然与分子间力有关。通常所说的"相似相溶原理"（极性溶质易溶于极性溶剂，非极性溶质易溶于非极性溶剂）经验规律可以用分子间力的影响加以说明。

9.3.3　氢　键

1. 氢键的形成

当氢原子与电负性很大而半径很小的原子（如 F、O、N）形成共价型氢化物时，由于原子间共有电子对的强烈偏移，氢原子几乎呈质子状态，这个氢原子还可以和另一个电负性大且含有孤对电子的原子产生静电吸引作用。这种由于与电负性极强的元素的原子相结合的氢原子和另一电负性极强的元素的原子间产生的作用力称为氢键。

例如，液体 H_2O 分子中 H 原子可以和另一个 H_2O 分子中 O 原子互相吸引形成氢键。

氢键的组成可用 X—H…：Y 通式表示，式中 X、Y 代表 F、O、N 等电负性大而半径小的原子，X 和 Y 可以是同种元素也可以不同种。H…：Y 间的键为氢键，H…：Y 间的长度为氢键的键长，拆开 1 mol H…：Y 键所需的最低能量为氢键的键能。

2. 氢键的分类

氢键可分为分子间氢键与分子内氢键两大类。一个分子的 X—H 键与另一个分子的 Y 相结合而形成的氢键，称为分子间氢键。例如，HF、NH_3、H_2O、甲酸、醋酸等缔合体就是通过分子间氢键而形成的。除了这种同类分子间的氢键外，不同分子间也可形成氢键。分子间氢键一般是呈直线型，如图 9.18（a）所示。

在某些分子里，如邻羟基苯甲酸中的羟基 O—H 也可与羧基中的羰基氧原子生成氢键。这种一个分子的 X—H 键与它内部的 Y 相结合而成的氢键称为分子内氢键。由于受环状结构中其他原子的键角限制，分子内氢键 X—H…Y 不能在同一直线上，一般键角约为 150°，如图 9.18（b）所示。分子内氢键的形成会使分子钳环化。

3. 氢键的特点

氢键是一种特殊的分子间力，其特点是具有饱和性和方向性。氢键的饱和性是由于氢原子半径比 X 或 Y 的原子半径小得多，当 X—H 分子中的 H 与 Y 形成氢键后，已被电子云所包围，这时若有另一个 Y 靠近时必被排斥，所以每一个 X—H 只能和一个 Y 相吸引而形成氢键。

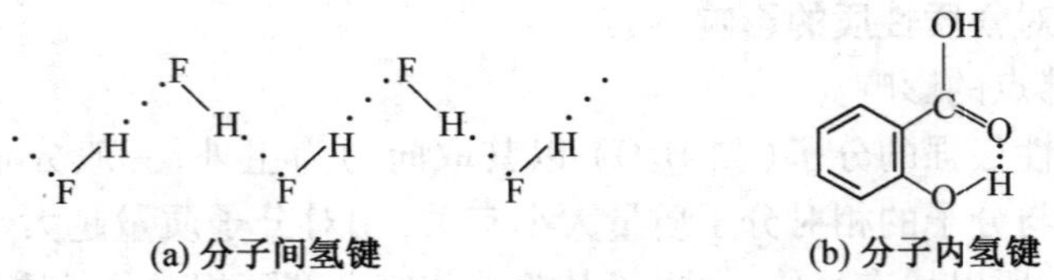

图 9.18　分子间氢键和分子内氢键

氢键的方向性是由于 Y 吸引 X—H 形成氢键时，X—H⋯：Y 在同一直线上。这样 X 和 Y 的距离最大，X 和 Y 电子云之间的斥力最小，可以稳定地形成氢键（分子内氢键 X—H⋯：Y 不能在同一直线上，是因为受环状结构中其他原子键角的限制）。

4. 氢键对物质性质的影响

能够形成氢键的物质很多，如水、水合物、氨合物、无机酸和某些有机化合物。氢键的存在，对物质的某些性质有一定影响。

（1）熔点、沸点。

分子间有氢键的物质熔化或气化时，除了要克服纯粹的分子间力外，还必须提高温度，额外地供应一份能量来破坏分子间的氢键，所以这些物质的熔点、沸点比同系列氢化物的熔点、沸点高。分子内生成氢键，熔、沸点常降低。例如有分子内氢键的邻硝基苯酚熔点（45 ℃）比有分子间氢键的间位熔点（96 ℃）和对位熔点（114 ℃）都低。

（2）溶解度。

在极性溶剂中，如果溶质分子与溶剂分子之间可以形成氢键，则溶质的溶解度增大。HF 和 NH_3 在水中的溶解度比较大，就是这个原因。

（3）密度。

液体分子间若形成氢键，有可能发生缔合现象，例如液态 HF，在通常条件下，还存在通过氢键联系在一起的复杂分子 $(HF)_n$。其中 n 可以是 2，3，4，⋯。分子缔合后会影响液体的密度。

（4）黏度。

分子间有氢键的液体，一般黏度较大。例如甘油、磷酸、浓硫酸等多羟基化合物通常为黏稠状液体。

9.4　晶体结构

在常温常压下，物质有三种聚集状态：气体、液体和固体。而固体又可分为晶体和非晶体。

9.4.1　晶体与非晶体

1. 晶体与非晶体

晶体和非晶体是按粒子在固体状态中排列的特性不同而划分的。晶体是由原子、离子或分子在空间按一定规律周期性地重复排列构成的固体，如食盐、石英等。非晶体是指组成物质的原子、离子或分子不呈空间有规则周期性排列的固体，如玻璃、松香、石蜡等。

与非晶体相比，晶体具有以下三个特征：

（1）晶体具有规则的几何外形，如食盐呈立方体，冰呈六角棱柱体，明矾呈八面体等。这种规则的形状是自发形成而不是人为加工而成的，而非晶体则没有这种规则外形。非晶体从熔融状态冷却下来时，内部粒子还来不及排列整齐，就固化成表面圆滑的无定形体。

（2）晶体拥有固定的熔点，在熔化过程中，晶体有固定的熔点。晶体被加热到一定温度时，开始熔化，但在晶体完全熔化前，温度始终保持不变。非晶体随着温度升高就会慢慢变软，流动性增加，最后变成液体，不存在固定的熔点。

（3）晶体的物理性质（力、光、电、热等）会随着不同方向而有所差别，称为“各向异性”。如石墨的层内电导率要比层间电导率高出一万倍。非晶体的物理性质没有方向上的区别，称为“各向同性”。

2. 晶体的微观结构

晶体内部的质点（原子、离子、分子）在空间有规则地排列在一定的点上，这些点群有一定的几何形状，称为晶格。排有质点的那些点称为晶格结点。晶格中含有晶体结构的具有代表性的最小重复单元，称为晶胞。晶胞是由若干个粒子组成的六面体，它包含了晶格的全部信息。晶胞在三维空间周期性地无限重复就形成了晶体。所以，晶胞的大小、形状和组成决定了整个晶体的结构和性质。

晶胞的形状和大小可以用 6 个参数来表示，此即晶格特征参数，简称晶胞参数。它们是 3 条棱边的长度 a、b、c 和 3 条棱边的夹角 α、β、γ。

晶体按其内部结构可分为七大晶系和 14 种晶格类型。分别列于表 9.6 和图 9.19 中。

表 9.6　七大晶系

晶系	边长	夹角	晶体实例
立方晶系	$a = b = c$	$\alpha = \beta = \gamma = 90°$	NaCl，Cu
四方晶系	$a = b \neq c$	$\alpha = \beta = \gamma = 90°$	SnO_2，Sn
正交晶系	$a \neq b \neq c$	$\alpha = \beta = \gamma = 90°$	$HgCl_2$，I_2
单斜晶系	$a \neq b \neq c$	$\alpha = \gamma = 90°, \beta \neq 90°$	$KClO_3$，$Na_2B_4O_7$
三斜晶系	$a \neq b \neq c$	$\alpha \neq \beta \neq \gamma \neq 90°$	$CuSO_4 \cdot H_2O$
三方晶系	$a = b = c$	$\alpha = \beta = \gamma \neq 90°$	Al_2O_3，Bi
六方晶系	$a = b \neq c$	$\alpha = \beta = 90°, \gamma = 120°$	AgI，Mg

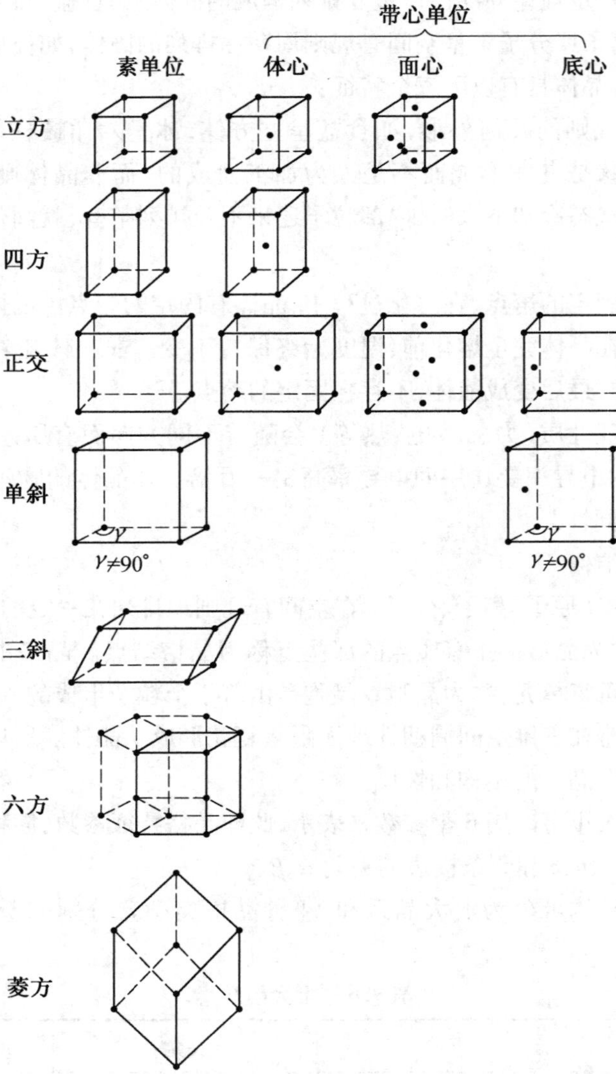

图 9.19　三维点阵的 14 种晶格

9.4.2　晶体的基本类型

按晶格中的结构粒子种类和键的性质来划分，晶体可分为离子晶体、分子晶体、原子晶体和金属晶体等四种基本类型。

1. 离子晶体

离子晶体由正、负离子组成。离子键没有方向性和饱和性。关于离子晶体的结构和性质在 9.1.3 小节中已经介绍过，这里不再复述。

2. 分子晶体

在分子晶体的晶格结点上排列着极性或非极性分子，分子间只能以分子间力或氢键相结合。分子晶体粒子间的结合力弱，故其熔点低、硬度小，易挥发。

由于分子晶体是由电中性的分子组成，所以固态和熔融态都不导电，是电的绝缘体。但某些分子晶体含有极性较强的共价键，能溶于水产生水化离子，因而能导电，如冰醋酸。

因为分子间力没有方向性和饱和性，所以分子晶体都有形成密堆积的趋势，配位数可高达12。

在晶体中有独立分子存在。如二氧化碳的晶体结构，晶体中有独立存在的CO_2分子，化学式CO_2能代表分子的组成，也就是它的分子式。

绝大部分有机物，稀有气体以及H_2、N_2、Cl_2、Br_2、I_2、SO_2以及HCl等的晶体都是分子晶体。

3. 原子晶体

原子晶体晶格结点上排列着原子，原子间是通过共价键相结合的。因为共价键的结合力比较强，所以原子晶体一般具有很高的熔点和很大的硬度，在工业上常被选为磨料或耐火材料。原子晶体延展性很小，有脆性。

由于原子晶体中没有离子，故其熔融态都不易导电，一般是电的绝缘体。但是某些原子晶体如Si、Ge、Ga和As等可作为优良的半导体材料，原子晶体在一般溶剂中都不溶。

由于共价键有方向性和饱和性，所以原子晶体配位数一般比较小。

金刚石是最典型的原子晶体，其中每个碳原子通过sp^3杂化轨道与其他碳原子形成共价键，组成四面体。金刚石的熔点高达3 550 ℃，硬度也最大。

在原子晶体中并没有独立存在的原子或分子，SiC、SiO_2等化学式并不代表一个分子的组成，只代表晶体中各种元素原子数的比例。

属于原子晶体的物质，单质中除金刚石外，还有可做半导体元件的单晶硅和锗；在化合物中，碳化硅（SiC）、砷化镓（GaAs）和二氧化硅（SiO_2、β－方石英）等也属原子晶体。

4. 金属晶体

金属晶体中晶格结点上排列金属原子，金属原子间以金属键结合，因此金属晶体通常具有很高的导电性和导热性、很好的可塑性和机械强度，对光的反射系数大，呈现金属光泽，在酸中可替代氢形成正离子等特性。

金属键没有方向性，金属原子采取最紧密的堆积方式形成金属，所以金属一般密度较大，配位数也较大。元素周期表中约2/3的金属原子的配位数为12，少数金属晶体配位数是8，只有极少数是6。金属可以形成合金，是其主要性质之一。金属晶体的物理性质和结构特点都与金属原子之间主要靠金属键结合有关。

本章小结

理解离子键的形成和特点以及离子晶体的结构特征和一般性质。掌握共价键的特征和键型。

掌握杂化轨道理论的基本要点和杂化类型，重点掌握 sp、sp^2 和 sp^3 杂化，学会利用杂化轨道理论解释某些分子或离子的空间构型。

掌握价层电子对互斥理论的基本要点并会利用此理论预测分子或离子的几何构型。

掌握分子轨道理论的基本要点，尤其是成键的各原子轨道必须满足的三个原则：对称性匹配原则、能量近似原则和轨道最大重叠原则以及键级的概念。能写出给定分子或离子的分子轨道式并解释物质的稳定性和磁性。

了解分子间力（取向力、诱导力和色散力）和氢键，掌握它们对物质性质的影响。

掌握晶体与非晶体的区别，以及离子晶体、分子晶体、原子晶体和金属晶体的性质特点。

习　题

1. 简答题

（1）解释下列名词。

① 杂化轨道；② 等性杂化；③ 不等性杂化；④ 晶格能；⑤ 成键分子轨道；⑥ 反键分子轨道；⑦ 键级；⑧ 氢键；⑨ 固有偶极；⑩ 诱导偶极。

（2）如何理解离子键没有方向性和饱和性？

（3）如何理解共价键具有方向性和饱和性？

（4）说明 AB 型离子晶体离子半径比与晶体构型的对应关系。

（5）简述价键理论和分子轨道理论的基本要点。

（6）说明晶体与非晶体的区别。

（7）请用杂化轨道理论说明下列各组物质的空间构型。

① BF，BF_4^-；② NH_3，NH_4^+；③ H_2O，H_3O^+。

（8）用价层电子对互斥理论判断下列分子或离子的空间构型。

① SO_2；② NH_4^+；③ NO_3^-；④ PCl_3；⑤ NO_2；⑥ MnO_4^-；⑦ SCl_2。

（9）写出下列分子或离子的分子轨道排布式、计算键级，并指出哪个最稳定，哪个最不稳定，哪些是顺磁性，哪些是反磁性？

① H_2；② He_2；③ Li_2；④ Be_2；⑤ B_2；⑥ C_2；⑦ N_2；⑧ O_2；⑨ HF；⑩ CO^+。

（10）判断下列分子哪些是极性分子，哪些是非极性分子？

① H_2S；② CO；③ CO_2；④ $SnCl_2$；⑤ $HgCl_2$；⑥ CCl_4；⑦ $CHCl_3$；⑧ O_2；⑨ O_3。

（11）判断下列分子间存在的分子间作用力。

① 苯和 CCl_4；② CH_3OH 和 H_2O；③ N_2 气体；④ HCl 气体；⑤ H_2O 分子。

（12）CH_4，H_2O，NH_3 分子中键角最大的是哪个分子，键角最小的是哪个分子？为什么？

(13) 用分子间力说明以下事实。

① 常温下 F_2、Cl_2 是气体，Br_2 是液体，I_2 是固体。

② HCl，HBr，HI 的熔、沸点随相对分子质量的增大而升高。

③ 稀有气体 He，Ne，Ar，Kr，Xe 的沸点随着相对分子质量的增大而升高。

第10章

配位化合物

配位化合物是一类较复杂化合物，具有多种重要的特性，在分析化学、生物化学、医药、食品、化工生产等许多领域都在广泛应用。近代物质结构的理论和实验手段的发展，为深入研究配位化合物提供了有利条件，已形成了化学学科中的一个新兴的分支学科——配位化学。

10.1　配位化合物的基本概念

10.1.1　配位化合物的组成

1. 配位化合物的内界和外界

配位化合物根据其化学键特点和在水溶液中的解离方式不同而分成两大部分：内界和外界。内界是配位键结合的配离子部分，通常用方括号括起。外界是与配离子以离子键结合的带相反电荷的离子，写在方括号外面。内界配离子部分由中心离子和配位体组成。

例如，向 $CuSO_4$ 溶液中加入浓氨水，观察现象：

首先生成浅蓝色沉淀——碱式硫酸铜$[Cu_2(OH)_2]SO_4$

继续加浓氨水则沉淀溶解，得到深蓝色溶液。具体反应为

$$CuSO_4 + 4NH_3 \rightleftharpoons [Cu(NH_3)_4]SO_4$$

[Cu　(NH$_3$)$_4$]　SO$_4$

中心离子　配位体　外界离子

内界（配位离子）　外界

配位化合物

中心离子：处于内界的金属离子（原子），如 Cu^{2+}。

配体：按一定的空间位置排列在中心离子周围的其他离子或分子，如 NH_3。

配位单元：中心离子和若干个配体所构成的单位。在化学式上用方括号括起来，表示配位化合物的内界。配位单元可以是电中性的，也可以是带电荷的。带电荷的配位单元称为配位离子。

配位化合物：由中心离子或原子与配体通过配位键结合而成的复杂化合物。

2. 中心离子（原子）及配体的特点

（1）中心离子（原子）：配位化合物的中心离子（或原子）一般是具有空的价电子轨道的阳离子（或中性原子），居于配位化合物的中心。周期表中大部分金属元素都可作为配位化合物的中心离子（或原子）。

形成配位化合物的规律：

① 一般半径大、电荷少、具有 8 电子构型的 K^+、Na^+ 等离子，配位能力很小；

② 而半径小、电荷多、具有 8 ~ 18 电子构型的离子，即 d 轨道未完全充满的过渡金属离子，如 Fe^{2+}、Fe^{3+}、Co^{2+}、Ni^{2+}、Cu^{2+}、Ag^+ 等离子，配位能力最强；

③ 一些高氧化态的非金属元素，如 SiF_6^{2-} 中的 Si^{4+}，PF_6^- 中的 P^{5+} 等也是常见的中心离子；

④ 某些金属元素的中性原子，如 $Fe(CO)_5$ 中的 Fe、$Ni(CO)_4$ 中的 Ni 等亦可作为中心原子而形成相应的配位化合物。

（2）配体：配体是含有孤电子对的分子或离子。常见的配体见表 10.1。分子配体有 NH_3、乙二胺、乙二胺四乙酸等。在配位单元中的配体可以是同一种阴离子或分子，也可以是既有阴离子又有分子。其中含有不同配体的配位单元，称为混合型配位化合物，如 $[Pt(NH_3)_4(NO_2)Cl]CO_3$。

表 10.1 常见的配体

类型	配位原子	实 例
单齿	C	CO、C_2H_4、CNR（R 代表烃基），CN^-
	N	NH_3、NO、NR_3、RNH_2、C_5H_5N（吡啶，简写为 Py）NCS^-、NH_2^-、NO_2^-
	O	ROH、R_2O、H_2O、R_2SO、OH^-、$RCOO^-$、ONO^-、SO_4^{2-}、CO_3^{2-}
	P	PH_3、PR_3、PX_3（X 代表卤素）、PR_2^-
	S	R_2S、RSH、$S_2O_3^{2-}$
	X	F^-、Cl^-、Br^-、I^-
双齿	N	乙二胺（en）$H_2\ddot{N}—CH_2—CH_2—\ddot{N}H_2$，联吡啶（bipy）$\ddot{N}H_5C_5—C_5H_5\ddot{N}$
	O	草酸根 $C_2O_4^{2-}$，乙酰丙酮离子（$acac^-$）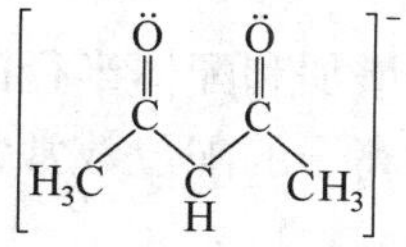
三齿	N	二乙基三胺（dien） $H_2\ddot{N}—CH_2—CH_2—\ddot{N}H—CH_2—CH_2—\ddot{N}H_2$
四齿	N	氨基三乙酸：$CH_2CO\ddot{O}H—\ddot{N}(CH_2CO\ddot{O}H)_2$
五齿	N、O	乙二胺三乙酸根离子 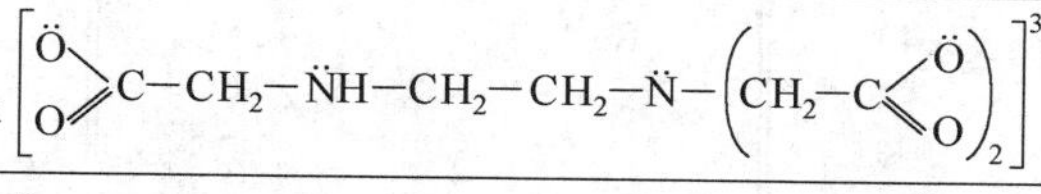
六齿	N、O	乙二胺四乙酸根离子 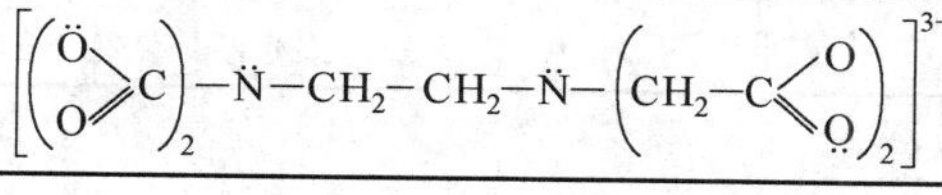

① 配位原子:配体中具有孤电子对,形成配位化合物时直接与中心离子(原子)结合的原子。如 CN^- 中的 C 原子,H_2O 中的 O 原子,NH_3 中 N 原子等。

② 单齿(基)配体:只有一个配位原子的配体。如 F^-、OH^-、CN^-、SCN^-、NH_3、NO_2^-、H_2O 等。

③ 多基(多齿)配体:有两个或两个以上配位原子的配体。如 $NH_2—CH_2—CH_2—NH_2$,乙二胺四乙酸(EDTA)。

④ 异性双基配体:配体虽有两个配位原子,在一定条件下只能由其中一个配位原子与中心离子形成配位键的配体称为异性双基配体。异性双基配体仍属于单齿配体。如硫氰酸根 SCN^-,以 S 做配位原子,异硫氰根 NCS^-,以 N 做配位原子。

(3) 配位数:在配位化合物中,直接同中心离子(或原子)结合的配位原子的数目,为该中心离子(或原子)的配位数。一般中心离子的配位数为 2、4、6,配位数为 8 的较为少见。对于单齿配体,配位数等于中心离子周围配体的个数,而对于多齿配体,配位数不等于配体的个数,等于所有配位原子的个数之和,如 $Cu(en)_2^{2+}$ 中 Cu^{2+} 离子的配位数等于 4。决定配位数的因素:中心离子的电荷数及其与配体的半径比。

规律:

① 相同电荷的中心离子的半径越大,配位数就越大。如 Al^{3+} 和 F^- 离子可以形成配位数为 6 的 AlF_6^{3-} 离子,而半径较小的 B^{3+} 只能形成配位数为 4 的 BF_4^-。

② 对于同一种中心离子来说,配位数随着配体半径的增加而减少,例如,半径较大的 Cl^- 离子与 Al^{3+} 离子配位时,只能形成配位数为 4 的 $AlCl_4^-$ 离子,如图 10.1 所示。

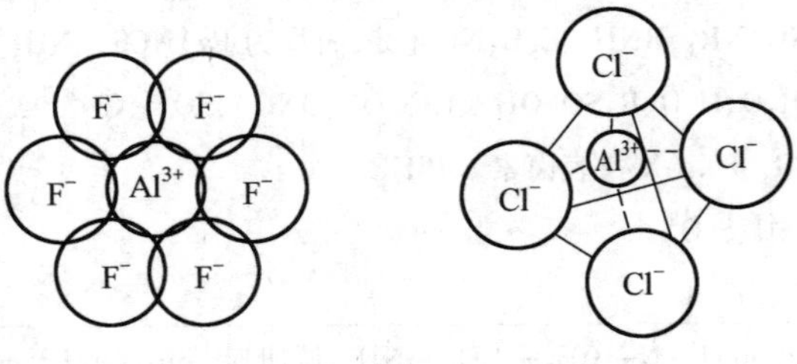

图 10.1　配体与配位数的关系

中心离子的电荷数增加和配体半径的减小,对于形成配位数较大的配位化合物都是有利的。一般来说中心离子的配位数常常是它所带电荷的 2 倍。下面是一些常见金属离子的配位数,见表 10.2。

表 10.2　常见金属离子的配位数

金属离子	配位数	金属离子	配位数	金属离子	配位数
Cu^+	2,4	Ca^{2+}	6	Al^{3+}	4,6
Ag^+	2	Fe^{2+}	6	Sc^{3+}	6
Au^+	2,4	Co^{2+}	4,6	Cr^{3+}	6
		Ni^{2+}	4,6	Fe^{3+}	6
		Cu^{2+}	4,6	Co^{3+}	6
		Zn^{2+}	4,6	Au^{3+}	4

3. 配位离子的电荷

配位离子的电荷数等于中心离子与配体电荷数的代数和。例如，$Fe(CN)_6^{3-}$ 配位离子的电荷数为 -3；$Cu(en)_2^{2+}$ 的电荷数为 $+2$。

10.1.2　配位化合物的命名

1. 配位化合物的命名：命名服从一般无机化合物的命名原则。方法如下：

(1) 如果配位化合物由内界配位离子和外界离子组成，当配位离子为阳离子时，先命名外界阴离子。阴离子为简单离子，则配位化合物名称为：某化 + 配位离子名称；阴离子为复杂阴离子时，则配位化合物名称为：某酸 + 配位离子名称。当配位离子为阴离子时，先命名配位离子，则配位化合物名称为：配位离子名称 + 酸 + 外界阳离子名称。

(2) 配离子命名顺序：配体数（汉字）+ 配体名称（不同的配体用"·"隔开）+ 合 + 中心离子（原子）及其氧化态（括号内以罗马数字注明）。例如：

$[CoCl(NH_3)_5]Cl_2$	氯化一氯·五氨合钴(Ⅲ)
$[Cu(NH_3)_4]SO_4$	硫酸四氨合铜(Ⅱ)
$[Co(NH_3)_2(en)_2](NO_3)_3$	硝酸·二氨·二乙二胺合钴(Ⅲ)
$H_2[PtCl_6]$	六氯合铂(Ⅳ)酸
$K_3[Fe(CN)_6]$	六氰合铁(Ⅲ)酸钾
$Na_3[Ag(S_2O_3)_2]$	二硫代硫酸根合银(Ⅰ)酸钠
$K[Co(NO_2)_4(NH_3)_2]$	四硝基·二氨合钴(Ⅲ)酸钾

(3) 没有外界的配位化合物命名同配位离子的命名方法相同。

$[Ni(CO)_4]$	四羰基合镍
$[Pt(NH_3)_2Cl_2]$	二氯·二氨合铂(Ⅱ)
$[Co(NH_3)_3(NO_2)_3]$	三硝基·三氨合钴(Ⅲ)

2. 若配体不止一种，在命名时要遵从以下原则：

(1) 配体中如果既有无机配体又有有机配体，则先命名无机配体（简单离子 - 复杂离子 - 中性分子），而后命名有机配体（有机酸根 - 简单有机分子 - 复杂有机分子）。

$K[SbCl_5(C_6H_5)]$	五氯·苯基合锑(Ⅴ)酸钾
$K[PtCl_2(NO_2)(NH_3)]$	二氯·一硝基·一氨合铂(Ⅱ)酸钾
$[Pt(NO_2)(NH_3)(NH_2OH)Py]Cl$	氯化一硝基·一氨·一羟氨·吡啶合铂(Ⅱ)

(2) 同类配体的名称，按配位原子元素符号的英文字母顺序排列。

$[Co(NH_3)_5H_2O]Cl_3$	氯化五氨·一水合钴(Ⅲ)

(3) 配体化学式相同，但配位原子不同时，命名则不同。如：NO_2^-（配位原子是N）称为硝基，ONO^-（配位原子是O）称为亚硝酸根；SCN^-（配位原子是S）称为硫氰酸根，NCS^-（配位原子是N）称为异硫氰酸根。

习惯名称：如 $Cu(NH_3)_4^{2+}$ 称为铜氨配离子；$Ag(NH_3)_2^+$ 称为银氨配离子。$K_3[Fe(CN)_6]$ 称为铁氰化钾（赤血盐），$K_4[Fe(CN)_6]$ 称为亚铁氰化钾（黄血盐）；$H_2[SiF_6]$ 称为氟硅酸；$K_2[PtCl_6]$ 称为氯铂酸钾等。

10.1.3　螯合物

1. 概念

由多基配体与中心离子形成的具有环状结构的配位化合物。

2. 特点

配体与金属离子结合像螃蟹双螯钳住中心离子一样，形成稳定的环状结构。螯合物的每个环上有几个原子就称为几元环。如图10.2所示，phen与Fe^{2+}生成的螯合物中有三个五元环；乙二胺与Cu^{2+}生成的螯合物中有两个五元环。

3. 稳定性

与环状结构（环的大小和环的多少）有关。一般来说，以五元环、六元环稳定。四元环、七元环、八元环比较少见，并且也不稳定。一个配位原子与中心离子形成的五元环或六元环的数目越多，螯合物就越稳定。

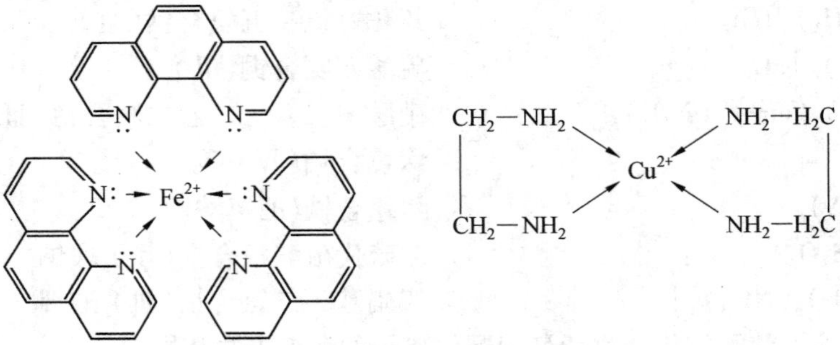

图10.2　$Fe(phen)_3^{2+}$与$Cu(en)_2^{2+}$的环状结构

10.2　配位化合物的价键理论

10.2.1　价键理论要点

1. 价键理论

价键理论是把杂化轨道理论应用到配位化合物结构而形成的。

要点：

(1) 配体的配位原子都含有未成键的孤对电子。

(2) 中心离子（原子）的价电子层必须有空轨道，而且在形成配位化合物时发生杂化，杂化的类型有d^2sp^3、sp^3d^2、dsp^2、sp^3、sp等。

(3) 配位原子的含有孤对电子的轨道与中心离子（原子）的空杂化轨道重叠，形成配位键。配离子中的配位键可以分为σ配位键和π配位键。

2. 配位键的形成

价键理论认为：在形成配离子时，中心离子（或原子）提供的空轨道必须杂化，形成一组等价的杂化轨道，以接受配体的孤对电子。这些轨道当然具有一定的方向性和饱和性。

以 $Ag(NH_3)_2^+$ 离子配位键的形成(见图10.3)来看,两个配位氮原子的两对孤对电子,只能进入 Ag^+ 的5s和5p轨道。由于s轨道与p轨道的成键情况不同,在 $Ag(NH_3)_2^+$ 离子中两个 NH_3 应有不同的配位性质,但实际上两个氨并无差别。

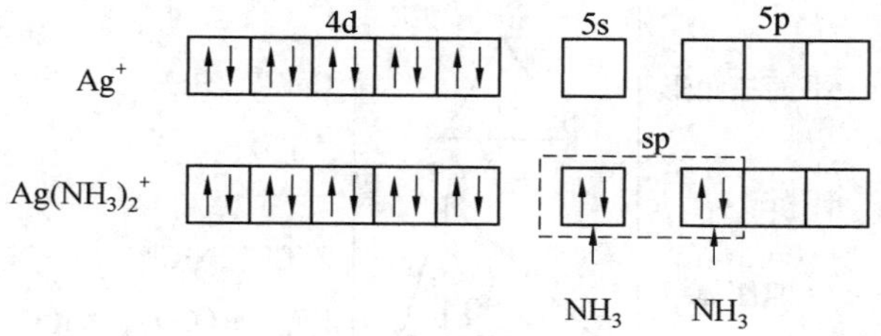

图10.3　$Ag(NH_3)_2^+$ 离子配位键的形成示意图

Ag^+ 离子与 NH_3 生成配位化合物时,发生sp等性杂化,形成两个能量相同的sp杂化轨道(轨道间夹角为180°),因此 $Ag(NH_3)_2^+$ 配位离子的几何构型是直线型的。由此可见,配位离子的几何构型主要取决于中心离子的杂化轨道的空间分布形状。

$Zn(NH_3)_4^{2+}$ 的形成(见图10.4):Zn^{2+} 与 NH_3 形成配位化合物时,发生等性的 sp^3 杂化,形成4个能量完全相等的 sp^3 杂化轨道,方向为指向正四面体的四个顶角,与4个 NH_3 分子形成4个配位键,所以配位离子的空间构型为正四面体。

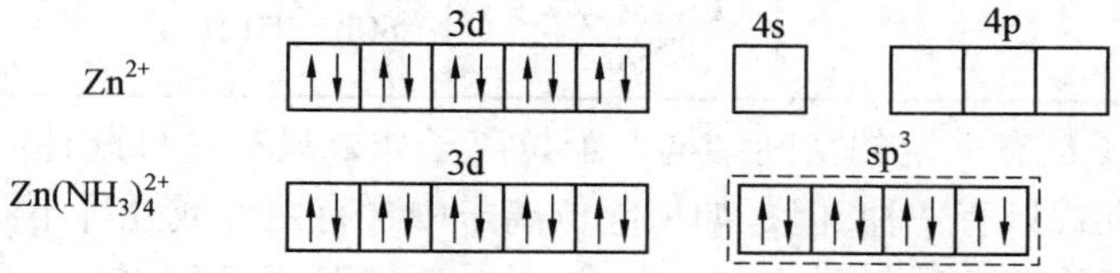

图10.4　$Zn(NH_3)_4^{2+}$ 离子配位键的形成示意图

$Ni(CN)_4^{2-}$ 的形成(见图10.5):Ni^{2+} 与 CN^- 离子形成配位化合物时,发生 dsp^2 杂化,形成4个能量完全等同的 dsp^2 杂化轨道,方向为指向正四边形的四个顶角,分别与4个 CN^- 离子形成4个配位键,所以配位离子的空间构型为平面四方形。

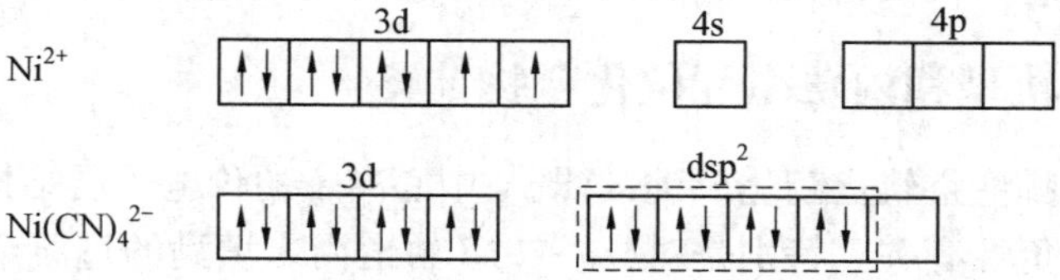

图10.5　$Ni(CN)_4^{2-}$ 离子配位键的形成示意图

$Co(CN)_6^{4-}$ 的形成:Co^{2+} 与 CN^- 离子形成配位化合物时,中心离子 Co^{2+} 发生等性 d^2sp^3 杂化,配位离子的空间构型为八面体。

FeF_6^{3-} 配位离子形成时,中心离子 Fe^{3+} 采取等性 sp^3d^2 杂化,与 F^- 形成配位化合物,配位离子的空间构型也为正八面体。

表 10.3　配位离子的空间构型

配位数	轨道杂化类型	空间构型	结构示意图	实　例
2	sp	直线型	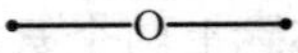	$Ag(NH_3)_2^+$、$Cu(NH_3)_2^+$、$Cu(CN)_2^-$
3	sp^2	平面三角形	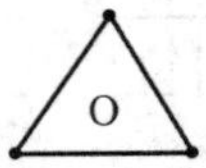	$CuCl_3^{2-}$、HgI_3^-
4	sp^3	四面体	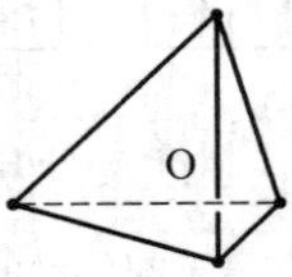	$ZnCl_4^{2-}$、$NiCl_4^{2-}$、CrO_4^{2-}、BF_4^-、$Ni(CO)_4$、$Zn(CN)_4^{2-}$
4	dsp^2	平面正方形	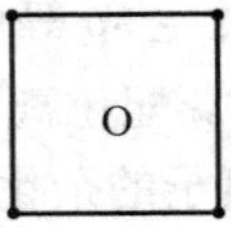	$Cu(NH_3)_4^{2+}$、$Cu(CN)_4^{2-}$、$PtCl_4^{2-}$、$Ni(CN)_4^{2-}$
6	$d^2sp^3(sp^3d^2)$	八面体	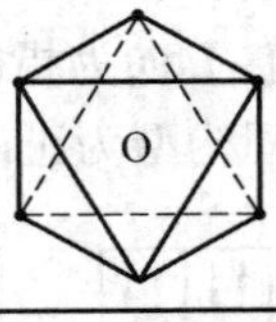	$Fe(CN)_6^{4-}$、$W(CO)_6$、$Co(NH_3)_6^{3+}$、$PtCl_6^{2-}$、$CeCl_6^{2-}$、$Ti(H_2O)_6^{3+}$

每个配位离子都有一定的空间结构。配位离子如果只有一种配体，那么配体在中心离子周围排列的方式只有一种，但是如果配位离子中含有两种或几种不同的配体，则配体在中心离子周围可能有几种不同的排列方式。如[$Pt(NH_3)_2Cl_2$]有

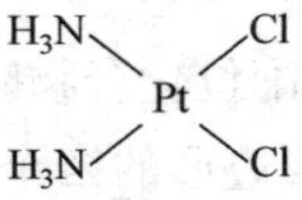

顺式

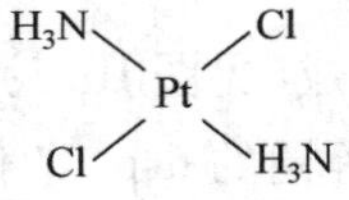

反式

顺式[$Pt(NH_3)_2Cl_2$]为橙黄色；反式[$Pt(NH_3)_2Cl_2$]为亮黄色。

10.2.2　外轨型和内轨型配位化合物

中心离子利用哪些空轨道杂化成键，这既与中心离子的价电子层结构有关，又与配位体的配位原子的电负性有关。特别是对$(n-1)d$轨道尚未填满的过渡金属离子，是用次外层的$(n-1)$d轨道与ns、np轨道杂化成键，还是用ns、np、nd轨道杂化成键，要考虑到配位原子的影响。根据中心离子提供参加杂化的轨道类型不同，价键理论将配位化合物分成内轨型配位化合物和外轨型配位化合物。

1. 外轨型配位化合物

成键时中心离子以外层的ns、np、nd轨道参加杂化组成sp^3d^2轨道，形成的配位化合物。

中心离子的电子排布不受配体的影响，保持其原有的价电子构型。例如 $Fe(H_2O)_6^{2+}$ 配离子，Fe^{2+} 离子的价电子层结构是 $3d^64s^04p^04d^0$，当 Fe^{2+} 离子与 H_2O 形成配离子时，Fe^{2+} 离子的原有的电子层结构保持不变，用一个 4s、三个 4p 和两个 4d 轨道进行 sp^3d^2 杂化，形成具有八面体构型的六条杂化轨道，分别接纳六个 H_2O 分子的配位原子 O 所提供的六个孤对电子，形成六个配位键，配离子的空间构型也是八面体型。

外轨型配位化合物还包括中心离子进行 sp、sp^3 杂化成键的配位化合物。如果中心离子的 $(n-1)d$ 轨道全部充满电子时，就只能形成外轨型配位化合物。外轨型配位化合物的键能较小，不稳定，在水溶液中易解离。

2. 内轨型配位化合物

成键时中心离子以内层的 $(n-1)d$、ns、np 轨道参加杂化组成 d^2sp^3 轨道，形成的配位化合物。

中心离子的电子排布受配体的影响而发生重排，其原有的价电子构型发生变化，未成对电子数可能减小到最小。例如 $Fe(CN)_6^{4-}$ 配离子，当 Fe^{2+} 离子与 CN^- 形成配离子时，Fe^{2+} 离子的原有的电子层结构发生变化，3d 轨道中的六个价电子进行重排而空出两个 3d 轨道，用一个 4s、三个 4p 和两个 3d 轨道进行 d^2sp^3 杂化，形成六条杂化轨道分别接纳六个 CN^- 的配位原子 C 所提供的六个孤对电子，形成六个配位键，配离子的空间构型也是八面体型。

内轨型配位化合物还包括 dsp^2 杂化的平面四方型构型的配位化合物和 dsp^3 杂化的三角双锥构型的配位化合物。内轨型配位化合物因为中心原子 $(n-1)d$ 轨道参加杂化，使成键轨道的能量较低，有利于降低体系的能量，使配位化合物的键能较大，稳定性好，在水溶液中不易解离。通常内轨型配位化合物比外轨型配位化合物稳定。

3. 形成条件

(1) 中心离子。内层 d 轨道全充满的离子 (d^{10}) 如 Ag^+、Zn^{2+}、Hg^{2+} 等离子只形成外轨配位化合物，其他构型的副族元素离子，既可形成内轨配位化合物又可形成外轨配位化合物，如图 10.6 所示。

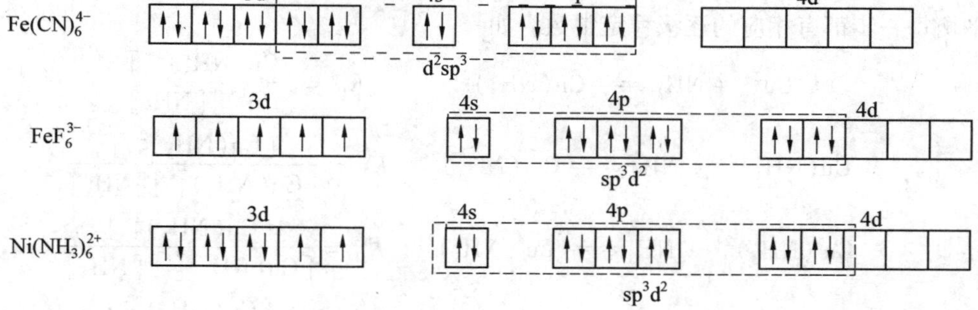

图 10.6　内轨、外轨配位化合物电子组态

(2) 配位体。F^-、OH^-、H_2O 等配体的配位原子电负性大，倾向于生成外轨型配位化合物；CN^-、CO 等配体中的配位原子 C 的电负性小，易形成内轨型配位化合物。而 NH_3、Cl^- 等配体既可生成内轨型配位化合物，也可生成外轨型配位化合物。

10.3 配位平衡

配位化合物以配位键结合的内界配离子在水溶液中具有一定的稳定性,是保持配位化合物性质特征的重要组分,但在一定条件下配离子仍然可以发生部分解离。在一定条件下,中心离子生成配离子的过程与配离子的解离过程达到动态平衡时,称配位平衡。

10.3.1 配位化合物的稳定常数

1. 配位化合物的稳定常数

以在 Ag^+ 加入 NH_3 为例

$$Ag^+ + 2NH_3 \rightleftharpoons Ag(NH_3)_2^+$$

平衡常数表达式为

$$K_f^\ominus = \frac{[Ag(NH_3)_2^+]}{[Ag^+][NH_3]^2} = 1.1 \times 10^7$$

$K_f^\ominus$ 称为稳定常数。以 M 表示金属离子(原子),L 表示配体,n 表示配体数,配位反应可写成:

$$M + nL \rightleftharpoons ML_n$$

$$K_f^\ominus = \frac{[ML_n]}{[M][L]^n}$$

$K_f^\ominus$ 越大,说明生成配位离子的倾向越大,而解离的倾向就越小,即配位离子越稳定。有时也用稳定常数的倒数来表示配位化合物的稳定性,称为不稳定常数,用 $K_d^\ominus$ 表示,$K_d^\ominus = \frac{1}{K_f^\ominus}$。

2. 逐级稳定常数

配位离子的生成一般是分步进行的,因此溶液中存在着一系列的配位平衡,对于这些平衡每一步都有相应的逐级稳定常数。如

$$Cu^{2+} + NH_3 \rightleftharpoons Cu(NH_3)^{2+} \qquad K_{f1}^\ominus = \frac{[Cu(NH_3)^{2+}]}{[Cu^{2+}][NH_3]}$$

$$Cu(NH_3)^{2+} + NH_3 \rightleftharpoons Cu(NH_3)_2^{2+} \qquad K_{f2}^\ominus = \frac{[Cu(NH_3)_2^{2+}]}{[Cu(NH_3)^{2+}][NH_3]}$$

$$Cu(NH_3)_2^{2+} + NH_3 \rightleftharpoons Cu(NH_3)_3^{2+} \qquad K_{f3}^\ominus = \frac{[Cu(NH_3)_3^{2+}]}{[Cu(NH_3)_2^{2+}][NH_3]}$$

$$Cu(NH_3)_3^{2+} + NH_3 \rightleftharpoons Cu(NH_3)_4^{2+} \qquad K_{f4}^\ominus = \frac{[Cu(NH_3)_4^{2+}]}{[Cu(NH_3)_3^{2+}][NH_3]}$$

总稳定常数是逐级稳定常数的乘积

$$K_f^\ominus = K_{f1}^\ominus \times K_{f2}^\ominus \times K_{f3}^\ominus \times K_{f4}^\ominus$$

配离子的逐级稳定常数彼此差别不大,通常是逐级减小,是由于前面配合反应的配体

对后面反应的配体斥力所产生影响的结果。在实际配合反应中,总是加入过量的配位剂,使绝大多数金属离子生成最高配位的配离子,所以计算体系中的金属离子浓度时,可以只考虑总配位平衡和 $K_f^{\ominus}$,忽略其他逐级平衡,从而使计算简化。

10.3.2　配位平衡的计算

1. 判断配位反应进行的方向

【例 10.1】　向 $Ag(NH_3)_2^+$ 溶液中加入 KCN,将会发生什么变化?

解　溶液中存在下列反应:

$$Ag^+ + 2NH_3 \rightleftharpoons Ag(NH_3)_2^+$$
$$+$$
$$2CN^-$$

即存在两个平衡:

(1) $Ag^+ + 2NH_3 \rightleftharpoons Ag(NH_3)_2^+$　　$K_f^{\ominus}[Ag(NH_3)_2^+] = 1.1 \times 10^7$

(2) $Ag^+ + 2CN^- \rightleftharpoons Ag(CN)_2^-$　　$K_f^{\ominus}[Ag(CN)_2^-] = 1.3 \times 10^{21}$

总反应 = 式(2) - 式(1):$Ag(NH_3)_2^+ + 2CN^- \rightleftharpoons Ag(CN)_2^- + 2NH_3$

$$K^{\ominus} = \frac{K_f^{\ominus}[Ag(CN)_2^-]}{K_f^{\ominus}[Ag(NH_3)_2^+]} = \frac{1.3 \times 10^{21}}{1.1 \times 10^7} = 1.1 \times 10^{14}$$

由平衡常数 $K^{\ominus}$ 可知,配位反应向着生成 $Ag(CN)_2^-$ 的方向进行的趋势很大。因此,加入足够的 CN^- 时,$Ag(NH_3)_2^+$ 被转化成 $Ag(CN)_2^-$。

2. 计算配位离子溶液中有关离子的浓度

【例 10.2】　100 mL 1 mol · L^{-1} $NH_3 \cdot H_2O$ 中能溶解固体 AgBr 多少克?($K_f^{\ominus}[Ag(NH_3)_2^+] = 1.1 \times 10^7$, $K_{sp}^{\ominus}(AgBr) = 5.35 \times 10^{-13}$)

解　要使 AgBr 溶解,溶液中必然存在下列两个平衡:

$$AgBr \rightleftharpoons Ag^+ + Br^- \qquad K_{sp}^{\ominus}(AgBr) = 5.35 \times 10^{-13}$$

$$Ag^+ + 2NH_3 \rightleftharpoons Ag(NH_3)_2^+ \qquad K_f^{\ominus}[Ag(NH_3)_2^+] = 1.1 \times 10^7$$

两式相加得　　$AgBr + 2NH_3 \rightleftharpoons Ag(NH_3)_2^+ + Br^-$

该反应的平衡常数

$$K^{\ominus} = K_{sp}^{\ominus}(AgBr) \times K_f^{\ominus} Ag(NH_3)_2^+ = 1.1 \times 10^7 \times 5.35 \times 10^{-13} = 5.89 \times 10^{-6}$$

设平衡时 $[Br^-] = x$ mol · L^{-1},则

$$[Ag(NH_3)_2^+] \approx x \text{ mol} \cdot L^{-1}, [NH_3] = 1 - 2x \text{ mol} \cdot L^{-1}$$

因为 $K^{\ominus}$ 较小,说明 AgBr 转化为 $Ag(NH_3)_2^+$ 离子的部分很小,x 远小于 1,故

$$1 - 2x \approx 1 \text{ mol} \cdot L^{-1}$$

$$K^{\ominus} = \frac{[Ag(NH_3)_2^+][Br^-]}{[NH_3]^2} = \frac{x^2}{1 - 2x} = x^2 = 5.89 \times 10^{-6}$$

所以

$$x = 2.42 \times 10^{-3} \text{ mol} \cdot L^{-1}$$

即 100 mL 1 mol · L^{-1} $NH_3 \cdot H_2O$ 中能溶解 $2.43 \times 10^{-3} \times 188 \times 0.1 \approx 0.046$ g AgBr。

【例 10.3】 欲将 0.01 mol AgI(s) 分别溶解在 1.0 L NH_3 溶液和 KCN 溶液中，它们的浓度至少应为多大？

解 AgI(s) 溶解在 NH_3 水中时有多重平衡

$$AgI \rightleftharpoons Ag^+ + I^- \qquad K_{sp}^{\ominus}(AgI) = 1.5 \times 10^{-16}$$

$$Ag^+ + 2NH_3 \rightleftharpoons Ag(NH_3)_2^+ \qquad K_f^{\ominus}[Ag(NH_3)_2^+] = 1.1 \times 10^7$$

两式相加得

$$AgI + 2NH_3 \rightleftharpoons Ag(NH_3)_2^+ + I^-$$

$$K^{\ominus} = K_{sp}^{\ominus}(AgI) \times K_f^{\ominus} Ag(NH_3)_2^+ = 1.7 \times 10^{-9}$$

要使 AgI(s) 完全溶解产生的 I^- 的浓度为 0.01 $mol \cdot L^{-1}$。此时至少需要 NH_3 的平衡浓度为

$$[NH_3]/(mol \cdot L^{-1}) = \sqrt{\frac{(0.01)(0.01)}{1.7 \times 10^{-9}}} = 241$$

所以 AgI(s) 不能溶于氨水中。

对于 AgI(s) 溶于 KCN 时，同样需要 KCN 的平衡浓度为

$$[CN^-]/(mol \cdot L^{-1}) = 2.2 \times 10^{-5}$$

由于溶解 0.01 $mol \cdot L^{-1}$ AgI 时已消耗掉 0.020 mol CN^-，则 1 L 溶液中要求 KCN 的浓度为 $0.02 + 2.2 \times 10^{-5} \approx 0.02\ mol \cdot L^{-1}$。

发生多重平衡时，反应方向总是向着生成更稳定的配位离子或更难溶解的沉淀的方向进行。

3. 计算金属与其配位离子间的 $\varphi^{\ominus}$ 值

【例 10.4】 求 $Ag(CN)_2^- + e \longrightarrow Ag + 2CN^-$ 的标准电极电势 $\varphi^{\ominus}$。

解 求 $\varphi^{\ominus}$ $Ag(CN)_2^-/Ag$ 实际上是求 $Ag^+ + e \rightleftharpoons Ag(s)$ 的电极电势 $\varphi(Ag^+/Ag)$，即

$$\varphi(Ag^+/Ag) = \varphi^{\ominus}(Ag^+/Ag) + 0.059\ 2\lg[Ag^+]$$

$$K_f^{\ominus} = \frac{[Ag(CN^-)_2^-]}{[Ag^+][CN^-]^2}$$

由于

$$[Ag^+] = \frac{[Ag(CN^-)_2^-]}{[CN^-]^2 K_f^{\ominus}} = \frac{1}{K_f^{\ominus}}$$

所以

$$\varphi(Ag^+/Ag)/V = \varphi^{\ominus}(Ag^+/Ag) + 0.059\ 2\ \lg[Ag^+] =$$

$$0.799\ 6 + 0.059\ 2\lg \frac{1}{1.3 \times 10^{21}} =$$

$$0.799\ 6 - 1.236 = -0.437$$

配位反应可影响氧化还原反应的完成程度，甚至影响氧化还原反应的方向。例如，在水溶液中，Fe^{3+} 离子可氧化 I^-：

$$2Fe^{3+} + 2I^- \longrightarrow 2Fe^{2+} + I_2$$

但若溶液中含有 F^-，由于 FeF_6^{3-} 配位离子的生成，降低了 $\varphi(Fe^{3+}/Fe^{2+})$，此时 I_2 反而将 Fe^{2+} 离子氧化。

$$2Fe^{2+} + I_2 + 12F^- \longrightarrow 2FeF_6^{3-} + 2I^-$$

4. pH 值对配位平衡的影响

【例 10.5】 在 $Ag(NH_3)_2^+$ 的溶液中加入酸时，将发生什么变化？

解 加入酸后，溶液存在两个平衡的竞争：

$$Ag^+ + 2NH_3 \rightleftharpoons Ag(NH_3)_2^+$$
$$+$$
$$2H^+ \rightleftharpoons 2NH_4^+$$

即 (1) $Ag^+ + 2NH_3 \rightleftharpoons Ag(NH_3)_2^+ \quad K_f^\ominus[Ag(NH_3)_2^+] = 1.1 \times 10^7$

(2) $NH_3 + H^+ \rightleftharpoons NH_4^+ \quad K_1^\ominus = \frac{K_b^\ominus}{K_w^\ominus} = \frac{1.77 \times 10^{-5}}{10^{-14}} = 1.77 \times 10^9$

2 × 式(2) − 式(1) 得

$$Ag(NH_3)_2^+ + 2H^+ \rightleftharpoons 2NH_4^+ + Ag^+$$

$$K^\ominus = \frac{(K_1^\ominus)^2}{K_f^\ominus} = 2.85 \times 10^{11}$$

可见，平衡常数 $K^\ominus$ 很大，说明 H^+ 与 Ag^+ 在竞争 NH_3 的过程中，平衡向 $Ag(NH_3)_2^+$ 解离的方向移动。

5. 使用稳定常数应注意的问题

(1) 利用 $K_f^\ominus$ 可比较配位化合物稳定性，但必须注意配位离子的类型，即配体数目相同才可用 $K_f^\ominus$ 比较；类型不同，需计算进行比较。

(2) 为方便起见，我们也可用 $\lg K_f^\ominus$ 值来比较配离子稳定性的大小，如 $K_f^\ominus[CaY] = 3.7 \times 10^{10}$ 则 $\lg K_f^\ominus = 10.57$。当然，一般情况下，$K_f^\ominus$ 或 $\lg K_f^\ominus$ 越大，说明生成配位离子的倾向越大，解离的倾向越小，配位离子越稳定。

10.3.3　配位平衡的移动

配位化合物在水溶液中的稳定性首先与其结构组成因素有关，表现为不同的配位化合物其稳定常数不同，在水溶液中的解离程度不同；此外还与体系配位平衡存在的条件有关。

1. 配体浓度对配位平衡的影响

根据化学平衡原理，在配位平衡体系中加入过量的配合剂，可以使配位平衡向生成配位化合物的方向移动，或者说可以降低配位化合物的解离性，使其稳定性增强。但如果在体系中加入的是其他配合剂时，有可能发生配体之间争夺金属离子生成新的配位化合物的反应。

2. 溶液的酸碱性对配位平衡的影响

(1) 酸效应。

因为大多数配体与 H^+ 有很强的结合力，当体系的酸性增强时，配体可与 H^+ 结合生成弱酸，使体系中的配体浓度减少，从而影响到配位平衡使其向配离子解离的方向移动，导致配离子的稳定性降低。因为体系酸度增大导致配位化合物稳定性降低的现象称为配位化合物的酸效应。

酸效应对配位化合物稳定性的影响程度,与配体结合 H^+ 的能力大小有关,结合 H^+ 能力大的配体所形成的配位化合物在酸性溶液中的稳定性较差。对 OH^-、NH_3、S^{2-}、Ac^- 等亲质子的配体所形成的配位化合物溶液,改变体系的酸度会影响到配位化合物的稳定性。

(2) 金属离子的水解效应。

溶液的酸度不仅能影响到配体的浓度,而且也可能对配位化合物的中心离子的浓度产生影响。因为许多金属离子,特别是高价态的金属离子都具有显著的水解性。当体系的 pH 值升高时,可使金属离子与溶液中的 OH^- 结合生成难溶氢氧化物沉淀析出,从而影响到配位平衡的移动。这种因为中心离子的水解作用而引起配位化合物稳定性变化的现象称为水解效应。

3. 沉淀反应对配位平衡的影响

如果在配位平衡体系中加入具有竞争性的与配离子的中心离子结合生成难溶电解质的沉淀剂时,可以促使配位平衡发生移动,影响到配位化合物的稳定性,甚至使配位化合物完全解离。当然选择适当的配合剂,也可使难溶电解质重新溶解,关键取决于配合剂和沉淀剂竞争结合金属离子的能力大小。

例如当向含有 $Ag(NH_3)_2^+$ 配离子的溶液中加入沉淀剂 KBr 溶液时,有淡黄色的 AgBr 沉淀生成,最终可使配离子完全解离。如果离心分离后在沉淀体系中加入 $Na_2S_2O_3$ 溶液时,则 AgBr 沉淀能被生成 $Ag(S_2O_3)_2^{3-}$ 配离子而溶解,所以沉淀平衡与配位平衡在一定条件下可以相互转化。

4. 氧化还原反应对配位平衡的影响

体系中配体与金属离子结合形成稳定的配离子,使金属离子浓度发生较大的变化,从而影响到金属离子/金属电对的实际电极电势,改变金属的氧化还原性。

当金属离子在体系中形成稳定的配离子时其 $\varphi_{M+/M}$ 降低,使金属离子得电子的能力降低,稳定性增高,金属单质的失电子能力升高,活泼性增强,

5. 螯合效应

由多齿配体与金属离子所形成的具有稳定环状结构的配位化合物称为螯合物。由于螯环的形成而使螯合物所具有的特殊稳定作用称为螯合效应。通常螯合物比单齿配体形成的配位化合物的稳定性好,能形成五、六元环的螯合物的稳定性较好,螯合物中所含环的数目越多稳定性越好。

10.4 配位化合物的应用

10.4.1 配位化合物在环境方面的应用

在天然水和废水处理中,对人体健康影响很大的重金属大部分以配合物的形态存在,其迁移、转化及毒性等均与配位作用密切相关。天然水体重要的无机配位体有 OH^-、F^-、Cl^- 和 HCO_3^- 等,例如水溶液中的 OH^- 能与 Fe^{3+} 等离子配合,形成配合离子或氢氧化物沉

淀。天然水和废水中的有机配位体比较复杂，共同的特征是能够提供配位作用所需要的电子，其中常见的有机配位体有腐殖酸、EDTA、氨基酸以及生活废水中的洗涤剂等。

重金属可与土壤中的各种无机和有机配位体发生配合作用，生成的配位化合物的性质影响着土壤中重金属离子的迁移活性。土壤中常见的无机配位体有 OH^-、Cl^-、SO_4^{2-}、HCO_3^-，在有些情况下，可能还有硫化物、磷酸盐、F^- 等。其中重金属与 OH^- 和 Cl^- 的配合作用受到特别重视，是影响一些重金属难溶盐溶解度的重要因素。如在土壤表层的土壤溶液中，汞主要以 $Hg(OH)_2$ 和 $HgCl_2$ 形式存在；而在 Cl^- 浓度高的含盐土壤中 Pb^{2+}、Cd^{2+}、Zn^{2+} 则可生成 MCl_2、MCl_3^-、MCl_4^{2-} 型配离子。重金属与 OH^- 和 Cl^- 的配合作用，可大大提高重金属化合物的溶解度，减弱土壤胶体对重金属的吸附作用，从而促进重金属在土壤中的迁移转化。

土壤中有机配位体种类繁多，包括腐殖质，蛋白质、多糖类、木质素、多酶类、有机酸等，其中最重要的是腐殖质。土壤腐殖质具有与金属离子牢固配位的配位体如氨基（$—NH_2$）、亚氨基（$=NH$）、羟基（$—OH$）、羧基（$—COOH$）、羰基（$—C=O$）、硫醚（RSR）等基团。重金属与土壤腐殖质可形成稳定的配合物和螯合物，但溶解度较小，不易在土壤中移动。

10.4.2　配位化合物在生物医药方面的应用

生物体内结合酶都是金属配合物，生命的基本特征之一是新陈代谢，生物体在新陈代谢过程中几乎所有的化学反应都是在酶的作用下进行的，故酶是一种生物催化剂。目前发现的2 000多种酶中，很多是1个或几个微量的金属离子与生物高分子结合成的牢固的配合物。若失去金属离子，酶的活性就丧失或下降，若获得金属离子，酶的活性就恢复。

锌类配合物：生物体内的锌参与许多酶的组成，使酶表现出活性。体内重要代谢物的合成和降解都需要锌酶的参与，可以说锌涉及生命全过程。如DNA聚合酶、RNA合成酶、碱性磷酸酶、碳酸酐酶、超氧化物歧化酶等，这些酶能促进生长发育，促进细胞正常分化和发育，促进食欲。当人体中的锌缺乏时，各种含锌酶的活性降低，胱氨酸、亮胱氨酸、赖氨酸的代谢紊乱；谷胱甘肽、DNA、RNA 的合成含量减少，结缔组织蛋白的合成受到干扰，肠粘液蛋白内氨基酸己糖的含量下降，可导致生长迟缓、食欲不振、贫血、肝脾肿大、免疫功能下降等不良后果。

铜类配合物：铜在机体中的含量仅次于铁和锌，是许多金属酶的辅助因子，如细胞色素氧化酶、超氧化物歧化酶、酪氨酸酶、尿酸酶、铁氧化酶、赖氨酰氧化酶、单胺氧化酶、双胺氧化酶等。铜是酪氨酸酶的催化中心，每个酶分子中配有 2 个铜离子，当铜缺乏时，酪氨酸酶形成困难，无法催化酪氨酸酶转化为多巴氨氧化酶从而形成黑色素。缺铜患者黑色素形成不足，造成毛发脱色症；缺铜也是引起白癜风的主要原因。

硒类配合物：硒是构成谷胱甘肽过氧化物酶的组成成分，参与辅酶 Q 和辅酶 A 的合成，谷胱甘肽过氧化物酶能催化还原谷胱甘肽，使其变为氧化型谷胱甘肽，同时使有毒的过氧化物还原成无害、无毒的羟基化合物。使 H_2O_2 分解，保护细胞膜的结构及功能不受氧化物的损害。硒的配合物能保护心血管和心脏处于功能正常状态。硒缺乏可引起白肌病、克山病和大骨节病。

钴类配合物:维生素 B_{12} 又名钴胺素,是含有钴离子的复杂非高分子配合物,有很强的生血功能,对恶性贫血有良好的疗效。所以又叫抗恶性贫血维生素。维生素 B_{12} 不是单一的一种化合物,根据钴离子配位烃基的基团不同,可组成 B_{12} 族的各种维生素,如羟钴素、水钴素、硝钴素、甲钴素等。

铁类配合物:铁在生物体内含量最高的是血红蛋白和肌红蛋白组成成分(在体内参与氧的贮存运输,维持正常的生长、发育和免疫功能)。铁在血红蛋白、肌红蛋白和细胞色素分子中都以 Fe^{2+} 与原卟啉环形成配合物的形式存在。血红蛋白中的亚铁血红素的结构特征是血红蛋白与氧合血红蛋白之间存在着可逆平衡,血红蛋白起到氧的载体作用。另一类铁与含硫配位体键合的蛋白质称为铁硫蛋白,也称非血红蛋白。所有铁硫蛋白中的铁都是可变价态。所以铁的主要功能是电子传递体,它们参与生物体的各种氧化还原作用。

另外,有些具有治疗作用的金属离子因其毒性大、刺激性强、难吸收性等缺点而不能直接在临床上应用。但若把它们变成配合物就能降低毒性和刺激性,利于吸收。如柠檬酸铁配合物可以治疗缺铁性贫血;酒石酸锑钾不仅可以治疗糖尿病,而且和维生素 B_{12} 等含钴螯合物一样可用于治疗血吸虫病;博来霉素自身并没有亲肿瘤性,与钴离子配合后其活性增强;阿霉素的铁、铜配合物比阿霉素更易被小肠吸收,并透入细胞;在抗菌作用方面,8 - 羟基喹啉和铜、铁各自都无抗菌活性,它们间的配合物却呈明显的抗菌作用;镁和锰的硫酸盐、钙和钙的氯化物可使四环素对金黄色葡萄球菌、大肠杆菌的抗菌活性大增;在抗风湿炎症方面,抗风湿药物(如阿司匹林和水杨酸衍生物等)与铜配合后疗效大增。$(NH_3)_{16}(S_8W_{20080})\cdot 30H_2O$ 及 $(NaSb_7W_{21086})_{18}$ 等具有抗病毒和抗癌作用,这引起了科学家的极大兴趣;顺式铂钯配合物具有抗癌作用;一些铁配合物可用作抗病毒剂。

金属配合物还可用于解毒剂。有害金属在体内无法靠机体自身转化为无毒物质排出。一般可选择合适的配体与其配位而排出体外。常用解毒剂如二巯基丙醇,可从有机体内排出砷、汞、铝、钒、镉、锑、金、铅、铋等金属。

配体还可用作抗凝血剂和抑菌剂。加少量 EDTA 的钠盐或柠檬酸钠可螯合血液中的 Ca^{2+},防止血液凝固,有利于保存。此外,因为配体能与细菌所必须的金属离子结合成稳定的配合物,防止生物碱、维生素、肾上腺素等药物被细菌破坏而变质,所以通常也称 EDTA 为这些药物的稳定剂。

利用配合物反应生成具有某种特殊颜色的配离子,根据不同颜色的深浅可进行定性和定量分析。例如,测定尿中铅的含量,常用双硫腙与 Pb^{2+} 生成红色螯合物,然后进行比色分析;而 Fe^{3+} 可用硫氰酸盐和其生成血红色配合物来检验。

10.4.3 配位化合物在食品方面的应用

食品中广泛使用的配合物主要包括:氨羧络合剂(如 EDTA)、羟基羧酸(盐)(如柠檬酸及其盐、葡萄糖酸 δ 内酯、酒石酸盐)、多聚磷酸盐(如六偏磷酸盐、焦磷酸盐、三聚磷酸盐)及氨基酸(如甘氨酸)。螯合剂在食品中的应用按功能主要分为以下几方面。

稳定和凝固剂是使食品结构稳定或使食品组织结构不变,增强粘性固形物的一类的食品添加剂。很多螯合剂对食品稳定和凝固起重要作用,如多元羧酸(柠檬酸、酒石酸、草酸和琥珀酸等),多磷酸(三磷酸腺苷和焦磷酸盐)、大分子(卟啉和蛋白质)和葡萄糖酸δ内酯等。许多金属在生物体中心以螯合状态存在,如叶绿素中的镁;各种酶中的铜、铁、锌和锰;蛋白质中的铁,如铁蛋白;肌红蛋白和血红蛋白中卟啉环中的铁。当这些离子由于水解或其他降解反应被释放时,会引起一些反应并导致食品变色、氧化性酸败浑浊以及味道改变。在食品中有选择地适当加入螯合剂,可使这类金属离子形成配合物,消除了金属离子的有害作用,从而提高食品的质量和稳定性。对动物有特殊生理功能的必需微量元素除 Mn,Fe,Co,Cu,I,Zn 之外,还有 V,Cr,F,Si,Ni,Se,Sn 等,它们都是以配合物的形式存在于动物体内。有些微量元素又是酶和蛋白质的关键成分,有些参与激素的作用(如 Zn,Ni),有些影响核酸代谢(如 V,Cr,Ni,Fe,Cu 等),因此在动物食品中加入适当螯合剂,可以起到稳定作用。EDTA 是防止果汁饮料或蔬菜汁褪色的良好保护剂,一定浓度的 EDTA 添加于蔬菜汁中,可使绿色被更好地得到保存,在果汁饮料中加入 0.025% 的 EDTA,能保证果汁在销售过程中不褪色。在果酒中加入浓度在 300 ~ 350 ppm 的 EDTA,经过 6 个月的贮存后,样品中的色素、叶绿素、脱镁叶绿素、pH、微生物、过氧化物、感官等指标较好。用 EDTA 盐作多价螯合剂可明显提高人造奶油香料的稳定性。

食品氧化变质的表现是油脂及富脂食品的酸败、食品褪色,褐变、维生素被破坏等等。能防止或延缓食品成分氧化变质的食品添加剂称为抗氧化剂。绝大多数螯合剂依靠链终止或作为氧的清除剂阻止氧化作用,从这个意义上讲,螯合剂不能说成是抗氧化剂,应该说它们都是有效的抗氧化剂的增效剂,因为它们能除去那些能催化氧化作用的金属离子,因此,螯合剂与抗氧化剂协同作用,才能起到好的效果。当选择一种螯合剂作为抗氧化剂的增效剂时,必须首先考虑它的溶解度,因为不溶解将是无效的。柠檬酸和柠檬酸酯(20 ~ 20 ppm)、丙二醇溶液可被脂肪和油所增溶,因此是全部脂类体系的有效增效剂。另一方面,Na_2EDTA 和 $Na_2CaEDTA$ 的有限溶解性在纯脂肪体系中是无效的。可是,EDTA 盐(达到 500 pm)在乳胶体系中却是很有效的,如色拉调料、蛋黄酱及人造黄油,因为它们在水相中可以起作用。

酸度调节剂亦称 pH 调节剂,是用以维持或改变食品酸碱度的物质。它主要有用以控制食品所需的酸化剂、碱化剂以及具有缓冲作用的盐类,有些螯合剂由于本身的结构特点可用作酸度调节剂如:柠檬酸乳酸、磷酸、柠檬酸钾、酒石酸等。它们具有增进食品质量的许多功能特征,例如改变和维持食品的酸度并改善其风味;增进抗氧化作用,防止食品酸败;与重金属离子配位,具有阻止氧化或褐变反应、稳定颜色、降低浊度、增强胶凝特征等作用。这些螯合剂均具有一定的抗微生物作用,尽管单独用来抑菌、防腐所需浓度太大,影响食品感官特性,难以实际应用,但是当以足够的浓度,选用一定的酸化剂与其他保藏方法如冷藏、加热等并用,可以有效地延长食品的保存期。至于对不同螯合剂的选择,取决于其性质及其成本等。

水分保持剂有助于保持食品中的水分,多指用于肉类和水产品加工中增强其水分的稳定性和具有较高持水性的磷酸盐类。如磷酸二氢钾、磷酸氢二钾、六偏磷酸钠、焦磷酸钠等螯合剂均可用作水分保持剂,可保持肉的持水性,增强结合力及柔嫩性。提高肉的持水性的机理为:① 结合肉中的金属离子,使肌肉组织中蛋白质与钙、镁离子螯合;② 提高肉的 pH,使其偏离肉蛋白质的等电点(pH5.5);③ 增加肉的离子强度,利于肌肉蛋白转为疏松状态;④ 解离肌肉蛋白中肌动球蛋白。研究表明:偏磷酸钠、三聚磷酸钠对腌制梅花鹿肉质的色泽、风味及熟肉率的特性均有良好的改善作用,而偏磷酸钠的影响尤为显著。

防腐剂是指能抑制微生物的生长或杀死这些微生物,防止各种加工食品、水果和蔬菜等腐败变质的化学物质。有些螯合剂可用作防腐剂,双乙酸钠作为一种新型绿色食品添加剂,对黄曲霉、烟曲霉、灰绿曲霉、白曲霉、绳状青霉菌有较强的抑制效果,其效果比苯钾酸钠和山梨酸钾还好,对大肠杆菌、李斯特菌、革兰氏阴性菌等细菌也有一定的抑制作用,具有安全、高效、无毒、无残留、无致癌、无畸变的特点,被认为是目前替代苯甲酸钠、山梨酸等防腐剂的理想产品。

食品营养强化剂是指为增强营养成分而加入食品中的天然的或人工合成的,通常包括氨基酸、维生素和无机盐三类。有些螯合剂如乙酸钙、柠檬酸钙、葡萄糖酸钙、NaFeEDTA 等均可作为营养强化剂来使用。研究表明,NaFeEDTA 具有安全稳定、吸收率高、对食物载体影响小且不引起氧化等特点,是一种较有应用前景的铁营养强化剂。经口的 NaFeEDTA 具有较高的铁吸收和利用率,且 NaFeEDTA 具有促进膳食中其他铁源或内源性铁源吸收的作用。

本章小结

了解配合物内界、外界、中心离子、配位体、配位原子、螯合物等概念,掌握几种常见中心离子的配位数。

可以根据化学式来命名配合物。

掌握配合物稳定常数的概念,并可进行有关近似计算。

掌握各种诸如酸效应、沉淀反应等影响配位平衡移动的因素,并能进行有关简单的近似计算。

习　题

1. 选择题

(1) 在 $Co(NH_3)_6^{3+}$ 配离子中没有成单电子,由此可推论 Co^{3+} 采取的成键杂化轨道为(　　)。

A. sp^3　　B. dsp^2　　C. d^2sp^3　　D. sp^3d^2

(2) 在 $Pt(en)_2^{2+}$ 中,Pt 的氧化数和配位数为(　　)。

A. 0 和 3　　B. +2 和 4　　C. +4 和 2　　D. +2 和 8

(3) 下列叙述中正确的是(　　)。

A. 配位化合物由正负离子组成

B. 配位化合物由中心离子(或原子)与配位体以配位键结合而成

C. 配位化合物由内界与外界组成

D. 配位化合物中的配位体是含有未成键的离子

(4) 为了保护环境,生产中的含氰废液的处理通常采用 $FeSO_4$ 法产生毒性很小的配位化合物(　　)。

A. $Fe(SCN)_6^{3-}$　　B. $Fe(OH)_3$　　C. $Fe(CN)_6^{3-}$　　D. $Fe_2[Fe(CN)_6]$

(5) 下列说法中错误的是(　　)。

A. 在某些金属难溶化合物中,加入配位剂,可使其溶解度增大

B. 在 Fe^{3+} 溶液中加入 NaF 后,Fe^{3+} 的氧化性降低

C. 在 FeF_6^{3-} 溶液中加入强酸,也不影响其稳定性

D. 在 FeF_6^{3-} 溶液中加入强碱,会使其稳定性下降

(6) 对于一些难溶于水的金属化合物,加入配位剂后,使其溶解度增加,其原因是(　　)。

A. 产生盐效应

B. 配位剂与阳离子生成配位化合物,溶液中金属离子浓度增加

C. 使其分解

D. 阳离子被配位生成配离子,其盐溶解度增加

(7) 配位数是(　　)。

A. 中心离子(或原子)接受配位体的数目

B. 中心离子(或原子)与配位离子所带电荷的代数和

C. 中心离子(或原子)接受配位原子的数目

D. 中心离子(或原子)与配位体所形成的配位键数目

(8) 分子中既存在离子键、共价键还存在配位键的是(　　)。

A. Na_2SO_4　　B. $AlCl_3$　　C. $[Co(NH_3)_6]Cl_3$　　D. KCN

(9) 下列说法中错误的是(　　)。

A. 配位化合物的形成体通常是过渡金属元素　B. 配位键是稳定的化学键

C. 配位体的配位原子必须具有孤电子对　　D. 配位键的强度可以与氢键相比较

(10) 下列命名正确的是(　　)。

A. $[Co(ONO)(NH_3)_5Cl]Cl_2$:亚硝酸根二氯·五氨合钴(Ⅲ)

B. $[Co(NO_2)_3(NH_3)_3]$:三亚硝基·三氨合钴(Ⅲ)

C. $[CoCl_2(NH_3)_3]Cl$:氯化二氯·三氨合钴(Ⅲ)

D. $[CoCl_2(NH_3)_4]Cl$:氯化四氨·氯气合钴(Ⅲ)

2. 填空题

(1) 配位化合物的化学式为 $[Zn(OH)(H_2O)_3]NO_3$,其名称为________,氯化二氯一水三氨合钴(Ⅲ)的分子式为________。

(2) $[Co(NH_3)_5Cl]Cl_2$ 的化学名称为________,五氯一氨合铂(Ⅳ)酸钾的分子式为________。

(3) 在 $K_3[Fe(CN)_6]$ 分子中,中心原子为________,配位原子为________。

(4) 下列几种配离子:$Ag(CN)_2^-$、FeF_6^{3-}、$Fe(CN)_6^{4-}$、$Ni(NH_3)_4^{2+}$(四面体)属于内轨型的有________。

(5) $Ni(en)_2^{2+}$ 的名称为________;配位数为________。

(6) 乙二胺的分子式为________,它有________个配位原子。

(7) 配位化合物 $Na_3[AlF_6]$ 的名称为________,配位数为________。配位化合物氯化二乙二胺合铜(Ⅱ)的化学式是________中心离子是________。

(8) 无水 $CrCl_3$ 和氨作用能形成两种配位化合物A和B,组成分别为 $CrCl_3 \cdot 6NH_3$ 和 $CrCl_3 \cdot 5NH_3$。加入 $AgNO_3$,A溶液中几乎全部氯沉淀为AgCl,而B溶液中只有2/3的氯沉淀出来。加入 NaOH 并加热,两种溶液均无氨味。这两种配位化合物的化学式 A 为________,命名为________,B 为________,命名为________。

3. 判断题

(1) 与中心离子配位的配体数目,就是中心离子的配位数。

(2) 配位数为4的配离子,其空间构型不一定为四面体。

(3) 在形成配离子时,中心离子参与杂化的轨道必须是空轨道。

(4) $Ni(en)_3^{2+}$ 的配位数是3。

(5) 配离子在水中是否有色取决于中心离子的d轨道的电子个数。

(6) 配离子内中心离子的杂化轨道的空间构型不一定是配位后配位原子的空间构型。

4. 计算题

(1) 0.1 mol $ZnSO_4$ 固体溶于1 L 6 $mol \cdot L^{-1}$ 氨水中,测得 $[Zn^{2+}] = 8.13 \times 10^{-14} mol \cdot L^{-1}$,试计算 $Zn(NH_3)_4^{2+}$ 的 $K_f^{\ominus}$ 值。

(2) 将0.1 $mol \cdot L^{-1}$ $ZnCl_2$ 溶液与1.0 $mol \cdot L^{-1}$ NH_3 溶液等体积混合,求此溶液中 $Zn(NH_3)_4^{2+}$ 和 Zn^{2+} 的浓度。($K_f^{\ominus}[Zn(NH_3)_4^{2+}] = 2.9 \times 10^9$)

(3) 将0.20 $mol \cdot L^{-1}$ $K[Ag(CN)_2]$ 溶液与0.20 $mol \cdot L^{-1}$ KI溶液等体积混合,如欲不生成沉淀,溶液中应至少含有多少游离 CN^-?($K_f^{\ominus}[Ag(CN)_2^-] = 1.3 \times 10^{21}$,$K_{sp}^{\ominus}(AgI) = 1.5 \times 10^{-16}$)

(4) 有以下原电池:

$(-)Ag(s) \mid Ag(CN)_2^-(0.10\ mol \cdot L^{-1}), CN^-\ (1.0\ mol \cdot L^{-1}) \parallel Ag^+\ (0.10\ mol \cdot L^{-1}) \mid Ag(s)(+)$

已知 $\varphi^{\ominus}(Ag^+/Ag) = 0.7996\ V$,$\varphi^{\ominus}[(Ag(CN)_2^-/Ag)] = -0.44\ V$。

① 写出两极反应和电池反应;

② 求原电池的电动势;

③ 求电池反应的平衡常数;

④ 求 $Ag(CN)_2^-$ 配离子的 K_f。

第11章

s区和p区元素

周期系中的主族元素即为s区和p区元素，每一周期以两种s区元素开始，后面是六种p区元素（第一周期例外，只有两种元素）。s区和p区元素的电子构型、性质递变规律与s区和p区元素的性质密切相关。了解s区和p区元素及化合物的变化规律有助于进一步认识s区及p区元素的物理性质和化学性质，从而更好地应用到生产和生活之中。

11.1　s区元素

s区元素的价电子构型为$ns^{1\sim2}$，它主要是指周期系中的ⅠA族和ⅡA族元素。ⅠA族元素包括锂、钠、钾、铷、铯、钫六种元素，因为它们的氧化物的水溶性呈现强碱性，又称为碱金属；ⅡA族元素包括铍、镁、钙、锶、钡、镭六种元素，因为它们的氧化物兼有“碱性”和“土性”（化学上把难溶于水和难熔融的性质称为“土性”），又称为碱土金属。从电子构型来看，氢($1s^1$)和氦($1s^2$)虽然可看做s区元素，但由于这两种元素原子结构的特殊性，同时它们的性质也与碱金属碱土金属差别很大，故通常把s区元素看成只包括碱金属和碱土金属。在这两族中每族的最后一种元素——钫和镭是放射性元素，而且这两种元素在地壳中含量极少，例如，由于钫的半衰期很短，经计算，地壳中任何时刻钫的含量约为30 g。即使是在含量最高的矿石中，每吨也只有0.000 000 000 003 7 g，故不予介绍。

在s区元素中，无论同一族自上而下，或者同一周期从左到右，性质的变化都呈现明显的规律性。其中一些性质的变化趋势如图11.1所示。表11.1和11.2分别给出这两族元素性质的一些具体数据。

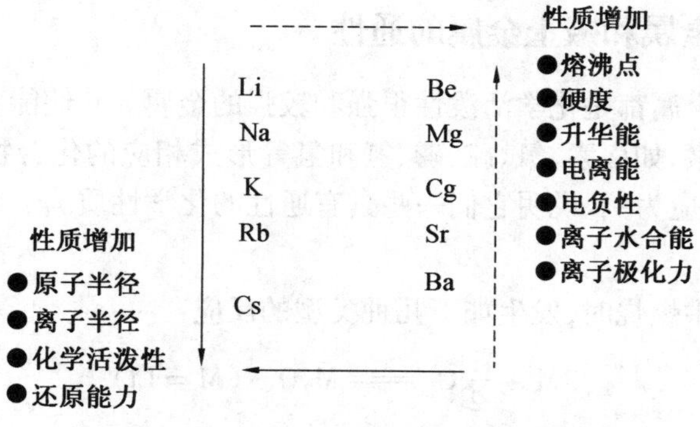

图11.1　s区元素一些性质的变化趋势

表 11.1　碱金属的一些性质

	Li	Na	K	Rb	Cs
价电子构型	$2s^1$	$3s^1$	$4s^1$	$5s^1$	$6s^1$
金属半径/pm	152	186	227	248	266
离子(M^+)半径/pm	60	95	133	148	169
电离能/($kJ \cdot mol^{-1}$)	520	496	419	403	376
水合能 $[M^+(g)] \rightarrow [M^+(aq)]$/($kJ \cdot mol^{-1}$)	-498	-393	-310	-284	-251
升华能/($kJ \cdot mol^{-1}$)	195	108	90	86	78
电负性	1.0	0.9	0.8	0.8	0.7
电极电势 $\varphi^{\ominus}(M^+/M)$/V	-3.04	-2.71	-2.93	-2.93	-2.92
熔点/℃	180	97.8	63.2	39	28.5
沸点/℃	1 317	881.4	756.5	688	705

表 11.2　碱土金属的一些性质

	Be	Mg	Ca	Sr	Ba
价电子构型	$2s^2$	$3s^2$	$4s^2$	$5s^2$	$6s^2$
金属半径/pm	111	160	197	215	217
离子(M^+)半径/pm	31	65	99	113	135
电离能/($kJ \cdot mol^{-1}$)	890	738	590	550	503
水合能 $[M^+(g)] \rightarrow [M^+(aq)]$/($kJ \cdot mol^{-1}$)	-2 455	-1 900	-1 565	-1 415	-1 275
升华能/($kJ \cdot mol^{-1}$)	322	150	177	163	176
电负性	1.5	1.2	1.1	1.1	0.9
电极电势 $\varphi^{\ominus}(M^+/M)$/V	-1.85	-2.37	-2.87	-2.89	-2.90
熔点/℃	1 287	650	842	767	727
沸点/℃	2 767	1 107	1 484	1 384	1 640

11.1.1　碱金属和碱土金属的通性

碱金属和碱土金属都是化学活泼性很强和较强的金属。它们能直接或间接地与电负性较大的非金属元素，如卤素、氧、硫、磷、氮和氢等形成相应的化合物。下面仅以这些金属与 O_2、H_2、H_2O 反应为例，说明它们一些具有通性的化学性质。

1. 与 O_2 反应

碱金属在氧气中燃烧时，发生如下几种类型的反应：

$$2M + \frac{1}{2}O_2 = M_2O \quad (M = Li)$$

$$2M + O_2 = M_2O_2 \quad (M = Na)$$

$$M + O_2 = MO_2 \quad (M = K、Rb、Cs)$$

式中的 M_2O_2 和 MO_2 分别称为过氧化物和超氧化物。过氧离子 O_2^{2-} 的结构为 $[:\ddot{\underset{..}{O}}—\ddot{\underset{..}{O}}:]^{2-}$；超氧离子 O_2^- 的结构为 $[:\underset{..}{O}\overset{...}{—}\underset{..}{O}:]^-$。

碱土金属在常压的氧气中燃烧，所得的产物一般是正常氧化物，但钡在过量氧气中燃烧，除生成 BaO 外，也有一些 BaO_2 生成。

2. 与 H_2 反应

碱金属和碱土金属（Be 和 Mg 除外）在高温下与氢直接化合，生成离子型氧化物。

$$2M + H_2 = 2MH \quad (M = Li、Na、K、Rb、Cs)$$

$$M + 2H_2 = MH_2 \quad (M = Ca、Sr、Ba)$$

反应中氢原子获得一个电子变成 H^-。这些氢化物与水反应放出 H_2。

$$H^- + H_2O = H_2 + OH^-$$

离子型氢化物是强的还原剂。例如：

$$TiCl_4 + 4NaH \xlongequal{高温} Ti + 4NaCl + 2H_2\uparrow$$

3. 与 H_2O 反应

活泼金属与水反应，实质上是与水中的 H^+ 反应。如果将水中的 H^+ 的浓度（$10^{-7}mol \cdot L^{-1}$）带入能斯特方程：

$$\varphi(H^+/H_2)/V = \varphi^{\ominus}(H^+/H_2) + \frac{0.059\,2}{2}\lg\frac{[H^+]^2}{\frac{p[H_2]}{p^{\ominus}}} = -0.414\ V$$

可见凡电极电势低于 −0.414 V 的金属均可与水反应。从表 11.1 和表 11.2 有关 $\varphi^{\ominus}$ 值可以看出，碱金属和碱土金属均可与水反应。碱金属和碱土金属中，锂的电极电势最低（−3.04 V），但锂与水反应远不如钠、钾剧烈。必须指出，电极电势的高低与反应速率之间没有直接的联系，因为前者属于热力学范畴，后者属于动力学范畴。既前者取决于反应的 $\Delta G^{\ominus}$，而后者主要取决于反应活化能 E_a 的高低。锂与水反应的活化能高，反应速率慢的原因主要有：

（1）锂与水反应产物 LiOH 溶解度小，它一旦产生，就覆盖在锂的表面上，阻碍反应进行。

（2）锂的熔点较高，锂与水反应所产生的热量不足以使其熔化。而钠、钾熔点低，反应所产生的热量可使它们熔化，从而使液态钠或钾与水反应速率变快。

碱土金属铍和镁与冷水作用很慢，也与产物 $Be(OH)_2$ 和 $Mg(OH)_2$ 的难溶性有关。

11.1.2　碱金属和碱土金属的化合物

1. 氧化物

碱金属和碱土金属常见的氧化物有普通氧化物、过氧化物和超氧化物三类。锂和碱土金属在氧气中燃烧时，均得到正常氧化物。在实验室里钠和钾正常氧化物可利用金属还原相应的硝酸盐得到。例如：

$$10Na + 2NaNO_3 \longrightarrow 6Na_2O + N_2$$

碱土金属氧化物可由碳酸盐或硝酸盐加热分解制得。例如：

$$CaCO_3 \xlongequal{\triangle} CaO + CO_2\uparrow$$

$$2Sr(NO_3)_2 \xlongequal{\triangle} 2SrO + 4NO_2\uparrow + O_2\uparrow$$

碱金属和碱土金属氧化物与水反应都生成相应的氢氧化物：

$$O^{2-} + H_2O \longrightarrow 2OH^-$$

这是由于 O^{2-} 在水中不能存在，它立即发生水解反应的缘故。碱金属和碱土金属氧化物在水中的溶解度，在同一族中都是从上到下增加，因此它们与水反应激烈的程度也是从上到下增加。

过氧化物与水反应生成过氧化氢和氢氧化物：

$$O_2^{2-} + 2H_2O \longrightarrow H_2O_2 + 2OH^-$$

H_2O_2 分解可放出 O_2，所以 Na_2O_2 可用做氧化剂、漂白剂和氧气发生剂，Na_2O_2 与 CO_2 反应也能放出 O_2：

$$2Na_2O_2 + 2CO_2 \longrightarrow 2Na_2CO_3 + O_2$$

利用这一性质，Na_2O_2 可作为急救器、防毒面具、高空飞行和潜艇中 CO_2 吸收剂和供氧剂。

超氧化物与水反应生成过氧化氢同时放出 O_2：

$$2O_2^- + 2H_2O \longrightarrow 2OH^- + H_2O_2 + O_2\uparrow$$

也能与 CO_2 反应放出 O_2：

$$4MO_2 + 2CO_2 \longrightarrow 2M_2CO_3 + 3O_2$$

因此它也可作为强氧化剂和供氧剂。

2. 氢氧化物

碱金属氢氧化物在水中都是易溶的，碱土金属氢氧化物在水中溶解度比碱金属氢氧化物要小得多。$Be(OH)_2$ 和 $Mg(OH)_2$ 为难溶氢氧化物。从表 11.3 可见，同一族元素氢氧化物的溶解度总趋势从上到下逐渐增大。

表 11.3　碱金属和碱土金属氢氧化物的溶解度（15 ℃）

碱金属氢氧化物	溶解度/($mol \cdot L^{-1}$)	碱土金属氢氧化物	溶解度/($mol \cdot L^{-1}$)
LiOH	5.3	$Be(OH)_2$	8×10^{-6}
NaOH	26.4	$Mg(OH)_2$	5×10^{-4}
KOH	19.1	$Ca(OH)_2$	6.9×10^{-2}
RbOH	17.9	$Sr(OH)_2$	6.7×10^{-2}
CsOH	25.8	$Ba(OH)_2$	2×10^{-1}

碱金属和碱土金属氢氧化物中除 $Be(OH)_2$ 为两性，$Mg(OH)_2$ 为中强碱外，其余的均为强碱。

NaOH 和 KOH 是最重要的碱。由于 NaOH 价格较便宜，它的应用比 KOH 广泛得多。NaOH 俗称苛性碱或烧碱，工业上常用电解氯化钠水溶液制取。NaOH 暴露在空气中易吸

收水分和 CO_2，并变成碳酸盐。Na_2CO_3 在浓 NaOH 溶液中不溶解，故可利用这一性质把 Na_2CO_3 从 NaOH 浓溶液中除去。碱除了可与酸、酸性氧化物、盐等反应外，它的溶液还可与两性金属单质（如 Al、Si 等）反应，放出 H_2。例如：

$$2Al + 2NaOH + 6H_2O = 2Na[Al(OH)_4] + 3H_2\uparrow$$

$$Si + 2NaOH + H_2O = Na_2SiO_3 + 2H_2\uparrow$$

卤素、硫、磷等在碱溶液中能发生歧化反应。例如：

$$Cl_2 + 2NaOH = NaCl + NaClO + H_2O$$

$$3S + 6NaOH = 2Na_2S + Na_2SO_3 + 3H_2O$$

$$P_4 + 3NaOH + 3H_2O = PH_3\uparrow + 3NaH_2PO_2$$

碱能腐蚀玻璃，实验室盛放碱液的试剂瓶应该用橡皮塞，而不能用玻璃塞，否则时间一长，它与玻璃中的 SiO_2 反应生成硅酸盐把塞子粘住了。

3. 盐类

碱金属和碱土金属的常见盐类有卤化物、碳酸盐、硝酸盐和硫酸盐等。这里仅介绍这些盐类的如下三方面性质。

（1）晶型。

表11.4列出了碱金属和碱土金属氟化物和氯化物的熔点。

表11.4　碱金属和碱土金属氟化物和氯化物的熔点

	Li	Na	K	Rb	Cs	Be	Mg	Ca	Sr	Ba
氟化物熔点/℃	846	996	858	775	703	552	1 263	1 418	1 477	1 368
氯化物熔点/℃	606	801	776	715	645	405	714	772	873	963

从中可以看出：

① 这些卤化物熔点均较高，所以它们多为离子型晶体。

② 碱金属氟化物或氯化物的熔点在同一族中从上到下逐渐降低（除 Li 外），而碱土金属氟化物或氯化物的熔点从上到下逐渐升高（除 BaF_2 外），两种物质变化趋势不同的主要原因是：碱金属离子极化力小，它们的氟化物和氯化物是典型的离子晶体。碱金属从上到下随着离子半径增加，晶格能逐渐降低，故熔点下降。碱土金属离子极化力比碱金属离子极化力大，而且从下而上随半径减小极化力增强。它们的卤化物从下而上由典型的离子性逐渐过渡到一定程度的共价性，所以它们的熔点从下而上逐渐降低。

③ Li^+、Be^{2+} 的卤化物熔点最低，这与它们半径最小、极化力最大有关。实际上 $BeCl_2$ 的共价性已超过了离子性。

（2）溶解性。

碱金属盐类的特点是易溶性，但存在少数难溶盐，如六羟基锑酸钠 $Na[Sb(OH)_6]$（白色）、醋酸铀酰锌钠 $NaAc\cdot Zn(Ac)_2\cdot 3UO_2(Ac)_2\cdot 9H_2O$（黄绿色）、高氯酸钾 $KClO_4$（白色）等。在实验室常利用生成这些难溶盐来鉴定 Na^+ 和 K^+。

碱金属的卤化物（除氟化物外）硝酸盐、醋酸盐等是易溶的，而碳酸盐、硫酸盐、磷酸盐、草酸盐和铬酸盐等多是难溶的。一些碱土金属难溶化合物的溶度积列于表11.5。从表中可以看出，这些离子型化合物溶解性大致具有如下的规律性：小阳离子与小阴离子或者大阳离子和大阴离子形成的化合物溶解度小，而小阳离子与大阴离子或者大阳离子与小阴离子形成的化合物溶解度大。例如，小阴离子的 F^-，OH^- 与碱金属形成的化合物溶解度一般由 Be 到 Ba 增加，大阴离子的 SO_4^{2-}，CrO_4^{2-}，CO_3^{2-} 等与碱土金属形成的化合物溶解度一般由 Be 到 Ba 减小。

表 11.5　一些碱土金属难溶化合物的溶度积

	OH^-	F^-	SO_4^{2-}	CrO_4^{2-}	CO_3^{2-}
Mg^{2+}	1.2×10^{-11}	6.3×10^{-9}	—	—	2.6×10^{-5}
Ca^{2+}	5.5×10^{-6}	1.7×10^{-10}	2.5×10^{-5}	7.1×10^{-4}	8.7×10^{-9}
Sr^{2+}	3.2×10^{-4}	3.2×10^{-9}	2.8×10^{-7}	4.0×10^{-5}	1.6×10^{-9}
Ba^{2+}	5×10^{-3}	2.4×10^{-5}	1.1×10^{-10}	1.6×10^{-10}	8.1×10^{-9}

以上规律可用热力学来解释。溶解过程可看做由晶格拆散和离子水合两过程组成。

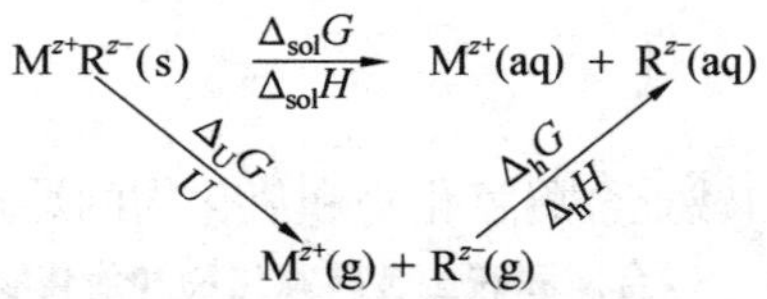

式中，$\Delta_{sol}G$、$\Delta_U G$ 和 $\Delta_h G$ 分别表示溶解、晶格拆散和水合过程吉布斯自由能变。$\Delta_{sol}H$，U，和 $\Delta_h H$ 分别为以上过程的焓变。严格地说，溶解的难易应该由 $\Delta_{sol}G$ 来判断，即由溶解过程的 ΔH 和 $T\Delta S$ 一起判断。一般来说，溶解过程 $T\Delta S$ 值不大，$\Delta_{sol}G$ 主要由 $\Delta_{sol}H$ 决定。又因为 $\Delta_{sol}H = U + \Delta_h H$，$U$ 为晶格拆散，吸热过程，$\Delta_h H$ 为离子水合，放热过程，所以 U 越小越有利于溶解，$\Delta_h H$ 越大越有利于溶解。虽然离子半径和电荷对于 U 和 $\Delta_h H$ 两者的影响是相同的，即半径小、电荷高的离子，使 U 和 $\Delta_h H$ 均变大，而半径大、电荷低的离子，使两者都变小。但是与正、负离子半径之和($r_+ + r_-$)有关，$\Delta_h H$ 是正离子的水合能和负离子的水合能之和，即 $\Delta_h H$ 分别与 r_+ 和 r_- 有关。它们之间的函数关系可简单地表示为

$$U = f_1\left(\frac{1}{r_+ + r_-}\right)$$

$$\Delta_h H = f_2\left(\frac{1}{\mathrm{r}_+}\right) + f_3\left(\frac{1}{r_-}\right)$$

由以上两式可见，当 $r_- \gg r_+$ 或 $r_+ \gg r_-$ 时，$\Delta_h H$ 占优势。因为正负离子中只要有一个是大离子就可有效降低 U；而 $\Delta_h H$ 是两离子的水合能之和，只要一个离子水合能足够大(r 小)，另一个离子即使水合能较小(r 大)，两者之和也不会是很小的值。相反，当 $r_- \approx r_+$ 时，U 占优势。所以，从焓效应来看，当正、负离子大小接近时，不利于溶解；正负离子大小悬殊时，有利于溶解。

以上规律也可用来说明碱金属卤化物的溶解性。例如，由小阳离子 Li^+ 和小阴离子 F^- 组成的 LiF，或者由大阳离子 Cs^+ 和大阴离子 I^- 组成的 CsI，它们分别是碱金属氟化物和碘化物中溶解度最小的。而一大一小的 LiI 或 CsF 是同类型碱金属卤化物中溶解度最大的(表 11.6)。又如大阳离子 Na^+ 和 K^+ 的难溶盐都是它们与一些大阴离子形成盐类，

其原因也在于此。以上是典型离子晶体一个粗略的溶解性规律，由于影响溶解度的因素很多，所以不符合此规律的情况也很多。

表 11.6　碱金属氟化物和碘化物的溶解度

	LiF	NaF	KF	RbF	CsF	LiI	NaI	KI	RbI	CsI
溶解度/[$mol \cdot kg^{-1}/H_2O$] 变化趋势	0.10	0.95	16	12.6	24	12.3	12	8.7	7.2	3.0
	小⟶大					大⟶小				

（3）含氧酸盐的热稳定性。

碱金属的含氧酸盐一般都具有较高的热稳定性。除碳酸氢盐在 200 ℃ 以下可分解为碳酸盐和 CO_2，硝酸盐分解温度较低外，碳酸盐分解温度一般在 800 ℃ 以上，硫酸盐分解温度更高。碱土金属的含氧酸盐热稳定性比碱金属差，而且随着半径减小分解温度降低。表 11.7 列出碱土金属一些盐类的分解温度，从中可以看出，碱土金属从上到下热稳定性递增。

表 11.7　碱土金属一些盐类的分解温度

碱土金属氢氧化物	硝酸盐	碳酸盐	硫酸盐
铵盐分解温度/℃	约 100	< 100	550 ~ 600
镁盐分解温度/℃	约 129	540	1 124
钙盐分解温度/℃	> 561	900	> 1 450
锶盐分解温度/℃	> 750	1 290	1 580
钡盐分解温度/℃	> 592	1 360	> 1 580

11.2　p 区元素

p 区元素包括周期系中 ⅢA ~ ⅧA 族元素。除 ⅧA 族元素（稀有气体）外，本章将对该区元素按族进行讨论。

11.2.1　卤族元素

1. 卤素概述

周期系 ⅦA 族元素统称为卤族元素或卤素，包括氟、氯、溴、碘和砹五种元素。砹是放射性元素。表 11.8 列出了它们的一些基本性质。

从表中可见，卤素性质递变具有明显的规律性。如共价半径、离子半径、熔点、沸点都随原子序数增大而增大，而电离能、电子亲和能、离子水合能、电负性等随原子序数增大而减小。但是半径最小的氟却出现了一些“反常”。例如，F—F 键键能比 Cl—Cl 键键能小，氟的电子亲和能也比氯的小。前者是由于氟的半径小，当 F—F 成键时，两氟原子间因距离近，两原子的孤对电子之间，孤对电子与键对电子之间产生较大的斥力，从而削弱了 F—F 键；后者也是由于氟的半径小、电子密度大，当它获得一个电子时，电子间的斥力显著增加,该斥力部分抵消了它获得一个电子所放出的能量。尽管如此,氟的化学活泼性仍然比氯的高。这是由于氟或氯参加反应的难易不仅与电子亲和能有关,而且与其他一些能量项也有关。例如 F_2 和 Cl_2 分别在水溶液中与其他物质反应最终生成水合离子时,该过程可分解为如下三步:

$$\frac{1}{2}X_2(g) \xrightarrow{\frac{1}{2}\Delta_b H} X(g) \xrightarrow{E} X^-(g) \xrightarrow{\Delta_h H} X^-(aq)$$

表 11.8　卤素的一些基本性质

	氟	氯	溴	碘
价电子构型	$2s^22p^5$	$3s^23p^5$	$4s^24p^5$	$5s^25p^5$
共价半径/pm	64	99	124	133
离子(X^-)半径/pm	136	181	195	216
熔点/℃	−219.6	−101.0	−7.2	113.5
沸点/℃	−188.1	−34.6	58.8	184.4
电负性	4.0	3.0	2.8	2.5
电离能/($kJ \cdot mol^{-1}$)	1 681	1 251	1 140	1 008
电子亲和能/($kJ \cdot mol^{-1}$)	322	349	325	295
X^- 水合能($kJ \cdot mol^{-1}$)	−460	−385	−351	−305
X—X 键解离能($kJ \cdot mol^{-1}$)	155	243	193	151
常见氧化态	−1	−1, +1, +3, +5, +7	−1, +1, +3, +5, +7	−1, +1, +3, +5, +7

表11.9列出 F_2 和 Cl_2 在该过程中有关的能量。由此可见,氟的电子亲和能(E)比氯小,但氟的键能($\Delta_b H$)比氯的小,更主要的是 F^- 半径小,其水合能($\Delta_h H$)比 Cl^- 的大得多,因为反应总过程氟放出的能量比氯的多,所以在水溶液中反应氟比氯活泼,氟在其他条件下反应也比氯活泼。例如,氟与金属反应生成离子化合物或者与非金属反应生成共价化合物所放出的能量比氯的多,这主要也是由于氟的原子半径小,当生成离子化合物时晶格能大或者生成共价化合物时键能大的缘故。

表 11.9　$\frac{1}{2}X_2(g)$ 变成 $X^-(aq)$ 的有关能量　　$kJ \cdot mol^{-1}$

	$\frac{1}{2}\Delta_b H$	E	$\Delta_h H$	$\Delta H = \frac{1}{2}\Delta_b H + E + \Delta_h H$
氟	$\frac{1}{2} \times 155$	−322	−460	−704.5
氯	$\frac{1}{2} \times 243$	−349	−385	−612.5

卤素单质都表现出氧化性。卤素与水可发生两种类型的氧化还原反应:

$$2X_2 + 2H_2O = 4X^- + 4H^+ + O_2$$

$$X_2 + H_2O = X^- + H^+ + HXO$$

在第一类反应中，X_2 做氧化剂，水做还原剂。其有关电极电势为

$$2H^+(10^{-4}\ mol\cdot L^{-1}) + \frac{1}{2}O_2 + 2e^- \rightleftharpoons H_2O \quad \varphi^\ominus = 0.816\ V$$

$$F_2 + 2e^- \rightleftharpoons 2F^- \quad \varphi^\ominus(F_2/F^-) = 2.87\ V$$

所以就热力学而言，除 I_2 以外，F_2，Cl_2 和 Br_2 均可氧化水。事实上 F_2 的确与水剧烈反应放出 O_2，但是 Cl_2 和 Br_2 由于动力学原因与水反应缓慢。I_2 不能氧化水，而其逆反应可自发进行。

$$4I^- + O_2 + 4H^+ = 2I_2 + 2H_2O$$

卤素与水发生的第二类反应是卤素分子的歧化反应。氟不能形成正氧化态化合物，不能发生此类反应。从电势图中可以看出，Cl_2、Br_2 和 I_2 在酸性介质中都不能发生歧化反应，但是在碱性溶液中，以下两类歧化反应都可自发进行：

$$X_2 + 2OH^- \rightleftharpoons X^- + XO^- + H_2O \tag{1}$$

$$3XO^- \rightleftharpoons 2X^- + XO_3^- \tag{2}$$

这两类歧化反应的反应速率不同，反应(1)的反应速率快，反应(2)的反应速率与卤素种类有关。对 Cl_2 来说，室温时反应慢，当温度升至70 ℃左右才变快；对 Br_2 来说，0 ℃时反应慢，室温时反应快；对 I_2 来说，0 ℃时反应已很快。所以在室温下将 Cl_2，Br_2 或 I_2 加入碱液中，得到的产物分别是 ClO^-，BrO_3^- 或 IO_3^-。要制得 ClO_3^-，反应系统必须加热；要制得 BrO^-，反应系统必须冷却。

2. 卤化氢和卤化物

(1) 卤化氢。

卤化氢都是具有刺激性臭味的无色气体。实验室里卤化氢可由卤化物与高沸点酸（如 H_2SO_4、H_3PO_4 等）反应制取。

$$CaF_2 + H_2SO_4(浓) = CaSO_4 + 2HF\uparrow$$

$$NaCl + H_2SO_4(浓) = NaHSO_4 + HCl\uparrow$$

但是 HBr 和 HI 不能用浓 H_2SO_4 制取，因为浓 H_2SO_4 会氧化它们，得不到纯净的 HBr 和 HI。

$$2HBr + H_2SO_4(浓) = SO_2 + 2H_2O + Br_2$$

$$8HI + H_2SO_4(浓) = H_2S + 4H_2O + 4I_2$$

如用非氧化性的 H_3PO_4 代替 H_2SO_4，则可制得 HBr 和 HI。

$$NaX + H_3PO_4 \xlongequal{\triangle} NaH_2PO_4 + HX\uparrow$$

HBr 和 HI 也可用磷和 Br_2 或 I_2 反应生成 PBr_3 或 PI_3，后者遇水立即水解成 HBr 或 HI。

卤化氢的性质随原子序数增加呈现规律性的变化，从 HF 到 HI 熔沸点逐渐增强（HF 除外），酸性逐渐增强，还原性逐渐增强，键能和稳定性逐渐减弱。卤化氢的水溶液称氢卤酸，除氢氟酸是弱酸外，其他皆为强酸。但是氢氟酸却表现出一些独特的性质。例如，它可与 SiO_2 反应：

$$SiO_2 + 4HF = SiF_4\uparrow + 2H_2O$$

(2) 卤化物。

卤素与电负性较小的元素生成的二元化合物称为卤化物。卤化物可分为金属卤化物和非金属卤化物两大类。下面着重讨论卤化物的溶解性和水解性这两类性质。

① 溶解性。金属卤化物一般易溶于水，比较重要的难溶化合物有 AgX，PbX_2，HgX_2 和 CuX(X = Cl，Br，I)。氟化物的溶解性常与其他卤素不同。例如，AgF 是易溶的，而 LiF，MF_2(M 为碱土金属，Mn，Fe，Ni，Cu，Zn，Pb) 和 AlF_3 等都是难溶盐。

② 水解性。金属卤化物溶于水时，除少数活泼金属卤化物外，均发生不同程度的水解。例如 $MgCl_2$ 水解后可生成碱式氯化镁，其中 $SnCl_2$，$SbCl_3$ 和 $BiCl_3$ 水解分别以碱式氯化亚锡[Sn(OH)Cl]，氯氧化锑(SbOCl) 和氯氧化铋(BiOCl) 的沉淀形式析出。所以在配制这些盐溶液时，为防止沉淀产生，应将盐类先溶于浓盐酸，然后加水稀释。

非金属卤化物水解大致可分为三种类型：

a. 与水反应生成非金属含氧酸和卤化氢，如 BCl_3，$SiCl_4$，PCl_5，AsF_5 等。

b. 与水反应生成非金属氢化物和卤素含氧酸，如 NCl_3，OCl_2 等。

c. 不与水反应，如 CCl_4，SF_6 等。

2. 卤素含氧酸及其盐

卤素含氧酸有许多种类，见表 11.10。卤素含氧酸根的结构除 IO_6^{5-} 是 sp^3d^2 杂化外，其他的均是 sp^3 杂化。

表 11.10　卤素含氧酸

名称	卤素的氧化态	氯	溴	碘
次卤酸	+1	HOCl*	HOBr*	HOI*
亚卤酸	+3	$HClO_2$*	—	—
卤酸	+5	$HClO_3$*	$HBrO_3$*	HIO_3
高卤酸	+7	$HClO_4$	$HBrO_4$*	HIO_4，H_5IO_6

注：* 表示仅存于溶液中。

卤素含氧酸中以氯的含氧酸最重要。氯的含氧酸性质变化有如下规律：

• 氧化性 ←

HOCl　$HClO_2$*　$HClO_3$　$HClO_4$

→ • 酸性 • 稳定性

注：* $HClO_2$ 有些例外，氧化性大于 HOCl，稳定性小于 HOCl。

其中 HOCl 是很弱的酸($K_a^{\ominus} = 2.95 \times 10^{-8}$)，它很不稳定，只能存在稀溶液中，且会慢慢自行分解。

$$2HOCl = 2HCl + O_2\uparrow$$

HOCl 是强的氧化剂和漂白剂，漂白粉是 Cl_2 与 $Ca(OH)_2$ 反应所得的混合物。

$$2Cl_2 + 3Ca(OH)_2 = Ca(ClO)_2 + CaCl_2 \cdot Ca(OH)_2 \cdot H_2O + H_2O$$

漂白粉的作用就是基于 ClO^- 的氧化性。

$HClO_3$ 是强酸，也是强氧化剂，它能把 I_2 氧化成 HIO_3，而本身的还原产物取决于其用量。

$$2HClO_3(\text{过量}) + I_2 = 2HIO_3 + Cl_2\uparrow$$

$$5HClO_3 + 3I_2(\text{过量}) + 3H_2O = 6HIO_3 + 5HCl$$

$HClO_3$ 与 HCl 反应可放出 Cl_2：

$$HClO_3 + 5HCl = 3Cl_2\uparrow + 3H_2O$$

$KClO_3$ 是重要的氯酸盐。在有催化剂存在时，它受热分解为 KCl 和 O_2；若无催化剂，则发生歧化反应。

$$4KClO_3 \overset{\triangle}{=} 3KClO_4 + KCl$$

固体 $KClO_3$ 是强氧化剂。它与易燃物质，如碳、硫、磷或有机物质混合后，一旦受撞击就会发生爆炸着火，因此该物质常用来制造炸药、火柴和焰火等。

$HClO_4$ 是最强的无机酸。其稀溶液比较稳定，氧化能力不及 $HClO_3$，但浓 $HClO_4$ 溶液是强的氧化剂，与有机物质接触会发生爆炸，使用时须十分小心。

11.2.2　氧族元素

1. 氧族元素概述

周期系中 ⅥA 族元素统称为氧族元素，它包括氧、硫、硒、碲和钋。钋是放射性元素。表 11.11 列出了它们的一些基本性质。从中可以看出，本族元素的共价半径、离子半径随原子序数增加而增大；电负性、电离能随原子序数增加而减小。与氟相似，氧原子也因半径特小，某些性质出现"反常"。例如，它的单键解离能比硫的小。氧与硫单质熔、沸点相差很大，这也是由于氧原子半径小而引起成键方式不同的缘故。单质 O_2 和 S_8 的分子结构式为

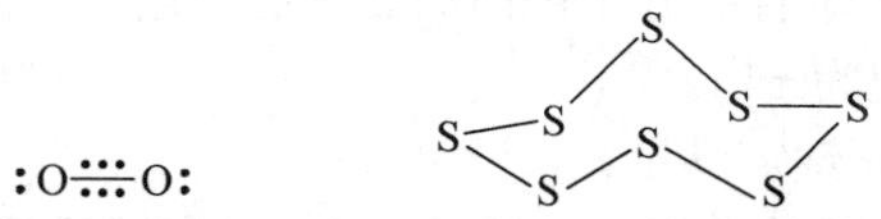

表 11.11　氧族元素的一些基本性质

名称	氧	硫	硒	碲
价电子构型	$2s^22p^4$	$3s^23p^4$	$4s^24p^4$	$5s^25p^4$
共价半径/pm	66	104	117	137
离子(M^{2-})半径/pm	140	184	198	221
熔点/℃	−218.8	112.8	220	449.5
沸点/℃	−183.0	444.6	685	989.8
电负性	3.5	2.5	2.4	2.1
电离能/($kJ\cdot mol^{-1}$)	1314	1000	941	869
单键解离能/($kJ\cdot mol^{-1}$)	142	268	172	126
常见氧化态	−2	−2，+2，+4，+6	−2，+2，+4，+6	−2，+2，+4，+6

氧和硫原子的价电子构型均为ns^2np^4,都有2个电子,都可形成2个键,所以它们单质有两种键合的方式:一种是两个原子之间以双键相连而形成双原子的小分子;另一种是多个原子之间以单键相连形成多原子的“大分子”。它们以哪种方式成键取决于键能,如果:

(1) $\Delta_b H(M=M) < 2\Delta_b H(M—M)$　易形成单键

(2) $\Delta_b H(M=M) > 2\Delta_b H(M—M)$　易形成双键

氧和硫的单、双键键能分别为

$\Delta_b H(O—O) = 142\ kJ \cdot mol^{-1}$　　$\Delta_b H(S—S) = 268\ kJ \cdot mol^{-1}$

$\Delta_b H(M=M) = 494\ kJ \cdot mol^{-1}$　　$\Delta_b H(M=M) = 425\ kJ \cdot mol^{-1}$

显然,氧原子符合式(2),硫原子符合式(1)。这就是氧单质以O_2,硫单质以S_8形式存在的原因。那么,为什么氧的单键键能小、双键键能大,而硫的单键键能大、双键键能小呢?其主要原因就在于它们的原子半径不同。对半径特别小的原子(如N、O、F原子)形成单键时存在强烈的孤对电子之间、孤对电子与键对电子之间的斥力,它将大大削弱所形成的键。相反的,原子半径小对形成多重键却有利,因为π键是轨道侧向重叠,只有当两原子半径很小时,侧向重叠才有效。

氧族元素单质都有同素异形体。例如,氧有O_2和O_3(臭氧),硫有斜方、单斜和弹性硫等。O_3的结构比较特殊,它的构型呈V形(见图11.2)。中心氧原子以sp^2杂化,它用两个杂化轨道与两端两个氧原子键合,另一个杂化轨道被孤对电子占据。除此之外,中心氧原子还有一个没有参加杂化的p轨道(被两个电子占据),两端的两个氧原子也各有一个p轨道(各被1个电子占据),这三个p轨道相互平行,形成了垂直于分子平面的三中心四电子的离域π键(也称大π键,图11.2中用虚线框表示),记为π_3^4。

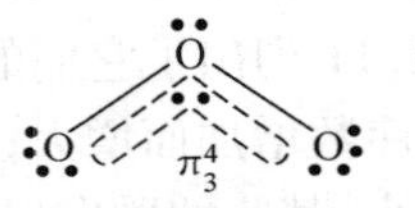

图11.2　O_3分子结构

由此可见,形成离域π键需满足:

(1) 参与离域π键的原子应在同一平面,而且每个原子都能提供一个相互平行的p轨道。

(2) 离域π键上总的π电子数应少于参与离域π键p轨道数的两倍。

单斜硫和斜方硫的分子都是S_8,它们只是晶体中分子排列不同而已。弹性硫为S_8环断开后,相互聚合成长链的大分子,这些长链相互绞结,因而使其具有弹性。

2. 氢化物

本族元素的氢化物H_2O,H_2S,H_2Se和H_2Te性质的递变与卤化氢相似,即随中心原子原子序数增加,熔沸点、酸性、还原性依次增加(H_2O因形成氢键,熔沸点比H_2S高),而稳定性、键能依次减小。

(1) 硫化氢。

硫化氢是一种有毒气体,为大气污染物。空气中H_2S体积分数达到1×10^{-3}时会引起头晕头痛,大量吸入H_2S会造成死亡。H_2S及其水溶液氢硫酸在实验室中主要用做沉淀剂,许多金属离子遇H_2S可生成难溶的硫化物沉淀。此外,H_2S也是强还原剂,它的电极电势为

$$S + 2H^+ + 2e^- \rightleftharpoons H_2S \quad \varphi^\ominus = 0.141\ V$$

较弱的氧化剂 I_2 就可将它氧化。

$$I_2 + H_2S \rightleftharpoons 2HI + S\downarrow$$

氢硫酸溶液在空气中放置,空气中 O_2 也可把它慢慢地氧化为S,而使溶液变浑浊。

$$2H_2S + O_2 \rightleftharpoons 2S\downarrow + 2H_2O$$

(2) 过氧化氢。

过氧化氢俗称双氧水,因其分子中含有过氧键(—O—O—),有较强的氧化性。

$$O_2 + 2H^+ + 2e^- \rightleftharpoons H_2O_2 \quad \varphi^\ominus = 0.682\ V$$

$$H_2O_2 + 2H^+ + 2e^- \rightleftharpoons 2H_2O \quad \varphi^\ominus = 1.77\ V$$

由以上电极电势可见,H_2O_2 既是一种很强的氧化剂,又是一种较弱的还原剂。从热力学上讲,H_2O_2 应该不能存在,因为它可自发地发生如下歧化反应:

$$2H_2O_2 = 2H_2O + O_2\uparrow \quad \Delta_rG^\ominus = -205\ kJ\cdot mol^{-1}$$

但是该反应活化能较高,室温下分解速率较慢。如果有催化剂(如 Cu^{2+},Fe^{2+},Mn^{2+},Cr^{3+} 等)存在,分解反应即可大大地加速。作为氧化剂,H_2O_2 比其他氧化剂优越,因为它的还原产物是水,不会给反应系统带来杂质。H_2O_2 可把亚硫酸氧化为硫酸,把硫化物氧化为硫酸盐。

$$H_2SO_3 + H_2O_2 = H_2SO_4 + H_2O$$

$$PbS + 4H_2O_2 = PbSO_4 + 4H_2O$$

当 H_2O_2 遇到强氧化剂时才显还原性。例如:

$$2MnO_4^- + 5H_2O_2 + 6H^+ = 2Mn^{2+} + 5O_2\uparrow + 8H_2O$$

$$Ag_2O + H_2O_2 = 2Ag + 2H_2O + O_2\uparrow$$

3. 氧化物及其水合物的酸碱性

除了某些稀有气体之外,几乎所有元素都能生成氧化物。根据氧化物对酸、碱的反应不同,可将其分为酸性、碱性、两性和中性氧化物(也称不成盐氧化物,如CO、NO等)四类。氧化物水合物的酸碱性与氧化物的酸碱性是对应的。氧化物的水合物不论是酸性、碱性或两性都可把它看做氢氧化物,并用通式 $R(OH)_n$ 表示(n 为R的氧化数)。某些含氧酸,如 H_2SO_4 可看做 $S(OH)_6$ 失去2个 H_2O 分子的产物,氢氧化物的酸碱性及其强度可用以下两个规则来判断。

(1)ROH规则。

碱和含氧酸都有R—O—H结构。例如,H_2SO_4,H_3PO_4 按其结构可分别表示为 $SO_2(OH)_2$,$PO(OH)_3$。ROH规则指出:R的氧化数越高、半径越小,R—O—H结构中的R—O键就越强,而O—H键就越弱,则该氢氧化物越容易解离出 H^+;反之,R的氧化数越低、半径越大,则该氢氧化物越容易解离出 OH^-。根据这条规则可引出几条有关含氧酸强度的结论:

① 同一周期元素含氧酸酸性从左到右逐渐增强。例如:

$$H_4SiO_4 < H_3PO_4 < H_2SO_4 < HClO_4$$

② 同一主族元素含氧酸酸性自上而下逐渐减弱。例如:

$$HClO_3 > HBrO_3 > HIO_3$$

③ 同一元素形成几种不同氧化态的含氧酸,其酸性依氧化态升高而增强。例如:

$$HOCl < HClO_2 < HClO_3 < HClO_4$$

ROH 规则没有考虑到除羟基以外与 R 相连的其他原子的影响,特别是非羟基氧原子的影响。事实说明这种影响是不能忽略的。

(2) 鲍林规则。

鲍林规则可以半定量地估计含氧酸的强度。包括如下两条:

① 多元含氧酸的标准逐级解离常数 $K_1^{\ominus}, K_2^{\ominus}, K_3^{\ominus}, \cdots$,其数值比约为 $1:10^{-5}:10^{-10}\cdots$

② 具有 $RO_m(OH)_n$ 形式的酸,其标准解离常数与 m 值(即非羟基氧原子数)的关系是:

a. 当 $m=0$ 时,$K^{\ominus} \leqslant 10^{-7}$,是很弱的酸;

b. 当 $m=1$ 时,$K^{\ominus} \approx 10^{-2}$,是弱酸;

c. 当 $m=2$ 时,$K^{\ominus} \approx 10^{3}$,是强酸;

d. 当 $m=3$ 时,$K^{\ominus} \approx 10^{8}$,是极强的酸。

一些非金属含氧酸的强度与 m 之间的关系列于表 11.12。

表 11.12　常见非金属含氧酸强度与 m 的关系

	$B(OH)_3$	$CO(OH)_2$	$NO_2(OH)$		
m	0	1	2		
$pK_1^{\ominus}$	9.24	3.76	−1.34		
		$Si(OH)_4$	$PO(OH)_3$	$SO_2(OH)_2$	$ClO_3(OH)$
m		0	1	2	3
$pK_1^{\ominus}$		9.77	2.12	−3	−7.3
			$AsO(OH)_3$	$SeO_2(OH)_2$	$BrO_3(OH)$
m			1	2	3
$pK_1^{\ominus}$			2.20	−3	(−7)
				$Te(OH)_6$	$IO(OH)_2$
m				0	1
$pK_1^{\ominus}$				7.61	1.55

4. 硫的含氧酸及其盐

常见硫的含氧酸列于表 11.13 中。

(1) 亚硫酸及其盐。

亚硫酸不能从水溶液中分离出来,它的水溶液依下式电离:

$$H_2O + H_2SO_3 \rightleftharpoons H_3O^+ + HSO_3^- \quad pK_a = 1.77$$

其氧化还原电位为

$$SO_4^{2-} + 4H^+ + 2e^- \rightleftharpoons H_2SO_3 + H_2O \quad \varphi^{\ominus} = 0.17\ V$$

$$H_2SO_3 + 4H^+ + 4e^- \rightleftharpoons S\downarrow + 3H_2O \quad \varphi^{\ominus} = 0.45\ V$$

因此,亚硫酸是相当强的还原剂,但由于亚硫酸中硫的氧化态为 +4 价,所以也能够被其他更强的还原剂(如 H_2S)还原成单质硫。可见它是较强的还原剂和弱的氧化剂。它可将 I_2 还原为 I^-：

$$H_2SO_3 + I_2 + H_2O \!=\!=\!= H_2SO_4 + 2HI$$

遇到强还原剂时,亚硫酸才表现出氧化性。例如:

$$H_2SO_3 + 2H_2S \!=\!=\!= 3S\downarrow + 3H_2O$$

亚硫酸盐可形成正盐和酸式盐两类,所有的酸式盐都易溶于水,正盐中除碱金属和铵盐外均难溶于水,但都能溶于强酸溶液。

表 11.13　硫的各种含氧酸

名称	化学式	存在形式
次硫酸	H_2SO_2	盐 Na_2SO_2
亚硫酸	H_2SO_3	水溶液和盐 Na_2SO_3,$NaHSO_3$
一缩二亚硫酸	$H_2S_2O_5$	盐 $Na_2S_2O_5$
连二亚硫酸	$H_2S_2O_4$	盐 $Na_2S_2O_4$
硫酸	H_2SO_4	纯酸,盐和水溶液
焦硫酸	$H_2S_2O_7$	纯酸(熔点 35 ℃),盐
硫代硫酸	$H_2S_2O_3$	盐 $Na_2S_2O_3$
连多硫酸	$H_2S_xO_6$	$x = 2 \sim 5$,盐和水溶液

(2)硫酸及其盐。

纯硫酸是无色油状液体,凝固点为 283.36 K,沸点为 611 K(质量分数为 98.3%),密度为 1.854 $g \cdot cm^{-3}$,相当于浓度为 18 $mol \cdot L^{-1}$,市售浓硫酸的质量分数为 96% ~ 98%。浓硫酸溶于水产生大量的热,因此在稀释浓硫酸时,要按照规范把浓硫酸在搅拌下缓慢地倾入水中,绝不能反之操作。浓硫酸具有强烈的吸水性,并能从有机物中夺取水分而发生碳化作用。它能破坏动植物的组织,使用时必须注意安全。

H_2SO_4 的中心硫原子采取 sp^3 杂化。4 个杂化轨道中,2 个被单电子占据的杂化轨道与两个氢键成键,2 个孤对电子占据的杂化轨道配位到 2 个非羟基氧原子空位的 p 轨道上形成 σ 键,由此构成四面体骨架。另外,每个非羟基氧原子上的 2 个孤对电子占据的 p 轨道与中心硫原子空的 3d 轨道对称性匹配,它们之间还形成 2 个 d - pπ 键。所以硫原子与非羟基氧原子之间有一定的双键成分,因此 H_2SO_4 的结构式常被写成

$$\begin{array}{c} O \\ \| \\ OH\!-\!\!S\!-\!OH \\ \| \\ O \end{array}$$

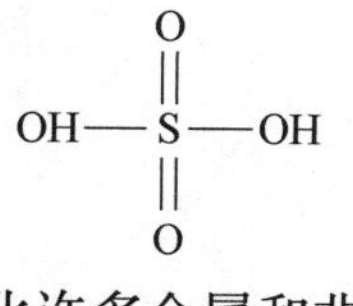

热的浓硫酸是强氧化剂,可以氧化许多金属和非金属。例如:

$$Cu + 2H_2SO_4(浓) \!=\!=\!= CuSO_4 + SO_2\uparrow + 2H_2O$$
$$C + 2H_2SO_4(浓) \!=\!=\!= CO_2\uparrow + 2SO_2\uparrow + 2H_2O$$

硫酸不但能吸水,而且还能从一些有机化合物(即碳水化合物,如蔗糖、布、纸等)中,夺取水分子组成相当的氢和氧,使这些有机物碳化。例如:

$$C_{12}H_{22}O_{11}(蔗糖) \xrightarrow{浓硫酸} 12C + 11H_2O$$

硫酸能生成两类盐：正盐和酸式盐。硫酸盐一般较易溶于水，在普通硫酸盐中 $CaSO_4$，$BaSO_4$ 和 $PbSO_4$ 的溶解度较小。多数硫酸盐有形成复盐的特性。莫尔盐 $(NH_4)_2SO_4 \cdot FeSO_4 \cdot 6H_2O$ 和明矾 $K_2SO_4 \cdot Al_2(SO_4)_3 \cdot 24H_2O$ 分别是这两类复盐的代表。

硫酸是一种重要的基本化工原料，硫酸大部分消耗在肥料工业（磷肥、氮肥）中，在石油、冶金等许多工业部门也都要耗费大量浓硫酸。

(3) 硫代硫酸及其盐。

硫代硫酸非常不稳定，若想直接制取它，需在195 K时，使 H_2S 同 SO_3 在二氯二氟甲烷中进行反应，或使 H_2S 在同样温度下与氯磺酸 HSO_3Cl 反应制得。

亚硫酸盐与硫化合可生成硫代硫酸盐：

$$Na_2SO_3 + S \xlongequal{\triangle} Na_2S_2O_3$$

市售 $Na_2S_2O_3 \cdot 5H_2O$ 俗称海波或大苏打。它是无色透明的晶体，易溶于水，溶于水后呈碱性，遇酸立即分解，生成单质硫，放出 SO_2 气体：

$$Na_2S_2O_3 + 2HCl \xlongequal{} 2NaCl + S\downarrow + H_2O + SO_2\uparrow$$

该反应常用来鉴定 $S_2O_3^{2-}$。硫代硫酸盐具有较强的还原性，容量分析中碘量法利用的就是它的还原性。

$$2Na_2S_2O_3 + I_2 \xlongequal{} Na_2S_4O_6 + 2NaI$$

硫代硫酸钠的另一个重要性质是配合性，它可与一些金属离子形成稳定的配离子，最重要的是硫代硫酸银配离子。例如不溶于水的AgBr，可以溶解在 $Na_2S_2O_3$ 溶液中，基于这种性质，硫代硫酸钠用做定影液，就是利用这种性质溶去胶片上未感光的溴化银。

$$AgBr + 2Na_2S_2O_3 \xlongequal{} Na_3[Ag(S_2O_3)_2] + NaBr$$

(4) 过硫酸。

过硫酸（H_2SO_5）和二过硫酸（$H_2S_2O_8$）分别可看做过氧化氢分子中一个氢原子和两个氢原子被 —SO_3H 基团取代的产物。过硫酸分子中都含有过氧键（—O—O—），因此具有强的氧化性。

$$S_2O_8^{2-} + 2e^- \rightleftharpoons 2SO_4^{2-} \quad \varphi^{\ominus} = 2.01\ V$$

过硫酸盐在 Ag^+ 离子的催化作用下能将 Mn^{2+} 氧化成 MnO_4^- 离子：

$$2Mn^{2+} + 5S_2O_8^{2-} + 8H_2O \xlongequal{Ag^+} 2MnO_4^- + 10SO_4^{2-} + 16H^+$$

该反应常常用来鉴定 Mn^{2+} 离子。

11.2.3 氮族元素

1. 氮族元素概述

周期系中VA族元素包括氮、磷、砷、锑和铋五种元素，统称为氮族元素。氮族元素的一些基本性质列于表11.14中。

从表11.14可以看出，本族元素的共同点是基态原子的最外层有5个价电子，即 ns^2np^3，常见的氧化态为 -3，+3 和 +5。同电负性很大的氟或氧形成化合物时，用了全部5个价电子，所以氧化态达到 +5。但是由上而下过渡到元素Bi时，由于Bi原子出现了充满的4f和5d能级，而f、d电子对原子核的屏蔽作用较小，6s电子又具有较大的穿透作用，所以6s能级显著降低，从而使6s电子称为“惰性电子对”而不易参加成键。结果Bi常因失去三个p电子而显+3氧化态，由于Bi原子半径在本族中最大，因此，它形成+3氧化态的倾向也最大，表现为较活泼的金属。相反，N和P是典型的非金属，处于中间的As为半金属，Sb为金属。

表11.14　氮族元素的一些基本性质

名称	氮	磷	砷	锑	铋
价电子构型	$2s^2 2p^3$	$3s^2 3p^3$	$4s^2 4p^3$	$5s^2 5p^3$	$6s^2 6p^3$
共价半径/pm	54.9	94.7	120	140	146
熔点/℃	−209.9	44.1（白磷）	817（灰）（2.84 MPa）	630.5	271.3
沸点/℃	−195.8	280（白磷）	613（升华）	1 380	1 560
电负性	3.0	2.1	2.0	1.9	1.914 02
电离能/($kJ \cdot mol^{-1}$)	1 402	1 012	944	832	703
常见氧化态	−3，+1，+2，+3，+4，+5	−3，+3，+4，+5	−3，+3，+5	−3，+3，+5	+3，+5

氮和磷的单质性质差别很大，N_2的熔、沸点很低，而磷单质的熔、沸点较高；N_2很不活泼，常用做保护气，而白磷有很高的活性，特别是对氧，它暴露在空气中就会自燃。这种差异主要是由于它们分子结构不同引起的。原子半径小的氮原子之间形成多重键，$N \equiv N$键键能很高（945 $kJ \cdot mol^{-1}$），而磷的原子半径较大，磷原子通过单键与其他三个磷原子相连呈四面体结构。这种四面体结构键角很小（60°），张力大，所以P—P键键能很小（普通的P—P键键能约为210 $kJ \cdot mol^{-1}$，在P_4分子中因张力存在，P—P键键能减小至120 $kJ \cdot mol^{-1}$）。因此白磷要贮存在水中。

2. 氨和铵盐

（1）氨。

在氨分子中，氮原子是采取不等性sp^3杂化的，有一对孤对电子对和由3个σ电子与氢原子的1s电子结合成的3个共价单键。由于孤对电子对对成键电子对的排斥作用，使N—H键之间的键角∠HNH不是109°28′，而是107°30′，分子形状是三角锥状（见图11.3）。这种结构使得NH_3分子有相当大的极性（偶极矩为1.66*D*）。

氨的化学性质主要表现在：

① 配合反应。NH_3分子中有孤对电子，能与具有空轨道的物种（如H^+和Ag^+等）以配位键相键合：

$$H^+ + NH_3 = NH_4^+$$

$$Ag^+ + 2NH_3 = Ag(NH_3)_2^+$$

所以NH_3具有弱碱性和易形成配位化合物的性质。

② 还原性。能在纯O_2中燃烧生成N_2：

$$4NH_3 + 3O_2 = 2N_2 + 6H_2O$$

若在铂催化下，可生成NO：

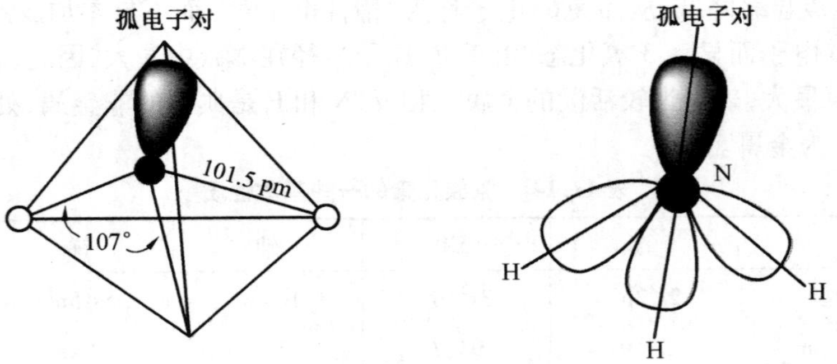

图 11.3　NH_3 分子的结构及电子云分布

$$4NH_3 + 5O_2 \xrightarrow[800\ ℃]{Pt} 4NO + 6H_2O$$

此反应在工业上用于制造硝酸。NH_3 可与 Cl_2 发生强烈作用:

$$3Cl_2 + 2NH_3 = N_2 + 6HCl$$

此反应产生的 HCl 和剩余的 NH_3 进一步反应生成 NH_4Cl 白烟,工业上常用此来检查氯气管道是否漏气。

③ 取代反应。取代反应可以从两方面来考虑。一种情况是把 NH_3 可以看做一种三元酸,其中的氢可以依次地被取代,生成氨基 —NH_2,亚氨基 >NH 和氮化物 N≡ 的衍生物。取代氢原子的可以是金属元素,也可以是非金属元素,甚至也可以是原子团。例如:

NH_3 与过量 Cl_2 反应,则生成 NCl_3:

$$3Cl_2 + NH_3 = NCl_3 + 3HCl$$

取代的另一种情况是以氨基 —NH_2 或亚氨基 >NH 取代其他化合物中的原子或基团,反应的例子如下:

$$COCl_2 + 4NH_3 = CO(NH_2)_2 + 2NH_4Cl$$

这种反应实际上是 NH_3 参与的复分解反应,类似于水解反应。所以这种反应常简称为氨解反应。

(2) 铵盐。

氨和酸作用可以得到相应的铵盐。铵盐一般是无色的晶状化合物,易溶于水,而且是强电解质。铵离子和钠离子是等电体,因此铵离子具有 +1 价金属离子的性质。

由于氨是弱碱,所以铵盐都有一定程度的水解,由强酸组成的铵盐其水溶液显酸性。

$$NH_4^+ + H_2O = NH_3 \cdot H_2O + H^+$$

铵盐的另外一个性质就是它的热稳定性差。固态铵盐加热时极易分解,一般分解为氨和相应的酸。

$$NH_4Cl \xrightarrow{\triangle} NH_3\uparrow + HCl\uparrow$$

3. 氮的含氧酸及其盐

(1) 硝酸及其盐。

硝酸是重要的工业三酸之一，它是制造炸药、染料、硝酸盐和许多其他化学药品的重要原料。

硝酸是强酸又是强氧化剂，许多非金属单质如碳、磷、硫、碘等都能被它氧化为相应的含氧酸。

$$3C + 4HNO_3 = 3CO_2\uparrow + 4NO\uparrow + 2H_2O$$

$$3P + 5HNO_3 + 2H_2O = 3H_3PO_4 + 5NO\uparrow$$

除少数不活泼金属如Au、Pt、Ir外，几乎所有金属都能与硝酸反应，生成相应的硝酸盐。但是Fe、Al等在冷的浓HNO_3中，因表面钝化而不与其反应。在反应中还原的程度主要取决于它的浓度和金属的活泼性。实际上HNO_3还原产物都不是单一的，可能是NO_2、NO、N_2O、N_2和NH_4^+等的混合物。通常方程式所表示出来的还原产物主要是其中所占的分量最多的一种而已。一般来说，浓HNO_3与活泼金属反应产物是NO_2；稀HNO_3与不活泼金属反应主要产物是NO，与活泼金属（如Fe、Zn和Mg等）反应产物是N_2O；极稀HNO_3与活泼金属反应则生成NH_4^+；但是HNO_3与非金属或化合物反应还原产物多为NO。浓HNO_3和浓HCl的混合液（体积比为1∶3）称为王水，可溶解Au和Pt等不活泼金属，例如：

$$Au + HNO_3 + 4HCl = H[AuCl_4] + NO\uparrow + 2H_2O$$

这是因为王水中既含有强氧化剂HNO_3，又含有配位能力较强的Cl^-，后者能与溶解下来的金属离子形成稳定的配离子，从而降低溶液中金属离子的浓度，使整个反应向金属溶解的方向进行。

硝酸盐都易溶于水。硝酸盐水溶液没有氧化性，但固体硝酸盐在高温下可分解放出氧气而显出氧化性。硝酸盐分解产物因金属离子的不同而不同。活泼金属（Mg之前的金属）的硝酸盐受热分解为亚硝酸盐和氧气。例如：

$$2NaNO_3 \xlongequal{\triangle} NaNO_2 + O_2\uparrow$$

中等活泼的金属（Mg和Cu之间）的硝酸盐，受热分解为相应的氧化物。例如：

$$2Pb(NO_3)_2 \xlongequal{\triangle} 2PbO + 4NO_2\uparrow + O_2\uparrow$$

不活泼的金属（Cu之后）的硝酸盐，受热则分解为金属单质。例如：

$$2AgNO_3 \xlongequal{\triangle} 2Ag + 2NO_2\uparrow + O_2\uparrow$$

(2) 亚硝酸及其盐。

亚硝酸是一种弱酸（$K^{\ominus} = 4.6\times10^{-4}$），不稳定，仅存在于水溶液中。该溶液受热时易分解：

$$2HNO_2 \rightleftharpoons \underset{\text{蓝色}}{N_2O_3} + H_2O \rightleftharpoons NO\uparrow + \underset{\text{棕色}}{NO_2}\uparrow + H_2O$$

但是亚硝酸盐，特别是碱金属和碱土金属亚硝酸盐有较高的热稳定性。亚硝酸盐（除$AgNO_2$外）一般易溶于水。亚硝酸盐极毒，是致癌物质。

亚硝酸及其盐在化学性质上主要表现为氧化还原性，亚硝酸是强的氧化剂（氧化能力超过HNO_3）和弱的还原剂。它在水溶液中能将I^-氧化为I_2。

$$2HNO_2 + 2I^- + 2H^+ = 2NO\uparrow + I_2 + 2H_2O$$

此反应用于定量测定亚硝酸盐。

亚硝酸及其盐遇到更强的氧化剂时,也可被氧化。例如:

$$5NO_2^- + 2MnO_4^- + 6H^+ = 5NO_3^- + 2Mn^{2+} + 3H_2O$$

该反应可用来区别硝酸和亚硝酸。

4. 磷及其化合物

(1) 磷。

在自然界中磷总是以磷酸盐的形式存在,如磷酸钙 $Ca_3(PO_4)_2$,磷灰石 $Ca_5F(PO_4)_3$ 等。单质磷是将 $Ca_3(PO_4)_2$、碳粉和石英砂(SiO_2)混合放在 1 400 ℃ 左右的电炉中制得。

$$2Ca_3(PO_4)_2 + 6SiO_2 + 10C \xlongequal{高温} 6CaSiO_3 + P_4 + 10CO$$

(2) 磷的氧化物。

磷在空气中燃烧的产物是五氧化二磷,如果氧不足则生成三氧化磷,它们的分子式分别为 P_4O_{10} 和 P_4O_6。P_4O_6 可看做 P_4 的分子内六个 P—P 键断开后,各嵌入一个氧原子而形成的 P—O—P 键。在 P_4O_6 分子中因每个磷原子(sp^3 杂化)上各留有一孤对电子,反应时若氧过量,此孤对电子可进一步与氧原子配位而形成 P_4O_{10}。

P_4O_6 与冷水反应较慢,可生成亚磷酸:

$$P_4O_6 + 6H_2O(冷) = 4H_3PO_3$$

与热水反应则歧化为磷酸和膦:

$$P_4O_6 + 6H_2O(热) = 3H_3PO_4 + PH_3\uparrow$$

(3) 磷的含氧酸及其盐。

磷有多种含氧酸,先将较重要的列于表 11.15 中。

表 11.15 磷的含氧酸

名称	(正)磷酸	焦磷酸	三磷酸	偏磷酸	亚磷酸	次磷酸
磷的氧化态	H_3PO_4 +5	$H_4P_2O_7$ +5	$H_5P_3O_{10}$ +5	$(HPO_3)_n$ +5	H_3PO_3 +3	H_3PO_2 +1

H_3PO_4 在强热时会发生脱水作用,可生成焦磷酸、多磷酸和偏磷酸等。

$$2H_3PO_4 \xrightarrow[\triangle]{-H_2O} H_4P_2O_7(焦磷酸)$$

$$3H_3PO_4 \xrightarrow[\triangle]{-2H_2O} H_5P_3O_{10}(偏磷酸)$$

$$4H_3PO_4 \xrightarrow[\triangle]{-4H_2O} H_4P_4O_{12}(四偏磷酸)$$

磷酸盐中磷酸二氢盐均溶于水,而磷酸盐和磷酸一氢盐除 K^+,Na^+,NH_4^+ 盐外,一般都不溶于水。天然磷酸盐要成为植物能吸收的磷肥,必须把它变成可溶性的二氢盐。

$$Ca_3(PO_4)_2 + 2H_2SO_4 = 2CaSO_4 + Ca(H_2PO_4)_2$$

$$Ca_5F(PO_4)_3 + 7H_3PO_4 = HF\uparrow + 5Ca(H_2PO_4)_2$$

前一反应物中还含有石膏，称为"过磷酸钙"，后一反应产物含磷量较高，称"重过磷酸钙"。

5. 砷的化合物

砷的氧化物有 As_2O_3 和 As_2O_5 两类，它们都是白色的固体。As_2O_3 俗称砒霜，剧毒，致死量约0.1 g。它主要用于制造杀虫剂、除草剂以及含砷药物。As_2O_3 微溶于水，生成亚砷酸 H_3AsO_3。它是两性偏酸性的氢氧化物，溶于碱生成亚砷酸盐，溶于浓盐酸生成砷(Ⅲ)盐。

$$As_2O_3 + 2NaOH + H_2O = 2NaH_2AsO_3$$
$$As_2O_3 + 6HCl = 2AsCl_3 + 3H_2O$$

溶于浓盐酸后生成的 $AsCl_3$ 溶液中通入 H_2S 可得到黄色的 As_2S_3 沉淀。As_2S_3 偏酸性，它可溶于碱或 Na_2S 溶液，但不溶于浓盐酸。例如：

$$As_2S_3 + 6NaOH = Na_3AsS_3 + Na_3AsO_3 + 3H_2O$$
$$As_2S_3 + 3Na_2S = 2Na_3AsS_3$$

前一反应相当于酸性氧化物与碱反应；后一反应相当于酸性氧化物与碱性氧化物反应。

11.2.4　碳族元素

1. 碳族元素概述

周期系中ⅣA 族元素包括碳、硅、锗、锡和铅五种元素，统称碳族。碳和硅在自然界中分布很广，硅是构成地球上矿物界的主要元素，而碳是组成生物界的主要元素。碳族元素的一些基本性质列于表 11.16。

表 11.16　碳族元素的一些基本性质

	碳	硅	锗	锡	铅
价电子构型	$2s^22p^2$	$3s^23p^2$	$4s^24p^2$	$5s^25p^2$	$6s^26p^2$
共价半径/pm	77	113	122	141	147
熔点/℃	3550	1410	937	232(白)	327
沸点/℃	4329	2355	2830	2260(白)	1744
电负性	2.5	1.8	1.8	1.8	1.8
电离能/$(kJ \cdot mol^{-1})$	1086	787	762	709	716
M—M 键能/$(kJ \cdot mol^{-1})$	346	222	188	146	—
M—O 键能/$(kJ \cdot mol^{-1})$	358	452	360	—	—
M—H 键能/$(kJ \cdot mol^{-1})$	415	320	289	251	—
常见氧化态	−4, +2, +4	+4	+2, +4	+2, +4	+2, +4

本族元素价电子构型为 ns^2np^2，因此，它们主要的氧化态为 +2 和 +4，碳有时也可生成共价的 −4 氧化态化合物。在自然界中碳主要存在两种同素异形体—金刚石和石墨。

所谓无定形碳,经 X 射线研究发现,实际上具有石墨结构。近年来,碳的另一类同素异形体 —C_{60},C_{70} 等也被发现。C_{60} 是深黄色固体,每个分子由 60 个碳原子构成球形 32 面体结构(见图 11.4)。C_{60} 等分子的发现,将会开创碳化学的新领域。

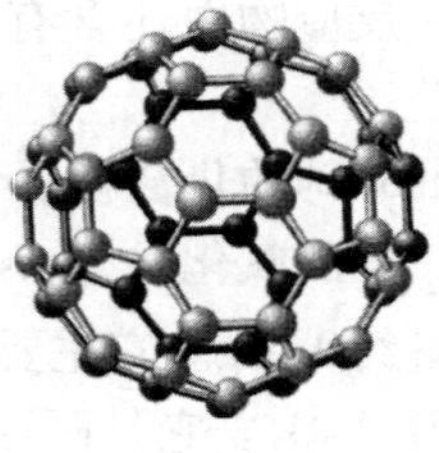

图 11.4 C_{60} 的结构

2. 碳的化合物

(1) 一氧化碳、二氧化碳和碳酸。

在实验室里可用甲酸脱水的方法来制备一氧化碳:

$$HCOOH \xrightarrow[\triangle]{浓 H_2SO_4} CO(g) + H_2O$$

CO 和 N_2 是等电子体。有一类分子或离子,组成它们的原子数相同,而且所含的电子数也相同,则它们互称为等电子体。既然等电子体的原子和电子数都相同,因此它们常具有相似的电子结构、相似的几何构型,有时在性质上也有许多相似之处。CO 与 N_2 一样,也有三重键,其结构如下:

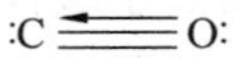 或 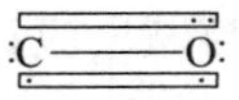

即 CO 分子中存在一个 σ 键、一个正常 π 键和一个 π 配键,π 配键的电子来自氧原子。由于 π 配键的存在,抵消了电负性差所造成的极性,使 CO 的偶极矩很小,且碳端为负、氧端为正。这样的电荷分布增强了碳原子的配位能力,CO 能与一些金属原子或离子形成羰基配位化合物,如 $Ni(CO)_4$,$Fe(CO)_5$ 等。等电子体的现象是常见的,例如 CO_2 与 N_2O,N_3^-,NO_2^+ 等也是等电子体,它们都是直线形;等电子离子 BO_3^{3-},CO_3^{2-},NO_3^- 均为平面三角形;ClO_4^-,SO_4^{2-},PO_4^{3-},SiO_4^{4-} 为四面体形等。掌握了等电子原理,对预测一些分子或离子的结构和性质都会有一定的帮助。

CO_2 为直线形分子,它的结构如下:

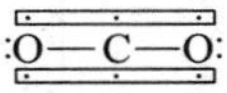

中心原子 C 为 sp 杂化,整个分子还存在两个离域 π_3^4 键。因此 CO_2 分子的碳氧键长(116 pm)介于碳氧双键(约 124 pm)和碳氧三键(约 113 pm)之间,具有一定程度的三键特征。

CO_2 水溶液习惯上称为碳酸。它为二元酸,$K_{a1}^{\ominus} = 4.3 \times 10^{-7}$,$K_{a2}^{\ominus} = 5.6 \times 10^{-11}$。此 $K_{a1}^{\ominus}$,$K_{a2}^{\ominus}$ 值是假定溶于水的 CO_2 全部转化为 H_2CO_3 而计算出来的。实际上大部分 CO_2 是以水合分子($CO_2 \cdot H_2O$)的形式存在,大约只有 1/600 的 CO_2 分子转化为碳酸。若按照碳酸的实际浓度进行计算,则 $K_{a1}^{\ominus} = 2.5 \times 10^{-4}$。

(2) 碳酸盐。

这里只介绍碳酸盐以下三方面性质。

① 溶解性。碳酸盐有正盐和酸式盐之分。正盐中只有碱金属(除锂外)和铵的碳酸盐易溶于水,其他的碳酸盐都不易溶于水;大多数酸式碳酸盐均易溶于水。对难溶碳酸盐来说,酸式盐溶解度大于正盐,但易溶碳酸盐却相反,正盐溶解度大于酸式盐。后者是由于碳酸氢盐溶液中 HCO_3^- 通过氢键形成二聚或多聚链状离子,从而降低了它们的溶解度。

② 水解性。碱金属碳酸盐溶液因水解呈强碱性，故溶液中同时存在 CO_3^{2-} 和 OH^-。当金属离子和碱金属碳酸盐溶液反应时，产物是正盐还是氢氧化物或碱式碳酸盐，主要取决于该金属碳酸盐和氢氧化物溶解度相对大小。若碳酸盐溶解度比氢氧化物的溶解度小得多，则生成正盐。属于这类的金属离子有 Ca^{2+}, Sr^{2+}, Ba^{2+}, Ag^+, Mn^{2+} 等。例如：

$$Ba^{2+} + CO_3^{2-} = BaCO_3\downarrow$$

若氢氧化物的溶解度比碳酸盐的溶解度小得多，则生成氢氧化物。属于这类的金属离子有 Fe^{3+}, Al^{3+}, Cr^{3+}, Sn^{4+} 和 Sn^{2+} 等。例如：

$$Fe^{3+} + 3CO_3^{2-} + 3H_2O = 2Fe(OH)_3\downarrow + 3CO_2\uparrow$$

若氢氧化物和碳酸盐溶解度相近，则生成碱式碳酸盐。属于这类的金属有 Cu^{2+}, Mg^{2+}, Pb^{2+}, Bi^{3+} 和 Zn^{2+} 等。例如：

$$2Cu^{2+} + 2CO_3^{2-} + H_2O = Cu_2(OH)_2CO_3\downarrow + CO_2\uparrow$$

③ 热稳定性。碳酸盐热稳定性较差，碳酸盐的分解温度取决于正离子的极化力。极化力越大，分解温度越低。

3. 硅的化合物

(1) 二氧化硅。

在自然界中二氧化硅有晶型和无定型两种形态。常见的石英就是二氧化硅晶体，它是一种坚硬、脆性、难熔的无色晶体。硅藻土和燧石是无定型二氧化硅。

二氧化硅与一般的酸不起反应，但能与氢氟酸反应：

$$SiO_2 + 4HF = SiF_4\uparrow + 2H_2O$$

高温时，SiO_2 和 NaOH 或 Na_2CO_3 共熔可制得 Na_2SiO_3，同时生成 H_2O 或 CO_2。

(2) 硅酸。

因 SiO_2 不溶于水，硅酸不能用 SiO_2 与水直接作用制得，而只能用可溶性硅酸盐与酸作用生成，硅酸组成很复杂，真正以简单的单酸形式存在的只有原硅酸(H_4SiO_4)，它只存在于很稀的溶液中，若超过其溶解度就会发生缩聚作用。聚硅酸有多重形态，常用通式 $mSiO_2 \cdot nH_2O$ 表示。当 $m=1$、$n=1$ 时，化学式为 H_2SiO_3，称偏硅酸，习惯上称为硅酸。在一定条件下，如果硅酸聚合颗粒的大小达到胶粒范围，则形成硅溶胶。如果硅酸聚合成立体网状结构，而大量的溶剂被分隔在网状结构的空隙中失去流动性，则形成了硅凝胶。硅凝胶经过干燥脱水后则成白色透明多孔性固态物质，称为硅胶。实验室里常用的变色硅胶是将硅胶在 $CoCl_2$ 溶液中浸泡、干燥、活化后制得的。无水时 $CoCl_2$ 呈蓝色，吸水后 $CoCl_2 \cdot 6H_2O$ 呈粉红色。所以根据颜色的变化可判断硅胶吸水的程度。

(3) 硅酸盐。

除碱金属硅酸盐(Na_2SiO_3、K_2SiO_3 等)可溶于水外，其他的硅酸盐均不溶于水。如果将烧碱或碳酸钠与石英共熔，然后在增压锅中加水蒸煮，制得的产品称为水玻璃。它的化学式是 $Na_2O \cdot nSiO_2$，n 一般为3.3左右。可见它实际上是一种偏硅酸。水玻璃水溶液为黏度很大的浆状溶液，广泛应用于木材和织物的防火处理、蛋类的保护、纸浆上胶以及洗涤剂的填料等。

天然存在的硅酸盐是不溶性的，在地壳中大量存在，约占地壳的95%，结构较为复杂。下面将几种常见的天然硅酸盐的化学式列于表11.17。

表 11.17　常见天然硅酸盐

硅酸盐名称	化学式	硅酸盐名称	化学式
正长石	$K_2O \cdot Al_2O_3 \cdot 6SiO_2$	高岭土	$Al_2O_3 \cdot 2SiO_2 \cdot 2H_2O$
石棉	$CaO \cdot 3MgO \cdot 4SiO_2$	滑石	$3MgO \cdot 4SiO_2 \cdot H_2O$

4. 锡和铅的化合物

锡和铅可生成 MO 和 MO_2 两类氧化物及其相应氢氧化物 $M(OH)_2$ 和 $M(OH)_4$。它们都呈两性,但 +4 氧化态以酸性为主,+2 氧化态以碱性为主。

在含有 Sn^{2+} 或 Pb^{2+} 的溶液中加入适量的 NaOH 溶液,分别析出白色的 $Sn(OH)_2$ 或 $Pb(OH)_2$ 沉淀。它们即可溶于酸,又能溶于过量碱液。溶于碱液时分别生成 $Sn(OH)_3^-$ 或 $Pb(OH)_3^-$:

$$Sn(OH)_2 + OH^- \xlongequal{\quad} Sn(OH)_3^-$$

$$Pb(OH)_2 + OH^- \xlongequal{\quad} Pb(OH)_3^-$$

PbO_2 是强氧化剂,它与浓盐酸或浓硫酸反应可分别放出 Cl_2 或 O_2,但它不溶于 HNO_3。

$$PbO_2 + 4HCl(浓) \xlongequal{\quad} PbCl_2 + Cl_2\uparrow + 2H_2O$$

$$2PbO_2 + 2H_2SO_4 \xlongequal{\quad} 2PbSO_4 + O_2\uparrow + 2H_2O$$

Sn^{2+} 是强还原剂,它可把 $HgCl_2$ 还原成 Hg_2Cl_2,若 Sn^{2+} 过量则还原成 Hg。

$$2HgCl_2 + SnCl_2 \xlongequal{\quad} SnCl_4 + Hg_2Cl_2\downarrow(白色)$$

$$Hg_2Cl_2 + SnCl_2 \xlongequal{\quad} SnCl_4 + 2Hg\downarrow(黑色)$$

该反应常用来鉴定 Hg^{2+} 或 Sn^{2+}。

Pb^{2+} 和 CrO_4^{2-} 反应生成黄色的 $PbCrO_4$ 沉淀(俗称铬黄)。这一反应常用来鉴定 Pb^{2+} 或 CrO_4^{2-}。$PbCrO_4$ 能溶于碱:

$$PbCrO_4 + 3OH^- \xlongequal{\quad} Pb(OH)_3^- + CrO_4^{2-}$$

故可用来区别其他黄色的难溶铬酸盐(如 $BaCrO_4$)。

11.2.5　硼族元素

1. 硼族元素概述

周期系中ⅢA 族元素包括硼、铝、镓、铟和铊五种元素,统称硼族元素。本族元素的一些基本性质列于表 11.18。

表 11.18　硼族元素的一些基本性质

	硼	铝	镓	铟	铊
价电子构型	$2s^22p^1$	$3s^23p^1$	$4s^24p^1$	$5s^25p^1$	$6s^26p^1$
共价半径/pm	79.5	118	126	144	148
熔点/℃	2 300	660.1	29.8	156.6	303.5
沸点/℃	2 500	2 467	2 403	2 080	1 457
电负性	2.0	1.5	1.6	1.7	1.8
电离能/($kJ \cdot mol^{-1}$)	800.6	577.6	578.8	558.3	589.3
常见氧化态	+3	+3	+1, +3	+1, +3	+1, +3

本族元素的价电子构型为ns^2np^1，氧化态一般为+3。惰性电子对效应在本族元素中仍有所体现，+1氧化态从上到下稳定性增加，铊+1氧化态稳定。本族元素价电子层有4个轨道(1个s轨道和3个p轨道)，但价电子只有3个，这种价电子数少于价轨道数的原子称为缺电子原子。当它与其他原子形成共价键时，价电子层中还留下空轨道，这种化合物称为缺电子化合物。由于空轨道具有很强接受电子的能力，因此本族元素易形成配位化合物和聚合分子。

2. 硼的化合物

(1) 硼的氢化物。

硼可形成一系列共价氢化物(称硼烷)，其中最简单也是最重要的是乙硼烷B_2H_6。硼烷的生成焓都是正值，所以都不能直接用硼和氢合成，而只能以间接方法制得。例如用NaH或$NaBH_4$还原卤化硼可制得B_2H_6。

$$6NaH + 8BF_3 = 6NaBF_4 + B_2H_6$$

$$3NaBH_4 + 4BF_3 = 3NaBF_4 + 2B_2H_6$$

硼烷是无色气体、极毒。它很不稳定，在空气中能自燃，燃烧可放出大量的热，故硼烷可在火箭和导弹上用做高能喷射燃料。

(2) 硼酸。

硼的氧化物主要是B_2O_3，它与水反应可生成偏硼酸和硼酸。硼酸受热脱水又可变成偏硼酸和B_2O_3，这种反应是可逆的。

$$B_2O_3 \underset{-H_2O}{\overset{+H_2O}{\rightleftharpoons}} HBO_2 \underset{-H_2O}{\overset{+H_2O}{\rightleftharpoons}} H_3BO_3$$

H_3BO_3是一元弱酸，$K_a^{\ominus} = 6 \times 10^{-10}$。它显酸性并不是它本身给出质子，而是由于硼是缺电子原子，它加合了来自H_2O分子中的OH^-而释放出H^+：

$$H_3BO_3 + H_2O \rightleftharpoons \left[HO-\underset{OH}{\overset{OH}{B}} \leftarrow OH \right]^- + H^+$$

(3) 硼酸盐。

硼酸盐有偏硼酸盐、正硼酸盐和多硼酸盐等多种形式，其中最重要的是四硼酸钠，俗称硼砂。习惯上把它的化学式写成$Na_2B_4O_7 \cdot 10H_2O$。熔融的硼砂可以溶解许多金属氧化物形成不同颜色的偏硼酸复盐。例如：

$$Na_2B_4O_7 + CoO = Co(BO_2)_2 \cdot 2NaBO_2\text{(宝石蓝色)}$$

利用这一类反应可以鉴定某些金属离子。在分析化学上称之为硼砂珠试验。硼砂易溶于水，并发生水解反应：

$$B_4O_5(OH)_4^{2-} + 5H_2O = 2H_3BO_3 + 2B(OH)_4^-$$

因水解产生等物质的量的H_3BO_3及其共轭碱$B(OH)_4^-$，故具有良好的缓冲作用。实验室常用它来配制标准缓冲溶液。

3. 铝及其化合物

铝是两性元素，既能溶于酸也能溶于碱：

$$2Al + 6HCl = 2AlCl_3 + 3H_2\uparrow$$

$$2Al + 2NaOH + 6H_2O = 2Na[Al(OH)_4] + 3H_2\uparrow$$

在铝盐溶解中加入氨水或适量碱,可得到白色凝胶状 $Al(OH)_3$ 沉淀,它实际上是含水量不定的水合氧化铝 $Al_2O_3 \cdot xH_2O$。

$$Al^{3+} + 3NH_3 \cdot H_2O = Al(OH)_3 + 3NH_4^+$$

$Al(OH)_3$ 为两性氢氧化物,遇酸变成铝盐,遇碱则变成铝酸盐。例如:

$$Al(OH)_3 + NaOH = Na[Al(OH)_4]$$

在水溶液中铝酸钠实为 $Na[Al(OH)_4]$ 而非 $NaAlO_2$。固态的 $NaAlO_2$ 要用 Al_2O_3 和氢氧化钠(或碳酸钠)熔融的方法制得

$$Al_2O_3 + 2NaOH(s) \xlongequal{熔融} 2NaAlO_2(s) + H_2O(g)$$

本章小结

了解 s 区和 p 区元素及化合物的组成、结构、性质、变化规律及应用。

掌握 s 区和 p 区元素及化合物的基本性质。

了解 s 区和 p 区元素重要单质及重要化合物的物理性质、化学性质,了解其制备方法及其在生产和生活中的应用。

掌握如何利用“元素周期律” 认识主族元素化学性质的变化规律,了解元素性质变化与原子结构及周期和族的关系等。

习　题

1. 完成反应

(1) $Na_2O_2 + CO_2 \longrightarrow$

(2) $CaH_2 + H_2O \longrightarrow$

(3) $KBr + KBrO_3 + H_2SO_4 \longrightarrow$

(4) $AsF_5 + H_2O \longrightarrow$

(5) Cl_2 通入热的碱液

(6) $Na_2SO_3 + Na_2S + HCl \longrightarrow$

(7) $H_2SO_3 + Br_2 + H_2O \longrightarrow$

(8) $HNO_3 + H_2S \longrightarrow$

(9) Cl_2(过量) $+ NH_3 \longrightarrow$

(10) $NH_4NO_3 \xrightarrow{\Delta}$

(11) $SiO_2 + HF \longrightarrow$

(12) $PbO_2 + Mn^{2+} + H^+ \longrightarrow$

2. 比较下列性质的大小:

(1) 溶解度:CsI、LiI。

(2) 碱性的强弱:$Be(OH)_2$、$Mg(OH)_2$、$Ca(OH)_2$、NaOH。

(3) 分解温度：Na_2CO_3、$NaHCO_3$、$MgCO_3$、K_2CO_3。
(4) 水合能：Na^+、K^+、Be^{2+}、Mg^{2+}。
(5) 氧化性：SnO_2 和 PbO_2。
(6) 碱性：$Sn(OH)_2$ 和 $Pb(OH)_2$。
(7) 分解温度：$PbCO_3$ 和 $CaCO_3$。
(8) 溶解度：Na_2CO_3 和 $NaHCO_3$。

3. 简答题

(1) 在水溶液中，离子在电场作用下移动的速度的快慢常用离子的迁移率来描述。为什么实验测得碱金属的离子迁移率从大到小的顺序是 Cs^+、Rb^+、K^+、Na^+、Li^+？

(2) 为什么碱金属氯化物的熔点从大到小的顺序为 NaCl、KCl、RbCl、CsCl？而碱土金属氯化物的熔点从大到小的顺序为 $BaCl_2$、$SrCl_2$、$CaCl_2$、$MgCl_2$？

(3) 将 Cl_2 不断通入 KI 溶液中，为什么开始时溶液呈黄色，继而有棕褐色沉淀产生，最后又变成无色溶液？

(4) 试说明碱金属和碱土金属在同一族从上到下，同一周期从左到右下列性质递变的情况：① 离子半径；② 电离能；③ 离子水合能。并解释原因。

(5) 锂、钠、钾在氧气中燃烧生成何种氧化物？这些氧化物与水反应情况如何？试用化学方程式来说明。

(6) 试列举出下列物质两种等电子体：

$$CO \qquad CO_2 \qquad ClO_4^-$$

4. 鉴别题

(1) $Be(OH)_2$、$Mg(OH)_2$。
(2) $BeCO_3$、$MgCO_3$。
(3) LiF、KF。
(4) $NaClO_4$、$KClO_4$。
(5) Na_2S、Na_2SO_3、Na_2SO_4、$Na_2S_2O_3$。

5. 解释下列事实

(1) 卤化锂在非极性溶剂中溶解度从大到小的顺序为 LiI、LiBr、LiCl、LiF。
(2) 在实验室里，NaOH 标准溶液不能装在酸滴定管中，而只能装在碱滴定管中。
(3) N_2 很稳定，可用做保护气，而磷单质 —— 白磷却很活泼，在空气中可自燃。
(4) 单质氧以 O_2 形式存在，而硫单质以 S_8 形式存在。
(5) 用浓氨水检查氯气管道是否漏气。
(6) 氮族元素中有 PCl_5 和 $SbCl_5$，却不存在 NCl_5 和 $BiCl_5$。
(7) 不能用 HNO_3 与 FeS 作用来制取 H_2S。
(8) 配制 $SnCl_2$ 溶液时要加浓 HCl 和 Sn 粒。
(9) 自然界中的硅都是以含氧化合物的形式存在。
(10) 装有水玻璃溶液的瓶子敞开瓶口，水玻璃溶液变浑浊。

6. 写出下列反应方程式

(1) $Ba(OH)_2$ 加热分解。
(2) B_2H_6 在空气中燃烧。

(3) 固体 Na_2CO_3 同 Al_2O_3 一起熔融，然后将打碎的熔块放在水中，产生白色乳状沉淀。

(4) Al 和热浓 NaOH 溶液作用放出气体。

(5) 铝酸钠溶液中加入 NH_4Cl，有氨气放出，溶液有乳白色凝胶沉淀。

7. 在下列各试剂中分别加入 HCl 和 NaOH 溶液，如能反应，写出反应方程式

(1) $Mg(OH)_2$；(2) $Al(OH)_3$；(3) H_4SiO_4。

8. 推断题

(1) 有一钠盐 A，将其灼烧有气体 B 放出，留下残余物 C，气体 B 能使带火星的木条复燃，残余物 C 可溶于水，将该水溶液用 H_2SO_4 酸化后，分成两份：一份加几滴 $KMnO_4$ 褪色；另一份加几滴 KI 淀粉溶液，溶液变蓝色。问 A、B 和 C 为何物？并写出有关的反应式。

(2) 某红色固体粉末 A 与 HNO_3 反应得到褐色沉淀 B。将沉淀过滤后，在滤液中加入 K_2CrO_4 溶液，得黄色沉淀 C。在滤渣 B 中加入浓盐酸，则有气体 D 放出，此气体可使 KI 淀粉试纸变蓝。问 A、B、C 和 D 各为何物？

第12章

d 区和 ds 区元素

d 区元素包括 ⅢB ~ ⅦB 族和Ⅷ族所有的元素。ds 区元素包括ⅠB 和 ⅡB 族元素，一般称 d 区和 ds 区元素为过渡元素。这些元素称为过渡元素的原因是：d 区元素在原子结构上的共同特点是价电子依次充填在次外层的 d 轨道上，因此，有时人们也把镧系元素和锕系元素包括在过渡元素之中。另外，ⅠB 族元素（铜、银、金）在形成 +2 和 +3 价化合物时也使用了 d 电子；ⅡB 族元素（锌、镉、汞）在形成稳定配位化合物的能力上与传统的过渡元素相似，因此，也是把 ⅠB 和 ⅡB 族元素，即 ds 区元素列入过渡元素的原因。了解 d 区和 ds 区元素的通性及化合物的性质变化规律有助于我们更好地利用和开发这些元素及其化合物在生产和生活中的应用。

12.1 d 区元素

12.1.1 d 区元素的通性

d 区元素包括 ⅢB ~ Ⅷ 族所有的元素。d 区元素属于过渡元素，本书定义过渡元素为：原子的电子层结构中 d 轨道或 f 轨道仅部分填充的元素，因此过渡元素实际上包括 d 区元素和 f 区元素。d 区元素价电子层结构式为 $(n-1)d^{1\sim8}ns^{1\sim2}$（Pd 和 Pt 例外，它们的价电子层结构分别为 $4d^{10}$ 和 $5d^{9}6s^{1}$）。它们 ns 轨道上的电子数几乎保持不变，主要差别在于 $(n-1)d$ 轨道上的电子数不同。又因 $(n-1)d$ 轨道和 ns 轨道的能量相近，d 电子可以全部或部分参与成键，由此构成了 d 区元素如下特性。

1. 单质的相似性

d 区元素的最外层电子数一般都不超过 2 个，且容易失去，所以它们都是金属。d 区元素与 s 区元素相比，前者有较大的有效电荷，而且 d 电子也存在一定的成键能力，因此，d 区元素一般具有较小的原子半径，具有较大的密度，较高的熔沸点和良好的导电导热性。例如，Os 的相对密度（22.48），W 的熔点（3 380 ℃）及 Cr 的硬度等都是金属中最大的。

d 区元素的化学活泼性也相近。同一周期从左到右，d 区元素化学活泼性的变化远不如 s 区和 p 区显著。

2. 有可变的氧化态

d 区元素除最外层 s 电子可参与成键外，次外层 d 电子在适当的条件下也可部分甚至全部参与成键，因此，它们大多数具有可变的氧化态。现以第四周期 d 区元素为例，将其常见的氧化态列于表 12.1 中。

表 12.1　第四周期 d 区元素的常见氧化态

族次	ⅢB	ⅣB	ⅤB	ⅥB	ⅦB	Ⅷ		
元素	Sc	Ti	V	Cr	Mn	Fe	Co	Ni
价电子层结构	$3d^14s^2$	$3d^24s^2$	$3d^34s^2$	$3d^54s^1$	$3d^54s^2$	$3d^64s^2$	$3d^74s^2$	$3d^84s^2$
常见氧化态	<u>+3</u>	+2 +3 <u>+4</u>	+2 +3 +4 <u>+5</u>	+2 <u>+3</u> +6	<u>+2</u> +3 +4 +6 +7	+2 +3 (+6)	<u>+2</u> +3	+2 (+3)

说明：下面划横线的表示是最稳定的氧化态，有括弧的表示是很不稳定的氧化态。

从表中可以看出，随原子序数的逐渐增加，氧化态先逐渐升高，但高氧化态逐渐不稳定，随后氧化态又逐渐降低。第五、六周期 d 区元素的氧化态变化情况（分别称第二、第三过渡系列）与第四周期类同，即同一周期自左向右，氧化态先逐渐升高，过了第 Ⅷ 族的钌（Ru）和锇（Os）以后，氧化态又逐渐降低。以上是从横的角度去比较。若从纵的方向来看，可发现同一族自上而下氧化态可变性的倾向趋于减小，即第四周期元素容易出现低氧化态，而第五、六周期元素一般出现高氧化态，也就是说，同一族自上而下高氧化态趋于稳定。

不同氧化态之间在一定条件下可以相互转化，从而表现出氧化还原性。例如，铬的存在形式有 Cr^{2+}，Cr^{3+}，CrO_4^{2-} 和 $Cr_2O_7{}^{2-}$ 等；锰的存在形式有 Mn^{2+}，MnO_2，MnO_4^{2-}，MnO_4^- 等。低氧化态（如 Cr^{3+} 和 MnO_2 等）则既有氧化性又有还原性。MnO_2 氧化性大于还原性，而 Cr^{3+} 的还原性大于氧化性。

3. 水合离子大多数具有颜色

d 区元素水合离子具有颜色，与它们的离子的 d 轨道有未成对电子有关。晶体场理论指出，在配体水的作用下，d 轨道发生分裂，由于分裂能较小，未成对电子吸收可见光后即可实现 d－d 跃迁，所以能显色。同样的道理，如果 d 轨道没有未成对电子，它们的水合离子则为无色。

4. 容易形成配合物

d 区元素另一个特性是容易形成配位化合物。这是由于：

(1) d 区元素的离子一般由较高的电荷、小的半径和 9 ~ 17 不规则的外层电子构型，因而具有较大的极化力。

(2) d 区元素的原子或离子常具有未充满的 d 轨道，在配体的作用下，可额外地获得晶体场稳定化能。

此外，过渡元素空的 d 轨道能接受电子，所以这些元素及其化合物常有催化性能。

由上可见，d 区元素的许多特性都与其未充满 d 轨道的电子有关，因此，d 区元素的化学就是 d 电子的化学。

12.1.2　d 区元素的化合物

1. 钛的化合物

在钛的化合物中，以 +4 氧化态最稳定。TiO_2 为白色粉末，不溶于水、稀酸或碱溶液，但能溶于热的浓硫酸或氢氟酸中。

$$TiO_2 + H_2SO_4 \xlongequal{\triangle} TiOSO_4 + H_2O$$

$$TiO_2 + 6HF \xlongequal{} H_2[TiF_6] + 2H_2O$$

纯净的 TiO_2 称为钛白，是优良的白色颜料。它具有折射率高、着色力强、遮盖力大和化学性能稳定等优点。

TiO_2 在有碳参与下，加热进行氯化，可制得 $TiCl_4$。

$$TiO_2 + 2C + 2Cl_2 \xlongequal{\triangle} TiCl_4 + 2CO$$

$TiCl_4$ 是无色液体，有刺激性气味，极易水解，在潮湿的空气中由于水解而发烟。利用此反应可以制造烟幕。

$$TiCl_4 + 3H_2O \xlongequal{} H_2TiO_3 + 4HCl$$

2. 钒的化合物

钒有不同氧化态的化合物，不同氧化态钒的氧化物的酸碱性不同：VO 碱性，V_2O_3 碱性（带弱酸性），VO_2 两性，V_2O_5 酸性（带弱碱性）。V_2O_5 是生产 H_2SO_4 的催化剂，可由偏钒酸铵加热分解制得。

$$2NH_4VO_3 \xlongequal{\triangle} 2NH_3 + V_2O_5 + H_2O$$

V_2O_5 是酸性为主的两性氧化物，在冷的碱液中生成正钒酸盐：

$$V_2O_5 + 6OH^- \xlongequal{} 2VO_4^{3-} + 3H_2O$$

在热的碱液中生成钒酸盐：

$$V_2O_5 + 2OH^- \xlongequal{\triangle} 2VO_3^- + H_2O$$

V_2O_5 也溶于强酸（$pH < 1$），但得不到 V^{5+}，而是形成淡黄色的 VO_2^+：

$$V_2O_5 + 2H^+ \xlongequal{} 2VO_2^+ + H_2O$$

由于 V_2O_5 具有氧化性，它和盐酸反应可放出氯气：

$$V_2O_5 + 6HCl \xlongequal{} 2VOCl_2 + Cl_2\uparrow + 3H_2O$$

3. 铬的化合物

(1) 铬(Ⅲ)化合物。

较重要的铬(Ⅲ)化合物有 Cr_2O_3 和 $Cr_2(SO_4)_3$。将 $(NH_4)_2Cr_2O_7$ 加热分解或铬在空气中燃烧，都可制得绿色的 Cr_2O_3。

$$(NH_4)_2Cr_2O_7 \xlongequal{\triangle} Cr_2O_3 + N_2\uparrow + 4H_2O$$

$$4Cr + 3O_2 \xlongequal{燃烧} 2Cr_2O_3$$

Cr_2O_3 为两性氧化物，既能溶于酸，也能溶于碱。但是经过灼烧的 Cr_2O_3 不溶于酸，因其化学性质比较稳定，被广泛地用做颜料，称为铬绿。

(2) 铬(VI) 化合物。

铬(VI) 最重要的化合物是 $K_2Cr_2O_7$(俗称红矾钾),为橙红色晶体,易溶于水。在水溶液中 $Cr_2O_7^{2-}$(橙红色) 和 CrO_4^{2-}(黄色) 存在着如下平衡:

$$2CrO_4^{2-} + 2H^+ \rightleftharpoons Cr_2O_7^{2-} + H_2O$$

在溶液中加酸,平衡向右移动,$Cr_2O_7^{2-}$ 增多,溶液变成橙红色;若加碱,平衡向左移动,CrO_4^{2-} 增多,溶液变黄色。由于此平衡的存在,在 $K_2Cr_2O_7$ 溶液中分别加入 Ba^{2+}、Pb^{2+} 和 Ag^+ 时,得到的是相应的铬酸盐的沉淀,因为这些离子的铬酸盐溶解度较小,而重铬酸盐溶解度较大。利用这些反应在定性分析上可用来鉴定 CrO_4^{2-} 和 $Cr_2O_7^{2-}$,也可用于鉴定 Ba^{2+}、Pb^{2+} 和 Ag^+。

饱和 $K_2Cr_2O_7$ 溶液和浓 H_2SO_4 的混合液称为铬酸洗液,它有强氧化性和去污能力,在实验室中用于洗涤玻璃器皿,但是由于它有强腐蚀性以及铬(VI) 是致癌物质,能用一般洗涤剂洗净的器皿,尽量不要选用铬酸洗液。

4. 锰的化合物

(1) 锰(Ⅱ) 化合物。

常见的锰(Ⅱ) 盐有 $MnSO_4 \cdot 5H_2O$、$MnCl_2 \cdot 4H_2O$ 和 $Mn(NO_3)_2 \cdot 3H_2O$ 等。它们都是粉红色晶体,易溶于水。Mn^{2+} 在酸性溶液中稳定,只有很强的氧化剂才可能把它氧化成 MnO_4^-,例如:

$$2Mn^{2+} + 5NaBiO_3 + 14H^+ = 5Na^+ + 5Bi^{3+} + 2MnO_4^- + 7H_2O$$

$$2Mn^{2+} + 5S_2O_8^{2-} + 8H_2O \xrightarrow[\triangle]{Ag^+ \text{催化}} 10SO_4^{2-} + 2MnO_4^- + 16H^+$$

由于 MnO_4^- 有很深的颜色,故以上反应可用于定性鉴定 Mn^{2+}。

在碱性溶液中,Mn^{2+} 先生成不稳定的白色 $Mn(OH)_2$ 沉淀,后者在空气中容易被氧化成棕色的 $MnO(OH)_2$ 沉淀。

(2) 锰(Ⅳ) 化合物。

唯一重要的锰(Ⅳ) 化合物是 MnO_2。在一般情况下它是极稳定的黑色粉末。在酸性溶液中具有氧化性,能与浓 HCl 反应,产生氯气;与 H_2SO_4 反应,产生氧气。

$$MnO_2 + 4HCl = MnCl_2 + Cl_2\uparrow + 2H_2O$$

$$2MnO_2 + 2H_2SO_4 = 2MnSO_4 + O_2\uparrow + 2H_2O$$

在碱性介质中,MnO_2 有转化为绿色的锰(Ⅵ) 酸盐倾向。例如,将 MnO_2 和固体碱混合在空气中或者与 $KClO_3$ 等氧化剂一起加热熔融,就可制得锰酸盐:

$$2MnO_2 + 4KOH + O_2 \xlongequal{\text{熔融}} 2K_2MnO_4 + 2H_2O$$

$$3MnO_2 + 6KOH + KClO_3 \xlongequal{\text{熔融}} 3K_2MnO_4 + KCl + 3H_2O$$

(3) 锰(Ⅵ) 和锰(Ⅶ) 化合物。

锰(Ⅵ) 化合物一般都不稳定,其中最稳定的锰酸盐也只能在强碱介质中存在。MnO_4^{2-} 在 $1\ mol \cdot L^{-1}$ 的 OH^- 溶液中就可发生歧化反应,且随着溶液酸度增加,歧化反应的趋势越来越大。

$$3MnO_4^{2-} + 4H^+ = 2MnO_4^- + MnO_2\downarrow + 2H_2O$$

氯气可直接将锰酸根氧化为高锰酸根：

$$2MnO_4^{2-} + Cl_2 = 2MnO_4^- + 2Cl^-$$

最重要的锰(Ⅶ)化合物是高锰酸钾，为紫黑色晶体。水溶液中 MnO_4^- 呈紫红色。在酸性溶液中 MnO_4^- 不稳定，会缓慢地分解。

$$4MnO_4^- + 4H^+ = 4MnO_2\downarrow + 2H_2O + 3O_2\uparrow$$

光对 $KMnO_4$ 分解起催化作用，所以配制好的 $KMnO_4$ 溶液必须保存在棕色瓶中，$KMnO_4$ 是强氧化剂，在医药中被用做杀菌消毒剂，质量分数为 5% 的 $KMnO_4$ 溶液可治疗烫伤。介质的酸碱性不仅影响 $KMnO_4$ 的氧化能力，也影响它的还原产物。在酸性介质、弱碱性介质或中性介质、强碱性介质中，其还原产物依次是 Mn^{2+}、MnO_2 和 MnO_4^{2-}。例如，$KMnO_4$ 和 K_2SO_3 反应，在酸性介质中：

$$2KMnO_4 + 5K_2SO_3 + 3H_2SO_4 = 2MnSO_4 + 6K_2SO_4 + 3H_2O$$

在中性或弱碱性介质中：

$$2KMnO_4 + 3K_2SO_3 + 3H_2O = 2MnO_2\downarrow + 3K_2SO_4 + 2KOH$$

在强碱性介质中：

$$2KMnO_4 + K_2SO_3 + 2KOH = 2K_2MnO_4 + K_2SO_4 + H_2O$$

在酸性介质中 $KMnO_4$ 氧化能力很强，它本身有很深的紫红色，而它的还原产物(Mn^{2+})几乎接近无色(浓 Mn^{2+} 溶液呈淡红色)，所以在定量分析中用它来测定还原性物质时，不需另外添加指示剂，因此 $KMnO_4$ 滴定法应用很广。

5. 铁系元素化合物

铁、钴、镍是第四周期Ⅷ族元素，由于它们性质相似，统称为铁系元素。一般条件下，铁的化合物呈 +2，+3 氧化态；钴和镍的化合物呈 +2、+3 氧化态，+3 氧化态具有很强的氧化性。

(1) 铁系元素的氧化物和氢氧化物。

铁系元素主要的氧化物列于表 12.2。

表 12.2　铁系元素的主要氧化物

氧化物	颜色	氧化物	颜色
FeO	黑色	Fe_2O_3	砖红色
CoO	灰绿色	Co_2O_3	黑色
NiO	暗绿色	Ni_2O_3	黑色

FeO，CoO，NiO 均为碱性氧化物，不溶于碱，可溶于酸。Fe_2O_3 以碱性为主，但有一定的两性，它与碱熔融可生成铁酸盐：

$$Fe_2O_3 + 2NaOH \xlongequal{熔融} 2NaFeO_2 + H_2O$$

Fe_2O_3，Co_2O_3，Ni_2O_3 都有氧化性，氧化能力随 Fe—Co—Ni 顺序增强。Co_2O_3 和 Ni_2O_3 与盐酸反应都能放出 Cl_2。

$$M_2O_3 + 6HCl = 2MCl_2 + Cl_2\uparrow + 3H_2O \quad (M = Co、Ni)$$

铁的氧化物除 FeO 和 Fe_2O_3 外，还存在具有磁性的 Fe_3O_4(黑色)，可把它看做 FeO 和 Fe_2O_3

的混合氧化物。

在Fe^{2+},Co^{2+}和Ni^{2+}的溶液中分别加入碱,可得到白色的$Fe(OH)_2$(由于$Fe(OH)_2$会迅速被空气氧化,通常得到的是部分被氧化的灰绿色沉淀)。粉红色的$Co(OH)_2$($Co(OH)_2$有粉红色和蓝色两种,一般先得到蓝色沉淀,放置或加热转变为更稳定的粉红色沉淀),绿色的$Ni(OH)_2$沉淀。$Fe(OH)_2$被空气迅速氧化为红棕色的$Fe(OH)_3$。$Co(OH)_2$也会慢慢地被氧化为暗棕色的$CoO(OH)$。但$Ni(OH)_2$不会被空气氧化,只有在强碱性溶液中用强氧化剂(如$NaClO$)才能将其氧化为黑色的$NiO(OH)$。

(2) 铁系元素的盐类化合物。

① +2价盐类。

Fe^{2+}、Co^{2+}和Ni^{2+}盐类有如下一些共同的特性:

a. 这些离子都有未成对电子,所以它们的水合离子呈现颜色,$Fe(H_2O)_6^{2+}$浅绿色,$Co(H_2O)_6^{2+}$粉红色,$Ni(H_2O)_6^{2+}$绿色。

b. 溶解性相似。它们的强酸盐,如卤化物、硝酸盐、硫酸盐都易溶于水;而一些弱酸盐,如碳酸盐、磷酸盐、硫化物都难溶于水。可溶性盐从水溶液中结晶出来时,常含有相同数目的结晶水,如$MCl_2 \cdot 6H_2O$、$M(NO_3)_2 \cdot 6H_2O$、$MSO_4 \cdot 7H_2O$($M = Fe$、Co、Ni)。

c. 它们的硫酸盐和碱金属的硫酸盐均能形成相同类型的复盐$M_2^{(I)}SO_4 \cdot M^{(II)}SO_4 \cdot 6H_2O$,式中$M^{(I)} = K^+$、$Rb^+$、$Cs^+$、$NH_4^+$;$M^{(II)} = Fe^{2+}$、$Co^{2+}$、$Ni^{2+}$。

但是它们之间也有明显的差异。其还原性按Fe^{2+}—Co^{2+}—Ni^{2+}顺序减弱。

亚铁盐中,以$FeSO_4 \cdot 7H_2O$最重要。它为绿色晶体,在空气中会逐渐风化,并容易氧化为黄褐色的碱式硫酸铁[$Fe(OH)SO_4$]。在酸性溶液中Fe^{2+}也会被空气氧化,所以保存Fe^{2+}溶液时,应保持足够的酸度,同时加几枚铁钉。有Fe存在,就不会生成Fe^{3+}。$FeSO_4$是制造颜料和墨水的原料。在制造蓝黑色墨水时,$FeSO_4$与单宁酸作用,生成单宁酸亚铁。当墨水写在纸上后,由于空气的氧化作用,生成不溶性黑色的单宁酸铁,使字迹颜色变深。

$CoCl_2 \cdot 6H_2O$是常用的钴盐。它在受热脱水过程中,伴随着颜色的变化:

$$\underset{\text{粉红}}{CoCl_2 \cdot 6H_2O} \xrightleftharpoons{325\ K} \underset{\text{紫红色}}{CoCl_2 \cdot 2H_2O} \xrightleftharpoons{363\ K} \underset{\text{蓝紫色}}{CoCl_2 \cdot H_2O} \xrightleftharpoons{393\ K} \underset{\text{蓝色}}{CoCl_2}$$

做干燥剂用的变色硅胶中就含有$CoCl_2$,利用它的这一特性,可用来显示硅胶的吸湿情况。

② +3价盐类。

+3价铁盐稳定,而+3价钴盐和镍盐不稳定。Fe^{3+}具有一定的氧化能力,一些较强的还原剂,如H_2S、HI、Cu等,可把它还原成Fe^{2+}:

$$2Fe^{3+} + 2I^- \longrightarrow 2Fe^{2+} + I_2$$

$$2Fe^{3+} + Cu \longrightarrow 2Fe^{2+} + Cu^{2+}$$

后一反应在印刷制版中,用做铜板的腐蚀剂。

Fe^{3+}的溶液因水解呈现弱酸性,Fe^{3+}只存在于强酸性溶液中。当溶液的$pH = 2.3$时,它的水解反应已很明显，且开始有沉淀生成；pH = 4.1时就完全变成沉淀。利用Fe^{3+}这一性质，可除去产品中的铁杂质。

(3) 配位化合物。

① 氨合物。

铁盐和钴、镍盐性质上的差别可以从它们与氨水的反应中反映出来。在Fe^{2+}或Fe^{3+}溶液中加入氨水，得到的是$Fe(OH)_2$或$Fe(OH)_3$沉淀；在Co^{2+}或Ni^{2+}溶液中加入过量氨水，则分别得到黄色的$Co(NH_3)_6^{2+}$或紫色的$Ni(NH_3)_6^{2+}$。$Co(NH_3)_6^{2+}$在空气中不稳定，慢慢被氧化为橙黄色的$Co(NH_3)_6^{3+}$。

由此可见，Co^{3+}不稳定，有很强的氧化性，但形成氨合物$Co(NH_3)_6^{3+}$却变得稳定了。

② 氰合物。

铁系元素都能与CN^-形成配位化合物。在Fe^{2+}溶液中加入KCN溶液，先得到白色的$Fe(CN)_2$沉淀，随后溶于过量的KCN中：

$$Fe^{2+} + 2CN^- = Fe(CN)_2 \downarrow$$

$$Fe(CN)_2 + 4CN^- = Fe(CN)_6^{4-}$$

从溶液中析出的黄色晶体$K_4[Fe(CN)_6] \cdot 3H_2O$，俗称黄血盐。在$Fe^{3+}$溶液中加入KCN溶液可制得深红色的$K_3[Fe(CN)_6]$，俗称赤血盐。这两种化合物分别是检验$Fe^{3+}$和$Fe^{2+}$的试剂。$Fe^{3+}$和$K_4[Fe(CN)_6]$反应生成蓝色沉淀（俗称普鲁士蓝）；$Fe^{2+}$和$K_3[Fe(CN)_6]$反应，也生成蓝色沉淀（俗称滕氏蓝）。现实验证明，这两种蓝色沉淀实际上是同一物质，它们不仅化学组成相同，而且基本的结构也相同，因此它们的反应可表示为

$$K^+ + Fe^{3+} + Fe(CN)_6^{4-} = K[Fe(CN)_6]Fe \downarrow$$

$$K^+ + Fe^{2+} + Fe(CN)_6^{3-} = K[Fe(CN)_6]Fe \downarrow$$

钴和镍也可形成氰化物。在Co^{2+}溶液中加入KCN，可得浅棕色的$Co(CN)_2$沉淀，它溶于过量的CN^-溶液中形成$Co(CN)_6^{4-}$。但$Co(CN)_6^{4-}$很不稳定，有很强的还原性，其水溶液稍微加热，甚至可把水还原：

$$2Co(CN)_6^{4-} + 2H_2O \xlongequal{\triangle} 2Co(CN)_6^{3-} + 2OH^- + H_2 \uparrow$$

③ 硫氰化物。

Fe^{3+}与SCN^-可生成一系列配合物，如$Fe(NCS)^{2+}$，$Fe(NCS)_2^+$，…，$Fe(NCS)_6^{3-}$，它们都呈红色。此反应很灵敏，它不仅可用于Fe^{3+}的定性鉴定，而且可用于比色法进行Fe^{3+}的定量测定。

Co^{2+}和SCN^-作用生成蓝色配位化合物$Co(NCS)_4^{2-}$，可用于鉴定Co^{2+}。由于该配离子在水中较易离解，需要加入某些有机溶剂（如丙酮、戊醇等），把配位化合物萃取到有机相，以提高其稳定性。Fe^{3+}对此鉴定有干扰，可加入NaF将Fe^{3+}掩蔽，因F^-可与Fe^{3+}生成无色的FeF_6^{3-}。

12.2 ds 区元素

12.2.1 ds 区元素的通性

ds 区元素包括 IB 族的铜、银、金和 ⅡB 族的锌、镉、汞。它们的价电子构型分别为 $(n-1)d^{10}ns^1$ 和 $(n-1)d^{10}ns^2$。虽然这些元素的最外层电子数分别与 IA 族和 ⅡA 族相同,但它们之间的性质却有很大的差异。这是因为 ds 区元素的核电荷数比相应的 s 区元素大 10,虽然它们核外也多了 10 个 d 电子,但这些电子不能完全屏蔽掉增加的核电荷,因此 ds 区元素的有效核电荷比 s 区相应地要大,以致 ds 区元素的原子半径比相应的 s 区元素小得多,电离能也相应高得多,所以 ds 区元素化学性质远不如 s 区活泼。

IB 族元素的 d 轨道都是刚好填满 10 个电子,由于刚填满 d 轨道的电子不是很稳定,本族元素除能失去 1 个 s 电子形成 +1 氧化态外,还可以失去 1 个或 2 个 d 电子形成 +2、+3 氧化态。ⅡB 族元素 d 轨道的电子趋于稳定,只能失去最外层的一对 s 电子,因而它们多表现 +2 氧化态。汞有 +1 氧化态,但这时它总是以双聚离子 $[Hg—Hg]^{2+}$ 形式存在,它的化合价实际上还是 +2 价。ds 区元素的一些基本性质见表 12.3。

表 12.3 ds 区元素的一些基本性质

	铜	银	金	锌	镉	汞
价电子构型	$3d^{10}4s^1$	$4d^{10}5s^1$	$5d^{10}6s^1$	$3d^{10}4s^2$	$4d^{10}5s^2$	$5d^{10}6s^2$
熔点/℃	1083	960.5	1063	419.4	320.9	-38.89
沸点/℃	2582	2177	2707	907	763.3	357
共价半径/pm	117	134	134	125	148	149
离子半径(M^+)/pm	96	126	137	—	—	—
离子半径(M^{2+})/pm	72	—	—	74	87	110
电负性	1.9	1.9	2.4	1.6	1.7	1.9
常见氧化态	+1,+2	+1	+1,+3	+2	+2	+2,+1

铜、银、金是电的良导体。它们都是密度较大、熔沸点较高、延展性较好的金属。锌、镉、汞的熔、沸点较低,汞是唯一在室温下呈液态的金属。汞与其他金属相比,具有较高的蒸气压。汞蒸气吸入人体会引起慢性中毒,使用汞时要特别小心。万一洒落到地面上,需撒一些硫粉进行研磨处理。汞的另一个特性是能够与金属形成合金 —— 汞齐。

ds 区金属的化学性质如下:

(1) ⅡB 族金属的活泼性比 IB 族大,且每族元素都是从上到下活泼性降低。

(2) 在室温下 ds 区金属在空气中应该是稳定的,但是铜与含有 CO_2 的潮湿空气接触,铜表面生成铜锈(铜绿)—— 碱式碳酸铜。

$$2Cu + O_2 + CO_2 + H_2O = Cu_2(OH)_2CO_3$$

锌也能生成类似的碱式碳酸锌。银与含有 H_2S 的空气接触时,表面因生成 Ag_2S 而发暗。

$$4Ag + 2H_2S + O_2 = 2Ag_2S + 2H_2O$$

（3）金与所有的酸都不反应，但可溶于王水。

$$Au + 4HCl + HNO_3 = H[AuCl_4] + NO\uparrow + 2H_2O$$

（4）锌是ds区元素中唯一能与碱反应的金属。

$$Zn + 2NaOH + 2H_2O = Na_2[Zn(OH)_4] + H_2\uparrow$$

12.2.2 ds区元素的化合物

1. 氧化物和氢氧化物

除Au以外，该区元素氧化物的性质见表12.4。在ds区元素的盐溶液中加入碱，可得相应的氢氧化物，但AgOH和$Hg(OH)_2$不稳定，立即分解为氧化物。

表12.4 ds区元素氧化物的性质

	Cu_2O	CuO	Ag_2O	ZnO	CdO	HgO
颜色	红色	黑色	棕色	白色	棕色	黄或红色
热稳定性	稳定	800 ℃ 开始分解为Cu_2O	300 ℃ 开始分解为Ag	稳定	稳定	300 ℃ 开始分解为Hg
酸碱性	碱性	碱性为主，略显两性	碱性	两性	碱性	碱性

$Cu(OH)_2$呈淡蓝色，受热脱水变成黑色的CuO

$$Cu(OH)_2 \xlongequal{80\ ℃} CuO + H_2O$$

$Cu(OH)_2$略显两性，不但可溶于酸，也可溶于过量的浓碱溶液，而形成$Cu(OH)_4^{2-}$

$$Cu(OH)_2 + 2OH^- = Cu(OH)_4^{2-}$$

四羟基合铜离子有一定的氧化性，可被葡萄糖还原为鲜红色的Cu_2O

$$2Cu(OH)_4^{2-} + C_6H_{12}O_6 = Cu_2O\downarrow + C_6H_{11}O_7^- + 3OH^- + 3H_2O$$

$Zn(OH)_2$和$Cd(OH)_2$皆为白色沉淀。前者是两性氢氧化物，既溶于酸，也溶于过量的碱（生成$Zn(OH)_4^{2-}$）；而后者呈碱性，不溶于过量的碱液中。

2. 铜盐

（1）硫酸铜。

最常见的铜盐是五水硫酸铜$CuSO_4\cdot 5H_2O$，俗称胆矾，呈蓝色。硫酸铜具有杀菌能力，用于蓄水池、游泳池中防止藻类生长。硫酸铜与石灰乳混合而成的“波尔多”液。可用于消灭植物的病虫害。$CuSO_4\cdot 5H_2O$受热逐步地脱水：

$$CuSO_4\cdot 5H_2O \xrightarrow[-2H_2O]{102\ ℃} CuSO_4\cdot 3H_2O \xrightarrow[-2H_2O]{113\ ℃} CuSO_4\cdot H_2O \xrightarrow[-H_2O]{258\ ℃} CuSO_4$$

无水硫酸铜是白色粉末，有很强的吸水性，吸水后则变成蓝色。所以常用它来检验有机物中的微量水，也可用做干燥剂。

在硫酸铜溶液中逐步加入氨水，先得到浅蓝色碱式硫酸铜沉淀：

$$2CuSO_4 + 2NH_3\cdot H_2O = Cu_2(OH)_2SO_4\downarrow + (NH_4)_2SO_4$$

若继续加入氨水，$Cu_2(OH)_2SO_4$即溶解，得到深蓝色的铜氨配离子$Cu(NH_3)_4^{2+}$。此法是鉴定Cu^{2+}的特效反应。但Cu^{2+}含量极微时，此法不易检出。

(2) Cu^+ 和 Cu^{2+} 的相互转化及 Cu^+ 化合物。

从 Cu^+ 价电子构型($3d^{10}$)来看，Cu^+ 化合物应该有一定的稳定性。例如反应：

$$4CuO \xlongequal{\triangle} 2Cu_2O + O_2\uparrow$$

$$2Cu + S(过量) \xlongequal{\triangle} Cu_2S$$

以上反应都说明了这一点。但是 Cu^+ 在水溶液中不稳定，会发生歧化反应：

$$2Cu^+ \xlongequal{\triangle} Cu^{2+} + Cu$$

在水溶液中要使 Cu^{2+} 转化 Cu^+，必须具备两个条件：① 有还原剂存在；② Cu^+ 必须以沉淀或配离子形式存在，借以减小溶液中 Cu^+ 浓度，以利于 Cu^+ 的歧化反应逆向进行。例如，硫酸铜溶液和浓盐酸及铜屑混合加热，可得 $CuCl_2^-$ 溶液。

$$Cu^{2+} + Cu + 4Cl^- \xlongequal{\triangle} 2CuCl_2^-$$

将制得的溶液稀释，可得到白色的 CuCl 沉淀：

$$CuCl_2^- \xlongequal{稀释} CuCl\downarrow + Cl^-$$

如果用其他还原剂代替 Cu，也可得到 Cu^+ 化合物。例如：

$$2Cu^{2+} + 2Cl^- + SO_2 + 2H_2O \xlongequal{} 2CuCl\downarrow + SO_4^{2-} + 4H^+$$

$$2Cu^{2+} + 4I^- \xlongequal{} 2CuI\downarrow + I_2$$

后一反应生成的 I_2 可用碘量法测定，故该反应在定量分析中用于测定铜。

3. 银盐

银盐大都难溶于水，但 $AgNO_3$ 是易溶盐，因此它是制备其他银化合物的主要原料。$AgNO_3$ 在日光直接照射下会逐渐地分解：

$$2AgNO_3 \xlongequal{光} 2Ag + 2NO_2\uparrow + O_2\uparrow$$

因此，其晶体或溶液应装在棕色的试剂瓶中。

在 $AgNO_3$ 溶液中加入卤化物，可生成相应的 AgCl、AgBr、AgI 沉淀，它们的颜色依次加深(白 — 浅黄 — 黄)，溶解度依次降低。AgF 则易溶于水。

Ag^+ 与 NH_3、$S_2O_3^{2-}$、CN^- 等配体形成配离子。在定性分析中，Ag^+ 的鉴定可利用它与盐酸反应生成白色凝乳状沉淀。沉淀不溶于硝酸，但能溶于氨水。

$$AgCl + 2NH_3\cdot H_2O \xlongequal{} Ag(NH_3)_2^+ + Cl^- + 2H_2O$$

如果在 $AgNO_3$ 溶液中通入 H_2S 气体，则析出黑色的 Ag_2S 沉淀。它是银盐中溶解度最小的($K_{sp}^{\ominus} = 1.6\times10^{-49}$)，甚至不溶于 KCN 溶液，但可溶于浓硝酸。

$$3Ag_2S + 8HNO_3 \xlongequal{} 6AgNO_3 + 3S\downarrow + 2NO\uparrow + 4H_2O$$

由于卤化银具有感光性，大量用于照相技术。AgI 在人工降雨中可用做冰核形成剂。$AgNO_3$ 对有机组织有破坏作用，在医药上用做消毒剂和腐蚀剂。

4. 锌盐

氯化锌是($ZnCl_2\cdot H_2O$)是较重要的锌盐，易潮解，极易溶于水。其水溶液因 Zn^{2+} 水解呈酸性。

$$Zn^{2+} + H_2O \xlongequal{} Zn(OH)^+ + H^+$$

在 $ZnCl_2$ 浓溶液中,由于形成配合酸,溶液呈现明显的酸性。

$$ZnCl_2 + H_2O \Longrightarrow H[ZnCl_2(OH)]$$

该溶液能溶解金属氧化物。例如:

$$FeO + 2H[ZnCl_2(OH)] \Longrightarrow Fe[ZnCl_2(OH)_2] + H_2O$$

因此,$ZnCl_2$ 能清除金属表面的氧化物,可用做"焊药"。

Zn^{2+} 溶液还能与 NH_3 或 CN^- 形成稳定的配离子 $Zn(NH_3)_4^{2+}$ 或 $Zn(CN)_4^{2-}$。

5. 汞盐

(1) 汞(+2)盐。

金属汞与锌、镉性质差别很大,与此类似,汞(+2)盐与锌盐或镉盐性质也很不相同,部分原因是由于汞(+2)具有极强的形成共价键倾向。例如,共价化合物 HgS 在水中溶解度比 ZnS、CdS 小得多,HgS 是金属硫化物中溶解度最小的,但它可溶于王水。

$$3HgS + 12HCl + 2HNO_3 \Longrightarrow 3H_2[HgCl_4] + 3S\downarrow + 2NO\uparrow + 4H_2O$$

最重要的可溶性汞(+2)盐是 $Hg(NO_3)_2$ 和 $HgCl_2$。$HgCl_2$ 是典型的共价化合物,在水中解离度很小,为弱电解质。$HgCl_2$ 受热可升华,俗称升汞,极毒。它的稀溶液在外科上用做消毒剂。

在 $HgCl_2$ 中加入氨水,得白色的氯化氨基汞沉淀。

$$HgCl_2 + 2NH_3 \Longrightarrow Hg(NH_2)Cl\downarrow + NH_4Cl$$

在 Hg^{2+} 溶液中加入 KI,得到红色的 HgI_2 可溶于过量的 KI 溶液中,形成无色的 HgI_4^{2-}。

$$Hg^{2+} + 2I^- \Longrightarrow HgI_2\downarrow$$

$$HgI_2 + 2I^- \Longrightarrow HgI_4^{2-}$$

在 $K_2[HgI_4]$ 溶液中加入 KOH 使之呈碱性,所得的溶液称奈斯勒试剂。它可用于检验 NH_4^+,因为它遇到 NH_4^+ 有棕色沉淀产生。

$$2HgI_4^{2-} + 4OH^- + NH_4^+ \Longrightarrow \left[O \begin{array}{c} Hg \\ \diagup \quad \diagdown \\ \quad \quad NH_2 \\ \diagdown \quad \diagup \\ Hg \end{array} \right] I\downarrow + 7I^- + 3H_2O$$

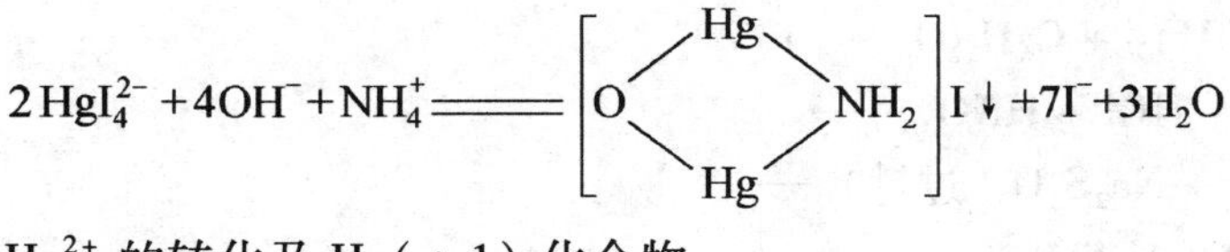

(2) Hg^{2+} 和 Hg_2^{2+} 的转化及 Hg(+1)化合物。

Hg 的电势图为

$$Hg^{2+} \xrightarrow{0.92} Hg_2^{2+} \xrightarrow{0.79} Hg$$

因为 $\varphi_{右}^{\ominus} < \varphi_{左}^{\ominus}$,所以 Hg_2^{2+} 不会发生歧化反应,相反的,却可发生反歧化反应(亦称同化反应):

$$Hg + Hg^{2+} \Longrightarrow Hg_2^{2+}$$

在通常情况下,Hg_2^{2+} 在水溶液中是稳定的,只有当溶液中 Hg^{2+} 浓度大大减小的情况下(如生成沉淀或配位化合物),上述平衡逆向移动,Hg_2^{2+} 才会发生歧化反应。

在 $Hg_2(NO_3)_2$ 溶液中加入 Cl^- 时,可得白色的 Hg_2Cl_2 沉淀。Hg_2Cl_2 俗称甘汞,少量无毒,在医药上用做泻药。

Hg^{2+} 和 Hg_2^{2+} 都具有氧化性,都能氧化 $SnCl_2$。Hg^{2+} 与 $SnCl_2$ 反应首先生成 Hg_2Cl_2 白

色沉淀，当 $SnCl_2$ 过量时，Hg_2Cl_2 进一步被还原为 Hg。该反应可用来定性鉴定 Hg^{2+} 和 Hg_2^{2+}。

本章小结

d 区和 ds 区元素属副族元素，掌握它们之间按照元素周期规律变化而呈现出的通性。

掌握 d 区和 ds 区元素重要氧化态的性质。

习题

1. 完成反应

(1) $TiO_2 + H_2SO_4$(浓) $\longrightarrow$

(2) $V_2O_5 + NaOH \longrightarrow$

(3) $(NH_4)_2Cr_2O_7 \xrightarrow{\Delta}$

(4) $Cr_2O_3 + NaOH \longrightarrow$

(5) $Cr_2O_7^{2-} + Pb^{2+} + H_2O \longrightarrow$

(6) $MnO_2 + KOH + KClO_3 \xrightarrow{\Delta}$

(7) $MnO_4^- + H_2O_2 + H^+ \longrightarrow$

(8) $FeCl_3 + NaF \longrightarrow$

(9) $Co^{2+} + SCN^- \longrightarrow$

(10) $HgCl_2 + SnCl_2 \longrightarrow$

(11) $Cu(OH)_2 + C_6H_{12}O_6 \longrightarrow$

(12) $HgS + HCl + HNO_3 \longrightarrow$

(13) $AgBr + Na_2S_2O_3$(过量) $\longrightarrow$

(14) $Cu_2O + H_2SO_4 \longrightarrow$

2. 简答题

(1) 试用 d 区和 ds 区元素价电子层结构的特点来说明 d 区和 ds 区元素的特性。

(2) 以 MnO_2 为主要原料制备 $MnCl_2$、K_2MnO_4 和 $KMnO_4$，用方程式来表示各步反应。

(3) 铁能使 Cu^{2+} 还原，而铜能使 Fe^{3+} 还原，这两个事实有无矛盾？

(4) 为什么 $TiCl_4$ 暴露在空气中会冒白烟？

(5) 为什么金属铬的密度、硬度、熔点都比金属镁大？

(6) 在水溶液中，为什么 Ca^{2+}、Zn^{2+} 无色，而 Fe^{2+}、Mn^{2+}、Ti^{3+} 有色。

(7) $CuSO_4$ 是杀虫剂，为什么要和石灰乳混用？

3. 写出下列反应方程式

(1) 在 Fe^{2+} 溶液中加入 NaOH 溶液，先生成灰绿色沉淀，然后沉淀逐渐变成红棕色。

(2) 上述沉淀过滤后，沉淀用酸溶解，加入几滴 KSCN 溶液，立刻变成血红色，再通入

SO_2 气体,则血红色消失。

(3) 向上述红色消失的溶液中滴加 $KMnO_4$ 溶液,其紫红色会褪去。

(4) 最后在上述溶液中加入黄血盐溶液,生成蓝色沉淀。

(5) 将 SO_2 通入 $CuSO_4$ 和 NaCl 的浓混合溶液中有白色的沉淀析出。

(6) 在 $AgNO_3$ 溶液中滴加KCN溶液时,先生成白色沉淀而后溶解,再加入NaCl溶液时无沉淀生成,但加少许 Na_2S 溶液时就析出黑色沉淀。

(7) $Hg_2(NO_3)_2$ 溶液中通入 H_2S 时,有黑色的金属汞析出。

(8) 银可置换HI溶液中的氢,为什么却不能置换酸性更强的 $HClO_4$ 溶液中的氢。

(9) 在 $Cr_2(SO_4)_3$ 溶液中滴加NaOH溶液,先析出灰蓝色沉淀,后又溶解,此时加入溴水,溶液颜色由绿变黄。

(10) 在 $FeCl_3$ 溶液中通入 H_2S,有乳白色沉淀析出。

(11) 埋在湿土中的铜钱变绿。

(12) 银器在有 H_2S 的空气中发黑。

(13) 金不溶于浓HCl或 HNO_3 中,却溶于此两种酸的混合液中。

4. 试用简单的方法分离下列混合离子

(1) Fe^{2+} 和 Zn^{2+};(2) Mn^{2+} 和 Co^{2+};(3) Fe^{3+} 和 Cr^{3+};(4) Al^{3+} 和 Cr^{3+};(5) Ag^{+} 和 Cu^{2+};(6) Zn^{2+} 和 Mg^{2+};(7) Zn^{2+} 和 Al^{3+};(8) Hg^{2+} 和 Hg_2^{2+}。

5. 试用简便方法将下列混合物分离

(1) AgCl和AgI;(2) $HgCl_2$ 和 Hg_2Cl_2;(3) HgS和 HgI_2;(4) ZnS和CuS;(5) 升汞和甘汞;(6) 锌盐和铝盐。

6. 推断题

(1) 有一黑色的化合物A,不溶于碱液,加热时可溶于浓盐酸而放出气体B。将A与NaOH和 $KClO_3$ 共热,它就变成可溶于水的绿色化合物C。若将C酸化,则得到紫红色沉淀D和沉淀A。用 Na_2SO_3 溶液处理D时也可得到沉淀A。若用 H_2SO_4 酸化的 Na_2SO_3 溶液处理D,则得到几近无色的溶液E。问A、B、C、D和E各为何物?写出有关反应式。

(2) 有一淡绿色晶体A,可溶于水。在无氧操作下,在A溶液中加入NaOH溶液,得白色沉淀B。B在空气中慢慢地变成棕色沉淀C。C溶于HCl溶液得黄棕色溶液D。在D中加几滴KSCN溶液,立即变成血红色溶液E。在E中通 SO_2 气体或者加入NaF溶液均可使血红色褪去。在A溶液中加入几滴 $BaCl_2$ 溶液得白色沉淀F,F不溶于 HNO_3。问A、B、C、D、E和F各为何物?写出有关反应式。

(3) 有一白色的硫酸盐A,溶于水得蓝色溶液。在此溶液中加入NaOH得浅蓝色沉淀B,加热B变成黑色物质C。C可溶于 H_2SO_4,在所得的溶液中逐滴加入KI溶液,先有褐色沉淀D析出,后又变成红棕色溶液E和白色沉淀F。问A、B、C、D、E和F各为何物?写出有关反应式。

附　录

附表 1　SI 单位制的词头

表示的因数	词头名称	词头符合	表示的因数	词头名称	词头符合
10^{18}	艾[可萨]	E(exa)	10^{-1}	分	d(deci)
10^{15}	拍[它]	P(peta)	10^{-2}	厘	c(centi)
10^{12}	太[拉]	T(tera)	10^{-3}	毫	m(milli)
10^{9}	吉[咖]	G(giga)	10^{-6}	微	μ(micro)
10^{6}	兆	M(mega)	10^{-9}	纳[诺]	n(nano)
10^{3}	千	k(kilo)	10^{-12}	皮[可]	p(pico)
10^{2}	百	h(hecto)	10^{-15}	飞[母托]	f(femto)
10^{1}	十	da(deca)	10^{-18}	阿[托]	a(atto)

附表 2　一些非推荐单位、导出单位与 SI 单位的换算

物理量	换　算　单　位
质量	(1 市) 斤 = 0.5 kg,1(市) 两 = 50 g,1 b(磅) = 0.454 kg,1 Oz(盎司) = 28.3×10^{-3}kg
压力	1 atm = 760 mmHg = 1.013×10^5 Pa,1 mmHg = 1 Torr = 133.0 Pa 1 bar = 10^5 Pa,1 Pa = 1 N · m^{-2}
温度	$\frac{T}{\mathrm{K}} = \frac{t}{℃} + 273.15$ $\frac{F}{°\mathrm{F}} = \frac{9}{5}\frac{T}{\mathrm{K}} - 459.67 = \frac{9}{5}\frac{t}{℃} + 32$
能量	1 cal = 4.184 J,1 eV = 1.602×10^{-19},1 erg = 10^{-7} J
电量	1 esu(静电单位库仑) = 3.335×10^{-10} C
其他	R(气体常数) = 1.986 cal · K^{-1} · mol^{-1} = 0.082 06 dm^{-3} · atm · K^{-1} · mol^{-1} = 8.314 J · K^{-1} · mol^{-1} = 8.314 kPa · dm^3 · K^{-1} · mol^{-1} 1 eV/ 粒子相当于 96.5 kJ · mol^{-1},1 C · m^{-1} = 12.0 J · mol^{-1} 1 D(Debye) = 3.336×10^{-30} C · m

附表3　常见物质的 $\Delta_f H_m^\ominus$、$\Delta_f G_m^\ominus$ 和 $S_m^\ominus$(298.15 K)

物质	$\Delta_f H_m^\ominus$/(kJ·mol^{-1})	$\Delta_f G_m^\ominus$/(kJ·mol^{-1})	$S_m^\ominus$/(J·K^{-1}·mol^{-1})
Ag(s)	0	0	42.55
Ag^+(aq)	105.58	77.12	72.68
$Ag(NH_3)_2^+$(aq)	−111.3	−17.2	245
AgCl(s)	−127.07	−109.80	96.2
AgBr(s)	−100.4	−96.9	107.1
Ag_2CrO_4(s)	−731.74	−641.83	218
AgI(s)	−61.84	−66.19	115
Ag_2O(s)	−31.1	−11.2	121
Ag_2S(s,α)	−32.59	−40.67	144.0
$AgNO_3$(s)	−124.4	−33.47	140.9
Al(s)	0	0	23.33
Al^{3+}(aq)	−531	−485	−322
$AlCl_3$(s)	−704.2	−628.9	110.7
α−Al_2O_3(s)	−1 676	−1 582	50.92
B(s,β)	0	0	5.86
B_2O_3(s)	−1 272.8	−1 193.7	53.97
BCl_3(g)	−404	−388.7	290.0
BCl_3(l)	−427.2	−387.4	206
B_2H_6(g)	35.6	86.6	232.0
Ba(s)	0	0	62.8
Ba^{2+}(aq)	−537.64	−560.74	9.6
$BaCl_2$(s)	−858.6	−810.4	123.7
BaO(s)	−548.10	−520.41	72.09
$Ba(OH)_2$(s)	−944.7	—	—
$BaCO_3$(s)	−1 216	−1 138	112
$BaSO_4$(s)	−1 473	−1 362	132
Br_2(l)	0	0	152.23
Br^-(aq)	−121.5	−104.0	82.4
Br_2(g)	30.91	3.14	245.35
HBr(g)	−36.40	−53.43	198.59
HBr(aq)	−121.5	−104.0	82.4
Ca(s)	0	0	41.2
Ca^{2+}(aq)	−542.83	−553.54	−53.1
CaF_2(s)	−1 220	−1 167	68.87
$CaCl_2$(s)	−795.8	−748.1	105
CaO(s)	−635.09	−604.04	39.75
$Ca(OH)_2$(s)	−986.09	−898.56	83.39
$CaCO_3$(s,方解石)	−1 206.9	−1 128.8	92.9
$CaSO_4$(s,无水石膏)	−1 434.1	−1 321.9	107
C(石墨)	0	0	5.74
C(金刚石)	1.987	2.900	2.38

续附表 3

物质	$\Delta_f H_m^{\ominus}/(kJ\cdot mol^{-1})$	$\Delta_f G_m^{\ominus}/(kJ\cdot mol^{-1})$	$S_m^{\ominus}/(J\cdot K^{-1}\cdot mol^{-1})$
C(g)	716.68	671.21	157.99
CO(g)	-110.52	-137.15	197.56
CO_2(g)	-393.51	-394.36	213.6
CO_3^{2-}(aq)	-667.14	-527.90	-56.9
HCO_3^-(aq)	-691.99	-586.85	91.2
CO_2(aq)	-413.8	-386.0	118
H_2CO_3(aq,非电离)	-699.65	-623.16	187
CCl_4(l)	-135.4	-65.2	216.4
CH_3OH(l)	-238.7	-166.4	127
C_2H_5OH(l)	-277.7	-174.9	161
HCOOH(l)	-424.7	-361.4	129.0
CH_3COOH(l)	-484.5	-390	160
CH_3COOH(aq,非电离)	-485.76	-396.6	179
CH_3COO^-(aq)	-486.01	-369.4	86.6
CH_3CHO(l)	-192.3	-128.2	160
CH_4(g)	-74.81	-50.75	186.15
C_2H_2(g)	226.75	209.20	200.82
C_2H_4(g)	52.26	68.12	219.5
C_2H_6(g)	-84.68	-32.89	229.5
C_3H_8(g)	-103.85	-23.49	269.9
C_4H_6(g,丁二烯-1,2)	165.5	201.7	293.0
C_4H_8(g,丁烯-1)	1.17	72.04	307.4
$n-C_4H_{10}$(g)	-124.73	-15.71	310.0
C_6H_6(g)	0	0	222.96
Cl^-(aq)	-167.16	-131.26	56.5
HCl(g)	-92.31	-95.30	186.80
ClO_3^-(aq)	-99.2	-3.3	162
Co(s)(α,六方)	0	0	30.04
$Co(OH)_2$(s,桃红)	-539.7	-454.4	79
Cr(s)	0	0	23.8
$Cr_2O_7^{2-}$(aq)	-1 1490	-1 301	262
CrO_4^{2-}(aq)	-881.2	-727.9	50.2
Cu(s)	0	0	33.15
Cu^+(aq)	71.67	50.00	41
Cu^{2+}(aq)	64.77	65.52	-99.6
$Cu(NH_3)_4^{2+}$(aq)	-348.5	-111.3	274
Cu_2O(s)	-169	-146	93.14
CuO(s)	-157	-130	42.63
Cu_2S(s,α)	-79.5	-86.2	121
CuS(s)	-53.1	-53.6	66.5

续附表 3

物质	$\Delta_f H_m^\ominus$/(kJ·mol^{-1})	$\Delta_f G_m^\ominus$/(kJ·mol^{-1})	$S_m^\ominus$/(J·K^{-1}·mol^{-1})
$CuSO_4$(s)	−771.36	−661.9	109
$CuSO_4$(s)·$5H_2O$(s)	−2 279.7	1 880.06	300
F_2(g)	0	0	202.7
F^-(aq)	−332.6	−278.8	−14
F(g)	78.99	61.92	158.64
Fe(s)	0	0	27.3
Fe^{2+}(aq)	−89.1	−78.87	−138
Fe^{3+}(aq)	−48.5	−4.6	−316
Fe_2O_3(s,赤铁矿)	−824.2	−742.2	87.40
Fe_3O_4(s,磁铁矿)	−1 120.9	−1 015.46	146.44
H_2(g)	0	0	130.57
H^+(aq)	0	0	0
H_3O^+(aq)	−285.85	−237.19	69.96
Hg(g)	61.32	31.85	174.8
HgO(s,红)	−90.83	−58.56	70.29
HgS(s,红)	−58.2	−50.6	82.4
$HgCl_2$(s)	−224	−179	146
Hg_2Cl_2(s)	−265.2	−210.78	192
I_2(s)	0	0	116.14
I_2(g)	62.438	19.36	260.6
I^-(aq)	−55.19	−51.59	111
HI(g)	25.9	1.30	206.48
K(s)	0	0	64.18
K^+(aq)	−252.4	−283.3	103
KCl(s)	−436.75	−409.2	82.59
KI(s)	−327.90	−324.89	106.32
KOH(s)	−424.76	−379.1	78.87
$KClO_3$(s)	−397.7	−296.3	143
$KMnO_4$(s)	−837.2	−737.6	171.7
Mg(s)	0	0	32.68
Mg^{2+}(aq)	−466.85	−454.8	−138
$MgCl_2$(s)	−641.32	−591.83	89.62
$MgCl_2$·$6H_2O$(s)	−2 499.0	−2 215.0	366
MgO(s,方镁石)	−601.70	−569.44	26.9
$Mg(OH)_2$(s)	−924.54	−833.58	63.18
$MgCO_3$(s,菱镁石)	−1 096	−1 012	65.7
$MgSO_3$(s)	−1 285	−1 171	91.6
Mn(s,α)	0	0	32.0
Mn^{2+}(aq)	−220.7	−228.0	−73.6
MnO_2(s)	−520.03	−465.18	53.05
MnO_4^-(aq)	−518.4	−425.1	189.9

续附表 3

物质	$\Delta_f H_m^\ominus/(kJ \cdot mol^{-1})$	$\Delta_f G_m^\ominus/(kJ \cdot mol^{-1})$	$S_m^\ominus/(J \cdot K^{-1} \cdot mol^{-1})$
$MnCl_2$(s)	-481.29	-440.53	118.2
Na(s)	0	0	51.21
Na^+(aq)	-240.2	-261.89	59.0
NaCl(s)	-411.15	-384.15	72.13
Na_2O(s)	-425.61	-379.53	64.45
Na_2CO_3(s)	-510.87	-447.69	94.98
HNO_3(l)	-174.1	-80.79	155.6
NO_3^-(aq)	-207.4	-111.3	146
NH_3(g)	-46.11	-16.5	192.3
$NH_3 \cdot H_2O$(aq,非电离)	-366.12	-263.8	181
NH_4^+(aq)	-132.5	-79.37	113
NH_4Cl(s)	-314.4	-203.0	94.56
NH_4NO_3(s)	-365.6	-184.0	151.1
$(NH_4)_2SO_4$(s)	-901.90	—	187.5
N_2(g)	0	0	191.5
NO(g)	90.25	86.57	210.65
NOBr(g)	82.17	82.42	273.5
NO_2(g)	33.2	51.30	240.0
N_2O(g)	82.05	104.2	219.7
N_2O_4(g)	9.16	97.82	304.2
N_2H_4(l)	50.63	149.2	121.2
NiO(s)	-240	-212	38.0
O_3(g)	143	163	238.8
O_2(g)	0	0	205.03
OH^-(aq)	-229.99	-157.29	-10.8
H_2O(l)	-285.84	-237.19	69.94
H_2O(g)	-241.82	-228.59	188.72
H_2O_2(l)	-187.8	-120.4	-
H_2O_2(aq)	-191.2	-134.1	144
P(s,白)	0	0	41.09
P(红)(s,三斜)	-17.6	-121.1	22.8
PCl_3(g)	-287	-268.0	311.7
PCl_5(s)	-443.5	-	-
Pb(s)	0	0	64.81
Pb^{2+}(aq)	-1.7	-24.4	10
PbO(s,黄)	-215.33	-187.90	68.70
PbO_2(s)	-277.40	-217.36	68.62
Pb_3O_4(s0	-718.39	-601.24	211.29
H_2S(g)	-20.6	-33.6	205.7
H_2S(aq)	-40	-27.9	121
HS^-(aq)	17.7	12.0	63

续附表3

物质	$\Delta_f H_m^{\ominus}/(kJ \cdot mol^{-1})$	$\Delta_f G_m^{\ominus}/(kJ \cdot mol^{-1})$	$S_m^{\ominus}/(J \cdot K^{-1} \cdot mol^{-1})$
S^{2-}(aq)	33.2	85.9	-14.6
H_2SO_4(l)	-813.99	-690.10	156.90
HSO_4^-(aq)	-887.34	-756.00	132
SO_4^{2-}(aq)	-909.27	-744.63	20
SO_2(g)	-296.83	-300.19	248.1
SO_3(g)	-395.7	-371.1	256.6
Si(s)	0	0	18.8
SiO_2(s,石英)	-910.94	-856.67	41.84
SiF_4(g)	-1 614.9	-1 572.7	282.4
$SiCl_4$(g)	-657.01	-617.01	330.6
Sn(s,白)	0	0	51.55
Sn(s,灰)	-2.1	0.13	44.14
SnO(s)	-286	-257	56.5
SnO_2(s)	-580.7	-519.7	52.3
$SnCl_2$(s)	-325	-	-
$SnCl_4$(s)	-511.3	-440.2	259
Zn(s)	0	0	41.6
Zn^{2+}(aq)	-153.9	-147.0	-112
ZnO(s)	-348.3	-318.3	43.64
$ZnCl_2$(aq)	-488.19	-409.5	0.8
ZnS(s,闪锌矿)	-206.0	-201.3	57.7

注:摘自 ROBER C WEST. CRC Handbook Chemistry and Physics[M].69 ed.1988 ~ 1989,D50-93,D96-97,已换算成SI单位。

附表4 弱酸、弱碱的解离常数 $K^{\ominus}$

弱电解质	t/℃	离解常数	弱电解质	t/℃	离解常数
H_3ASO_4	18	$K_1 = 5.62 \times 10^{-3}$	HSO_4^-	25	1.2×10^{-2}
	18	$K_2 = 1.70 \times 10^{-7}$	H_2SO_3	18	$K_1 = 1.54 \times 10^{-2}$
	18	$K_3 = 3.95 \times 10^{-12}$		18	$K_2 = 1.02 \times 10^{-7}$
H_3BO_3	20	7.3×10^{-10}	H_2SiO_3	30	$K_1 = 2.2 \times 10^{-10}$
HBrO	25	2.06×10^{-9}		30	$K_2 = 2 \times 10^{-12}$
H_2CO_3	25	$K_1 = 4.30 \times 10^{-7}$	HCOOH	25	1.77×10^{-4}
	25	$K_2 = 5.61 \times 10^{-11}$	CH_3COOH	25	1.76×10^{-5}
$H_2C_2O_4$	25	$K_1 = 5.90 \times 10^{-2}$	$CH_2ClCOOH$	25	1.4×10^{-3}
	25	$K_2 = 6.40 \times 10^{-5}$	$CHCl_2COOH$	25	3.32×10^{-2}
HCN	25	4.93×10^{-10}	$H_3C_6H_5O_7$	20	$K_1 = 7.1 \times 10^{-4}$
HClO	18	2.95×10^{-8}	(柠檬酸)	20	$K_2 = 1.68 \times 10^{-5}$
H_2CrO_4	25	$K_1 = 1.8 \times 10^{-1}$		20	$K_3 = 4.1 \times 10^{-7}$
	25	$K_2 = 3.20 \times 10^{-7}$	$NH_3 \cdot H_2O$	25	1.77×10^{-5}
HF	25	3.53×10^{-4}	H_3PO_4		$K_1 = 7.52 \times 10^{-3}$
HIO_3	25	1.69×10^{-1}			$K_2 = 6.23 \times 10^{-8}$
H_2S^*	18	$K_1 = 1.3 \times 10^{-7}$			$K_3 = 2.2 \times 10^{-13}$
	18	$K_2 = 7.1 \times 10^{-15}$	HNO_2		4.6×10^{-4}

续附表4

弱电解质	t/℃	离解常数	弱电解质	t/℃	离解常数
HIO	25	2.3×10^{-11}	AgOH	25	1×10^{-2}
HNO_2	12.5	4.6×10^{-4}	$Al(OH)_3$	25	$K_1=5\times10^{-9}$
NH_4^+	25	5.64×10^{-10}		25	$K_2=2\times10^{-10}$
H_2O_2	25	2.4×10^{-12}	$Be(OH)_2$	25	$K_1=1.78\times10^{-6}$
H_3PO_4	25	$K_1=7.52\times10^{-3}$		25	$K_2=2.5\times10^{-9}$
	25	$K_2=6.23\times10^{-8}$	$Ca(OH)_2$	25	$K_2=6\times10^{-2}$
	25	$K_3=2.20\times10^{-13}$	$Zn(OH)_2$	25	$K_1=8\times10^{-7}$

注：* 除 H_2S 外，数据摘自 Robert C WEST CRC Handbook Chemistry and Physics[M].69 ed. 1988 ~ 1989:159-164.

附表5　常见难溶电解质的溶度积 $K_{sp}^{\ominus}$(298.15 K)

难溶电解质	$K_{sp}^{\ominus}$	难溶电解质	$K_{sp}^{\ominus}$
AgCl	1.77×10^{-10}	$Fe(OH)_2$	4.87×10^{-17}
AgBr	5.35×10^{-13}	$Fe(OH)_3$	2.64×10^{-39}
AgI	1.5×10^{-16}	FeS	1.59×10^{-19}
Ag_2CO_3	8.45×10^{-12}	Hg_2Cl_2	1.45×10^{-18}
Ag_2CrO_4	1.12×10^{-12}	HgS(黑)	6.44×10^{-53}
Ag_2SO_4	1.20×10^{-5}	$MgCO_3$	6.82×10^{-6}
$Ag_2S(\alpha)$	6.69×10^{-50}	$Mg(OH)_2$	5.61×10^{-12}
$Ag_2S(\beta)$	1.09×10^{-49}	$Mn(OH)_2$	2.06×10^{-13}
$Al(OH)_3$	2×10^{-33}	MnS	4.65×10^{-14}
$BaCO_3$	2.58×10^{-9}	$Ni(OH)_2$	5.47×10^{-15}
$BaSO_4$	1.07×10^{-10}	NiS	1.07×10^{-21}
$BaCrO_4$	1.17×10^{-10}	$PbCl_2$	1.17×10^{-5}
$CaCO_3$	4.96×10^{-9}	$PbCO_3$	1.46×10^{-13}
$CaC_2O_4\cdot H_2O$	2.34×10^{-9}	$PbCrO_4$	1.77×10^{-14}
CaF_2	1.46×10^{-10}	PbF_2	7.12×10^{-7}
$Ca_3(PO_4)_2$	2.07×10^{-33}	$PbSO_4$	1.82×10^{-8}
$CaSO_4$	7.10×10^{-5}	PbS	9.04×10^{-29}
$Cd(OH)_2$	5.27×10^{-15}	PbI_2	8.49×10^{-9}
CdS	1.40×10^{-29}	$Pb(OH)_2$	1.42×10^{-20}
$Co(OH)_2$(桃红)	1.09×10^{-15}	$SrCO_3$	5.60×10^{-10}
$Co(OH)_2$(蓝)	5.92×10^{-15}	$SrSO_4$	3.44×10^{-7}
$CoS(\alpha)$	4.0×10^{-21}	$ZnCO_3$	1.19×10^{-10}
$CoS(\beta)$	2.0×10^{-25}	$Zn(OH)_2(\gamma)$	6.68×10^{-17}
$Cr(OH)_3$	7.0×10^{-31}	$Zn(OH)_2(\beta)$	7.71×10^{-17}
CuI	1.27×10^{-12}	$Zn(OH)_2(\varepsilon)$	4.12×10^{-17}
CuS	1.27×10^{-36}	ZnS	2.93×10^{-25}

注：摘自 ROBERT C WEST CRC Handbook Chemistry and Physics[M].69 ed,1988 ~ 1989,B 207-208.

附表 6 酸性溶液中的标准电势 $\varphi^{\ominus}$ (298.15 K)

	电极反应	$\varphi^{\ominus}$ /V
Ag	$AgBr + e^- = Ag + Br^-$	+ 0.071 33
	$AgCl + e^- = Ag + Cl^-$	+ 0.222 3
	$Ag_2CrO_4 + 2e^- = 2Ag + CrO_4^{2-}$	+ 0.447 0
	$Ag^+ + e^- = Ag$	+ 0.799 6
Al	$Al^{3+} + 3e^- = Al$	- 1.662
As	$HAsO_2 + 3H^+ + 3e^- = As + 2H_2O$	+ 0.248
	$H_3AsO_4 + 2H^+ + 2e^- = HAsO_2 + 2H_2O$	+ 0.560
Bi	$BiOCl + 2H^+ + 3e^- = Bi + H_2O + Cl^-$	+ 0.158 3
	$BiO^+ + 2H^+ + 3e^- = Bi + H_2O$	+ 0.320
Br	$Br_2 + 2e^- = 2Br^-$	+ 1.066
	$BrO_3^- + 6H^+ 5e^- = \frac{1}{2}Br_2 + 3H_2O$	+ 1.482
Ca	$Ca^{2+} + 2e^- = Ca$	- 2.868
Cl	$ClO_4^- + 2H^+ + 2e^- = ClO_3^- + H_2O$	+ 1.189
	$Cl_2 + 2e^- = 2Cl^-$	+ 1.358 27
	$ClO_3^- + 6H^+ 6e^- = Cl^- + 3H_2O$	+ 1.451
	$ClO_3^- + 6H^+ + 5e^- = \frac{1}{2}Cl_2 + 3H_2O$	+ 1.47
	$HClO + H^+ + e^- = \frac{1}{2}Cl_2 + H_2O$	+ 1.611
	$ClO_3^- + 3H^+ + 2e^- = HClO_2 + H_2O$	+ 1.214
	$ClO_2 + H^+ + e^- = HClO_2$	+ 1.277
	$HClO_2 + 2H^+ + 2e^- = HClO + H_2O$	+ 1.645
Co	$Co^{3+} + e^- = Co^{2+}$	+ 1.83
Cr	$Cr_2O_7^{2-} + 14H^+ + 6e^- = 2Cr^{3+} + 7H_2O$	+ 1.232
Cu	$Cu^{2+} + e^- = Cu^+$	+ 0.153
	$Cu^{2+} + 2e^- = Cu$	+ 0.341 9
	$Cu^+ + e^- = Cu$	+ 0.522
Fe	$Fe^{2+} + 2e^- = Fe$	- 0.447
	$Fe(CN)_6^{2+} + e^- = Fe(CN)_6^{4-}$	+ 0.358
	$Fe^{3+} + e^- = Fe^{2+}$	+ 0.771
H	$2H^+ + e^- = H_2$	0
Hg	$Hg_2Cl_2 + 2e^- = 2Hg + 2Cl^-$	+ 0.281
	$Hg_2^{2+} + 2e^- = 2Hg$	+ 0.797 3
	$Hg^{2+} + 2e^- = Hg$	+ 0.851
	$2Hg^{2+} + 2e^- = Hg_2^{2+}$	+ 0.0920
I	$I_2 + 2e^- = 2I^-$	+ 0.535 5
	$I_3^- + 2e^- = 3I^-$	0.536
	$IO_3^- + 6H^+ + 5e^- = \frac{1}{2}I_2 + 3H_2O$	+ 1.195

续附表 6

	电极反应	$\varphi^\ominus$ /V
	$HIO + H^+ + e^- \rightleftharpoons \frac{1}{2}I_2 + H_2O$	+1.439
K	$K^+ + e^- \rightleftharpoons K$	-2.931
Mg	$Mg^{2+} + 2e^- \rightleftharpoons Mg$	-2.372
Mn	$Mn^{2+} + 2e^- \rightleftharpoons Mn$	-1.185
	$MnO_4^- + e^- \rightleftharpoons MnO_4^{2-}$	+0.558
	$MnO_2 + 4H^+ + 2e^- \rightleftharpoons Mn^{2+} + 2H_2O$	+1.224
	$MnO_4^- + 8H^+ + 5e^- \rightleftharpoons Mn^{2+} + 4H_2O$	+1.507
	$MnO_4^- + 4H^+ + 3e^- \rightleftharpoons MnO_2 + 2H_2O$	+1.679
Na	$Na^+ + e^- \rightleftharpoons Na$	-2.71
N	$NO_3^- + 4H^+ + 3e^- \rightleftharpoons NO + 2H_2O$	+0.957
	$2NO_3^- + 4H^+ + 2e^- \rightleftharpoons N_2O_4 + 2H_2O$	+0.803
	$HNO_2 + H^+ e^- \rightleftharpoons NO + H_2O$	0.983
	$N_2O_4 + 4H^+ + 4e^- \rightleftharpoons 2NO + 2H_2O$	+1.035
	$NO_3^- + 3H^+ + 2e^- \rightleftharpoons HNO_2 + H_2O$	+0.934
	$N_2O_4 + 2H^+ + 2e^- \rightleftharpoons 2HNO_2$	+1.065
O	$O_2 + 2H^+ + 2e^- \rightleftharpoons H_2O_2$	+0.695
	$H_2O_2 + 2H^+ + 2e^- \rightleftharpoons 2H_2O$	+1.776
	$O_2 + 4H^+ + 4e^- \rightleftharpoons 2H_2O$	+1.229
P	$H_3PO_4 + 2H^+ 2e^- \rightleftharpoons H_3PO_3 + H_2O$	-0.276
Pb	$PbI_2 + 2e^- \rightleftharpoons Pb + 2I^-$	-0.365
	$PbSO_4 + 2e^- \rightleftharpoons Pb + SO_4^{2-}$	-0.358 8
	$PbCl_2 + 2e^- \rightleftharpoons Pb + 2Cl^-$	-0.267 5
	$Pb^{2+} + 2e^- \rightleftharpoons Pb$	-0.126 2
	$PbO_2 + 4H^+ + 2e^- \rightleftharpoons Pb^{2+} + 2H_2O$	+1.455
	$PbO_2 + SO_4^{-2} + 4H^+ + 2e^- \rightleftharpoons PbSO_4 + 2H_2O$	+1.691 3
S	$H_2SO_3 + 4H^+ + 4e^- \rightleftharpoons S + 3H_2O$	+0.449
	$S + 2H^+ + 2e^- \rightleftharpoons H_2S$	+0.142
	$SO_4^{2-} + 4H^+ + 2e^- \rightleftharpoons H_2SO_3 + H_2O$	+0.172
	$S_4O_6^{2-} + 2e^- \rightleftharpoons 2S_2O_3^{2-}$	+0.08
	$S_2O_8^{2-} + 2e^- \rightleftharpoons 2SO_4^{2-}$	+2.010
Sb	$Sb_2O_3 + 6H^+ + 6e^- \rightleftharpoons 2Sb + 3H_2O$	+0.152
	$Sb_2O_5 + 6H^+ + 4e^- \rightleftharpoons 2SbO^+ + 3H_2O$	+0.581
Sn	$Sn^{4+} + 2e^- \rightleftharpoons Sn^{2+}$	+0.151
V	$V(OH)_4^+ + 4H^+ + 5e^- \rightleftharpoons V + 4H_2O$	-0.254
	$VO^{2+} + 2H^+ + e^- \rightleftharpoons V^{3+} + H_2O$	+0.337
	$V(OH)_4^+ + 2H^+ + e^- \rightleftharpoons VO^{2+} + 3H_2O$	+1.00
Zn	$Zn^{2+} + 2e^- \rightleftharpoons Zn$	-0.761 8

附表7　碱性溶液中的标准电势 $\varphi^{\ominus}$ (298.15 K)

	电极反应	$\varphi^{\ominus}$ /V
Ag	$Ag_2S + 2e^- = 2Ag + S^{2-}$	−0.691
	$Ag_2O + H_2O + 2e^- = 2Ag + 2OH^-$	+0.342
Al	$H_2AlO_3^- + H_2O + 3e^- = Al + 4OH^-$	−2.33
As	$AsO_2^- + 2H_2O + 3e^- = As + 4OH^-$	−0.68
	$AsO_4^{3-} + 2H_2O + 2e^- = AsO_2^- + 4OH^-$	−0.71
Br	$BrO_3^- + 3H_2O + 6e^- = Br^- + 6OH^-$	+0.61
	$BrO^- + H_2O + 2e^- = Br^- + 2OH^-$	+0.761
Cl	$ClO_3^- + H_2O + 2e^- = ClO_2^- + 2OH^-$	+0.33
	$ClO_4^- + H_2O + 2e^- = ClO_3^- + 2OH^-$	+0.36
	$ClO_2^- + H_2O + 2e^- = ClO^- + 2OH^-$	+0.66
	$ClO^- + H_2O + 2e^- = Cl^- + 2OH^-$	+0.81
Co	$Co(OH)_2 + 2e^- = Co + 2OH^-$	−0.73
	$Co(NH_3)_6^{3+} + e^- = Co(NH_4)_6^{2+}$	+0.108
	$Co(OH)_3 + e^- = Co(OH)_2 + OH^-$	+0.17
Cr	$Cr(OH)_3 + 3e^- = Cr + 3OH^-$	−1.48
	$CrO_2^- + 2H_2O + 3e^- = Cr + 4OH^-$	−1.2
CrO_4^{2-}	$4H_2O + 3e^- = Cr(OH)_3 + 5OH^-$	−0.13
Cu	$Cu_2O + H_2O + 3e^- = 2Cu + 2OH^-$	−0.360
Fe	$Fe(OH)_3 + e^- = Fe(OH)_2 + OH^-$	−0.56
H	$2H_2O + H_2O + 2e^- = H_2 + 2OH^-$	−.827 7
Hg	$HgO + H_2O + 2e^- = Hg + 2OH^-$	+0.097 7
I	$IO_3^- + 3H_2O + 6e^- = I^- + 6OH^-$	+0.26
	$IO^- + H_2O + 2e^- = I^- + 2OH^-$	+0.485
Mg	$Mg(OH)_2 + 2e^- = Mg + 2OH^-$	−2.690
	$MnO_4^- + 2H_2O + 3e^- = MnO_2 + 4OH^-$	+0.595
	$MnO_4^{2-} + 2H_2O + 2e^- = MnO_2 + 4OH^-$	+0.60
N	$NO_3^- + H_2O + 2e^- = NO_2^- + 2OH^-$	+0.01
O	$O_2 + 2H_2O + 4e^- = 4OH^-$	+0.401
S	$S + 2e^- = S^{2-}$	−0.476 27
	$SO_4^{2-} + H_2O + 2e^- = SO_3^{2-} + 2OH^-$	−0.93
	$2SO_3^{2-} + 3H_2O + 4e^- = S_2O_3^{2-} + 6OH^-$	−0.571
	$S_4O_6^{2-} + 2e^- = 2S_2O_3^{2-}$	+0.08
Sb	$SbO_2^- + 2H_2O + 3e^- = Sb + 4OH^-$	−0.66
Sn	$Sn(OH)_6^{2-} + 2e^- = HSnO_2^- + H_2O + 3OH^-$	−0.93
	$HSnO_2^- + H_2O + 2e^- = Sn + 3OH^-$	−0.909

附表 8　常见配离子的稳定常数 $K_f^{\ominus}$(298.15 K)

配离子	$K_f^{\ominus}$	配离子	$K_f^{\ominus}$
$Ag(CN)_2^-$	1.3×10^{21}	$FeCl_3$	98
$Ag(NH_3)_2^+$	1.1×10^{7}	$Fe(CN)_6^{4-}$	1.0×10^{35}
$Ag(SCN)_2^-$	3.7×10^{7}	$Fe(CN)_6^{3-}$	1.0×10^{42}
$Ag(S_2O_3)_2^{3-}$	2.9×10^{13}	$Fe(C_2O_4)_3^{3-}$	2×10^{20}
$Al(C_2O_4)_3^{3-}$	2.0×10^{16}	$Fe(NCS)^{2+}$	2.2×10^{3}
AlF_6^{3-}	6.9×10^{19}	FeF_3	1.13×10^{12}
$Cd(CN)_4^{2-}$	6.0×10^{18}	$HgCl_4^{2-}$	1.2×10^{15}
$CdCl_4^{2-}$	6.3×10^{2}	$Hg(CN)_4^{2-}$	2.5×10^{41}
$Cd(NH_3)_4^{2+}$	1.3×10^{7}	HgI_4^{2-}	6.8×10^{29}
$Cd(SCN)_4^{2-}$	4.0×10^{3}	$Hg(NH_3)_4^{2+}$	1.9×10^{19}
$Co(NH_3)_6^{2+}$	1.3×10^{5}	$Ni(CN)_4^{2-}$	2.0×10^{31}
$Co(NH_3)_6^{3+}$	2×10^{35}	$Ni(NH_3)_4^{2+}$	9.1×10^{7}
$Co(NCS)_4^{2-}$	1.0×10^{3}	$Pb(CH_3COO)_4^{2-}$	3×10^{8}
$Cu(CN)_2^-$	1.0×10^{24}	$Pb(CN)_4^{2-}$	1.0×10^{11}
$Cu(CN)_4^{3-}$	2.0×10^{30}	$Zn(CN)_4^{2-}$	5×10^{16}
$Cu(NH_3)_2^+$	7.2×10^{10}	$Zn(C_2O_4)_2^{2-}$	4.0×10^{7}
$Cu(NH_3)_4^{2+}$	2.1×10^{13}	$Zn(OH)_4^{2-}$	4.6×10^{17}
		$Zn(NH_3)_4^{2+}$	2.9×10^{9}

注:摘自 Lange's Handbook of Chemistry[M]. 13 ed. 1985(5)71-91.

参考文献

[1] 徐光宪. 物质结构简明教程[M]. 北京:高等教育出版社,1965.

[2] 赵士铎. 普通化学[M]. 3 版. 北京:中国农业大学出版社,2007.

[3] 古国榜,李朴. 无机化学[M]. 2 版. 北京:化学工业出版社,2007.

[4] 华彤文,杨骏英,陈景祖,等. 普通化学原理[M]. 北京:北京大学出版社,1993.

[5] 强亮生,徐崇泉. 工科大学化学[M]. 2 版. 北京:高等教育出版社,2009.

[6] 钟国清,朱云云. 无机及分析化学[M]. 北京:科学出版社,2006.

[7] 王建梅,旷英姿. 无机化学[M]. 2 版. 北京:化学工业出版社,2009.

[8] 武汉大学,吉林大学. 无机化学[M]. 3 版. 北京:高等教育出版社,1998.

[9] 大连理工大学无机化学教研室. 无机化学[M]. 5 版. 北京:高等教育出版社,2006.

[10] 古国榜,展树中,李朴. 无机化学[M]. 北京:化学工业出版社,2010.

[11] 王伊强,李淑芝. 普通化学[M]. 北京:中国农业大学出版社,2005.

[12] 南京大学《无机及分析化学》编写组. 无机及分析化学[M]. 4 版. 北京:高等教育出版社,2006.

[13] 傅献彩,沈文霞等. 物理化学(上册)[M]. 北京:高等教育出版社,1990. 169-171.

[14] baike. baidu. com/view/136267. htm 33K,2009. 1. 16.

[15] 姜丹. 信息论(第 1 版)[M]. 北京:中国科学技术大学出版社,1987. 1.

[16] 高文颖,刘义,屈松生. 生命体系与熵[J]. 大学化学,2002,17(5)24-28.

[17] 吴伟光. 熵与生命和肿瘤的关系[M]. 生命的化学 2001,21(6): 531-533.

[18] http://www. seekbio. com/biotech/study/lifesci/2007/7246. html.

[19] 李伍举,吴加金. RNA 二级结构预测系统构建[J]. 生物化学与生物物理进展,1996,23(5):449-453.

[20] Berman H M,Westbrook J,Feng Z,et al. The proteindata bank[M]. Nucleic Acids Res. 2000,28:235-242.

[21] Holm L,Sander C. Parser for protein folding units[J]. Proteins: Sturct Funct Genet,1994,19:256-268

[22] 谢志群,丁达夫,许根俊. 通过自由能的差别划分蛋白质连续结构域[J]. 生物化学与生物物理学报,2001,33(4):386-394.

[23] 谢志群,许根俊. 基于去折叠自由能的蛋白质结构域划分方法适用于连续与不连续结构域[J]. 生物化学与生物物理学报,2003,35(12):1090-1098.

[24] 路凡,杨辉,赵忠良等. 人血管生成素基因的优化表达及活性测定[J]. 生物化学与生物物理学报,2000,32(5):499-502.

[25] 黄欣,赵忠良,曹雪涛. 人白细胞介素4在大肠杆菌中的优化表达[J]. 中国免疫学杂志,1999,15(9):405-407

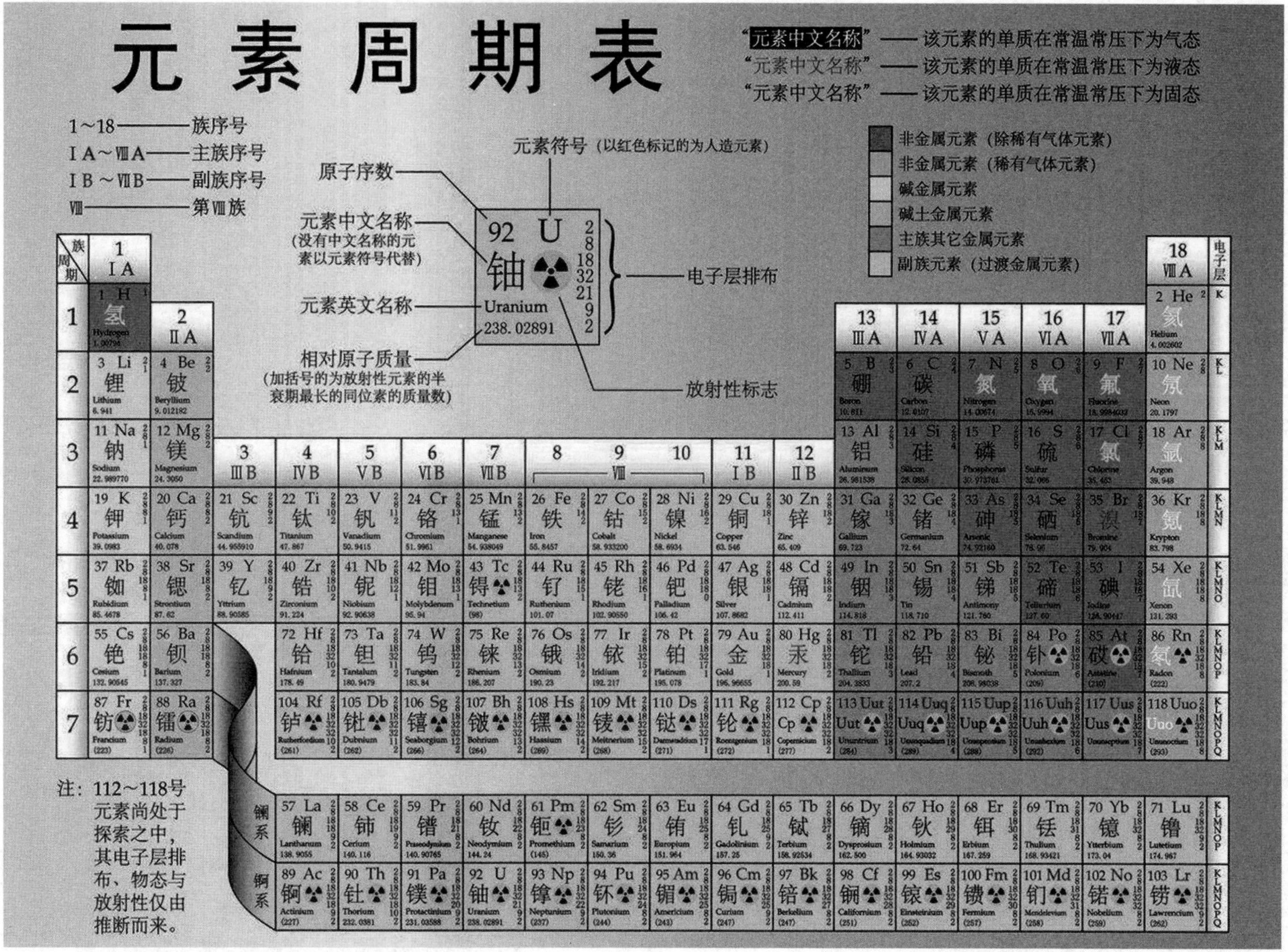
元素周期表
“元素中文名称”——该元素的单质在常温常压下为气态
“元素中文名称”——该元素的单质在常温常压下为液态
“元素中文名称”——该元素的单质在常温常压下为固态
1~18——族序号
ⅠA~ⅦA——主族序号
ⅠB~ⅦB——副族序号
Ⅷ——第Ⅷ族
元素符号（以红色标记的为人造元素）
原子序数
元素中文名称（没有中文名称的元素以元素符号代替）
元素英文名称
相对原子质量（加括号的为放射性元素的半衰期最长的同位素的质量数）
电子层排布
放射性标志
92 U 铀 Uranium 238.02891
非金属元素（除稀有气体元素）
非金属元素（稀有气体元素）
碱金属元素
碱土金属元素
主族其它金属元素
副族元素（过渡金属元素）
镧系
锕系
注：112~118号元素尚处于探索之中，其电子层排布、物态与放射性仅由推断而来。